农业产业振兴

实用技术汇编

◎田 虎 薛 丽 卢英进 主编

中国农业科学技术出版社

图书在版编目（CIP）数据

农业产业振兴实用技术汇编 / 田虎，薛丽，卢英进主编 . —北京：中国农业科学技术出版社，2020. 6

ISBN 978-7-5116-4719-1

Ⅰ.①农… Ⅱ.①田… ②薛… ③卢… Ⅲ.①农业技术 Ⅳ.①S

中国版本图书馆 CIP 数据核字（2020）第 070676 号

责任编辑　李　华　崔改泵
责任校对　李向荣

出 版 者　中国农业科学技术出版社
　　　　　北京市中关村南大街12号　　邮编：100081
电　　话　（010）82109708（编辑室）（010）82109702（发行部）
　　　　　（010）82109709（读者服务部）
传　　真　（010）82106650
网　　址　http://www.castp.cn
经 销 者　各地新华书店
印 刷 者　北京建宏印刷有限公司
开　　本　787mm×1 092mm　1/16
印　　张　16　彩插3面
字　　数　346千字
版　　次　2020年6月第1版　2020年6月第1次印刷
定　　价　68.00元

《农业产业振兴实用技术汇编》

编 委 会

主　　任　韩明光

副 主 任　王振波　孟凡金

主　　编　田　虎　薛　丽　卢英进

副 主 编　周　霞　冯　丽　钟召迪　宋兆文
　　　　　曲　蕾　王　昕

编写人员（按姓氏笔画排序）
　　　　　王　艳　王德高　王炳琴　冯学军
　　　　　刘　波　刘正杰　刘洪军　刘淑衡
　　　　　李金福　张　英　张焕刚　宋　洁
　　　　　房中文　赵元森　祝铭宝　姜　雪

前　言

　　"三农"问题是关系国计民生的根本性问题。习近平总书记在党的十九大报告中提出"实施乡村振兴战略"，作为贯彻新发展理念、推动高质量发展的战略部署之一，为"三农"发展指明了方向。2004年以来，中央一号文件连续16次聚焦"三农"。2019年中央一号文件提出，要以农业供给侧结构性改革为主线，加快结构调整步伐，提高农业综合效益和竞争力。山东省作为农业大省，种植业门类齐全、作物众多，结构调整任重道远。要增加农民收入，解决"三农"问题，一方面要靠政策，另一方面要高度重视和充分发挥农业科技的作用。在粮食作物结构调整方面，既要稳定粮食播种面积，又要利用科学种植管理技术，努力增加种植效益；在高效特色作物发展上，要因地制宜地鼓励引导发展瓜菜、果品、茶叶、食用菌、中药材等高效经济作物。结合当地产业基础、市场条件和资源禀赋等各种要素，大力发展具有区域特点、比较优势明显的高效特色作物，并通过园区带动、品牌引领、质量控制等，不断提高农产品质量和效益，努力增加农民收入。

　　本书根据农业产业振兴的发展要求，围绕现代农业生产科技支撑方面的需求，不仅在粮食作物种植生长的各个关键环节进行了技术创新和推广，推动藏粮于地、藏粮于技落实落地，还详细介绍了瓜菜、果品、茶叶、烟草、食用菌、中药材等高效经济作物的生产技术，注重实用性和可操作性，尽可能满足现代农业生产的需要。为提升农产品质量和安全水平，书中还着重介绍了水肥一体化、秸秆生物反应堆、生物疫苗、测土配方施肥、果园生草覆盖等绿色发展技术模式。突出优质、安全、绿色导向，促进农业可持续发展，打造高质高效产业，推动农业产业全面振兴。

　　本书可供全国各地的种植大户、家庭农场、专业合作社、农家书屋、有关农技推广单位，在农业实际工作中参考使用，也可作为职业农民培训教材之一，以期帮助指导群众科学生产，让广大农民结合自身实际，对照着学习、使用，做到学有样本、做有范本，打造一批"爱农业、懂技术、善经营"的新型职业农民，示范带动现代农业发展，推动农业产业振兴。

　　不当之处，敬请指正。

编　者

2020年3月

目　录

第一章　水肥一体化技术

第一节　概　述

水肥一体化技术是借助压力系统（或地形自然落差），将可溶性固体或液体肥料，按土壤养分含量和作物种类的需肥规律和特点，配成的肥液与灌溉水一起，通过可控管道系统供水、供肥，使水肥相融后，通过微灌设施，均匀、定时、定量浸润作物根系发育生长区域，使主要根系土壤始终保持疏松和适宜的含水量；同时根据不同作物的需肥特点，土壤环境和养分含量状况，作物不同生长期需水、需肥规律进行不同生育期的需求设计，把水分、养分定时定量，按比例直接提供给作物。

一、适宜范围

该项技术适宜于有水井、水库、蓄水池等固定水源，且水质好、符合微灌要求，已建设或有条件建设微灌设施的区域推广应用。主要适用于设施农业栽培、果园栽培和棉花等大田经济作物栽培，以及经济效益较好的其他作物。

二、优势

这项技术的优点是灌溉施肥的肥效快，养分利用率高。可以避免肥料施在较干的表土层易引起的挥发损失、溶解慢，最终肥效发挥慢的问题；尤其避免了铵态和尿素态氮肥施在地表挥发损失的问题，既节约氮肥又有利于环境保护。所以水肥一体化技术使肥料的利用率大幅度提高。据华南农业大学张承林教授研究，灌溉施肥体系比常规施肥节省肥料50%～70%；同时，大大降低了设施蔬菜和果园中因过量施肥而造成的水体污染问题。由于水肥一体化技术通过人为定量调控，满足作物在关键生育期"吃饱喝足"的需要，杜绝了任何缺素症状，因而在生产上可达到作物的产量和品质均良好的目标。

三、技术要领

水肥一体化是一项综合技术，涉及农田灌溉、作物栽培和土壤耕作等多方面，其主要技术要领须注意以下4个方面。

（一）建立一套滴灌系统

在设计方面，要根据地形、田块、单元、土壤质地、作物种植方式、水源特点等基本情况，设计管道系统的埋设深度、长度、灌区面积等。水肥一体化的灌水方式可采用管道灌溉、喷灌、微喷灌、泵加压滴灌、重力滴灌、渗灌、小管出流等。

（二）施肥系统

在田间要设计为定量施肥，包括蓄水池和混肥池的位置、容量、出口、施肥管道、分配器阀门、水泵肥泵等。

（三）选择适宜肥料种类

可选液态或固态肥料，如氨水、尿素、硫铵、硝铵、磷酸一铵、磷酸二铵、氯化钾、硫酸钾、硝酸钾、硝酸钙、硫酸镁等肥料；固态以粉状或小块状为首选，要求水溶性强，含杂质少，一般不应该用颗粒状复合肥（包括中外产品）；如果用沼液或腐殖酸液肥，必须经过过滤，以免堵塞管道。

（四）灌溉施肥的操作

1. 肥料溶解与混匀

施用液态肥料时不需要搅动或混合，一般固态肥料需要与水搅拌混合成肥液，必要时分离，避免出现沉淀等问题。

2. 施肥量控制

施肥时要掌握剂量，注入肥液的适宜浓度大约为灌溉流量的0.1%。例如，灌溉流量为50m³/亩（1亩≈667m²，1hm²=15亩，全书同），注入肥液大约为50L/亩；过量施用可能会使作物致死以及环境污染。

3. 灌溉施肥的程序

灌溉施肥的程序分3个阶段：第一阶段，选用不含肥的水湿润；第二阶段，施用肥料溶液灌溉；第三阶段，用不含肥的水清洗灌溉系统。

总之，水肥一体化技术是一项先进的节本增效的实用技术，在有条件的农区只要能解决前期的投资，又有技术力量支持，推广应用起来将成为助农增收的一项有效措施。

四、实施效果

省肥节水、省工省力、降低湿度、减轻病害、增产高效。

（一）水肥均衡

传统的浇水和追肥方式，作物"饿几天再撑几天"，不能均匀地"吃喝"。而采用科学的灌溉方式，可以根据作物需水需肥规律随时供给，保证作物"吃得舒服，喝得痛快"。

（二）省工省时

传统的沟灌、施肥费工费时，非常麻烦；而使用滴灌，只需打开阀门，合上电闸，有条件的还可以安装电磁阀和网络，仅依靠手机就能控制，几乎不用人工。

（三）节水省肥

滴灌水肥一体化，直接把作物所需要的肥料随水均匀地输送到植株的根部，作物"细酌慢饮"，大幅度地提高了肥料的利用率，可减少50%的肥料用量，水量也只有沟灌的30%~40%。

（四）减轻病害

大棚内作物很多病害是土传病害，随流水传播。如辣椒疫病、番茄枯萎病等，采用滴灌可以直接有效的控制土传病害的发生。滴灌能降低棚内的湿度，减轻病害的发生。

（五）控温调湿

冬季使用滴灌能控制浇水量，降低湿度，提高地温。传统沟灌会造成土壤板结、通透性差，作物根系处于缺氧状态，造成沤根现象，而使用滴灌则避免了因浇水过大而引起的作物沤根、黄叶等问题。

（六）增加产量，改善品质，提高经济效益

滴灌的工程投资（包括管路、施肥池、动力设备等）约为1 000元/亩，可以使用5年左右，每年节省的肥料和农药至少为700元，增产幅度可达30%以上。

第二节 技术模式

水肥一体化系统由首部枢纽（水泵、动力机、施肥系统、过滤设备、控制阀等）、输配水管网（包括干管、支管、毛管三级管道）、灌水器（分为滴头、滴灌管或微喷头等）以及流量、压力控制部件和测量仪等组成。施肥系统有文丘里施肥器、注肥泵、施肥罐、智能施肥系统等。常用的过滤系统有网式过滤器、叠片式过滤器，含沙多的水源需加装离心过滤器，含苔藓等杂物多的水源需加装介质过滤器。

目前主要有9种模式：蔬菜有单井单棚滴灌施肥模式、恒压变频滴灌施肥模式、重力滴灌施肥模式和喷水带施肥模式；果茶有微灌（滴灌、微喷）施肥模式和轮灌微灌（滴灌、微喷）施肥模式；小麦、玉米、黄烟有滴灌施肥模式，小麦还有喷水带施肥模式和可移动立式喷灌施肥模式。

一、单井单棚滴灌施肥模式

适合单井单棚小面积或分散栽培农户，采用小功率供水泵，选配适宜的过滤和施肥等设备，随时提水进行灌溉施肥。

二、恒压变频滴灌施肥模式

适合集中连片、组织管理健全的棚区，一井供多棚，首部安装恒压变频设备，选配适宜的过滤和施肥等设备，实现分棚灌溉施肥。

三、重力滴灌施肥模式

适合水源地较远或地形落差较大的地块，选配适宜的过滤和施肥等设备，需在高处配备蓄水池，靠高度差形成的重力进行灌溉施肥。

四、喷水带灌溉施肥模式

适合水源供水充足的地块，选配适宜的过滤和施肥等设备。管带成本较低，管道承压与水泵要匹配。

五、微灌施肥模式

适合面积较小的果园、茶园，一次即可全部灌溉，可采用滴灌或微喷的灌溉施肥模式，选配适宜的过滤和施肥等设备。

六、轮灌微灌施肥模式

适合面积较大的果园，一次无法全部灌溉，需分片轮流灌溉，首部可安装恒压变频设备，选配适宜的过滤和施肥等设备。

七、小麦、玉米、黄烟滴灌施肥模式

适合田间有输水管道口和自有地下水井的水浇地，安装施肥设备，采用适宜的滴灌带，园区或基地等较大面积需实施轮灌。

八、小麦喷水带灌溉施肥模式

适合田间有输水管道口的水浇地，安装施肥设备，采用适宜的喷水带，园区或基地等较大面积需实施轮灌。

九、小麦可移动立式喷灌施肥模式

适合面积较大的田块，需配置较大功率水泵，选择适宜喷洒半径的喷头。

第三节　过滤系统

水肥一体化所用过滤器是灌水系统中首部枢纽中最为关键的设备，选择合适的过滤器是滴灌成功的先决条件。滴灌堵塞的重要原因是过滤器的质量不过关或者设计使用不合理，造成系统运行成本提高，灌水质量降低，甚至造成整个农业智能水肥一体化系统瘫痪报废。

常用的水肥一体化过滤器有离心过滤器、沙石过滤器、叠片式过滤器、网式过滤器等。过滤器有很多的规格，选择什么过滤器及其组合主要由水质和流量决定。而微滴灌系统通过灌水器来调节流量，灌水器的流道直径很小，极易被灌溉水中的物理和化学杂质堵塞，为防止灌水器堵塞和投资浪费，微喷灌、滴灌系统中使用合适的过滤器便非常重要。

一、离心过滤器

离心过滤器又称为旋水沙分离过滤器。主要由进水口、出水口、旋涡室、分离室、储污室和排污口等部分组成。

1. 工作原理

离心式过滤器基于重力及离心力的工作原理，清除重于水的固体颗粒。水由进水管切向进入离心过滤器体内，旋转产生离心力，推动泥沙及密度较高的固体颗粒沿管壁流动，形成旋流，使沙子和石块进入集沙罐，净水则顺流沿出水口流出，即完成水沙分离。离心过滤器常作为一级过滤器，需配合其他过滤器使用来减轻次级过滤器的负担，能有效过滤无机杂质（沙、石子等颗粒物）。

2. 优点

内部没有滤网，也没有可拆卸的部件，保养维护很方便，工作时可以连续自动排沙。

3. 缺点

当水泵起动和停机片刻，过滤效果下降，因而杂质会进入下游系统。

4. 适用水源

深井水、含沙量大的水（含沙量大的建议先做沉淀池进行沉淀）。

二、沙石过滤器

沙石过滤器，又称沙介质过滤器。沙石过滤器主要由进水口、出水口、过滤器壳体、过滤介质沙砾和排污孔等部分组成。

1. 工作原理

是用物理和化学性能稳定的石英砂、花岗岩砂或玄武岩砂作为过滤介质来拦截水中各种污物。沙石作为过滤介质，污水通过进水口进入滤罐，再经过沙石之间的孔隙截流和俘获而达到过滤目的。沙石过滤器常作为一级过滤。

2. 优点

具有较强的拦截污物能力，经常用作水源的高精过滤。

3. 缺点

需要较高的管理水平，因在反冲洗时如操作不当，会使过滤沙冲失；在长期使用后，沙石介质易受损。

沙石过滤器主要用于过滤水体有机杂质（开放性水源的水藻、有机质、颗粒悬浮物等）。

三、叠片过滤器

1. 工作原理

利用数量众多的带有凹槽的塑料环形盘锁紧叠在一起形成圆柱形滤芯，当水流流经这些叠片时，利用片壁和凹槽来聚集及截取杂物。片槽的复合内截面提供了类似于在沙石过滤器中产生的三维的过滤。

2. 优点

过滤效率很高，冲洗方便。

小型的叠片过滤器使用在田间首部。

四、网式过滤器

网式过滤器是水肥一体化系统中应用最为广泛的一种简单而有效的过滤设备，主要由筛网、壳体、顶盖等部分组成。

1. 工作原理

当水流穿过筛网时，大于筛网目数的杂质将被截留下来，依靠筛网过滤对灌溉水进行物理净化。过滤效果的好坏主要取决于所使用的滤网的目数。筛网过滤器一般用于过滤灌溉水中的粉粒、沙和水垢等污物，用作末级过滤装置。在杂质较差的水源过滤系统中，常用沙石—网式组合或者离心—网式组合使用。

2. 优点

体积小，结构简单，安装方便，价格低廉，处理水体中无机杂质最为有效。

3. 缺点

当有机物含量稍高时，大量的有机污物会挤过滤网而进入下游管道造成灌水器的堵塞。

五、自动反冲洗过滤器

自动反冲洗过滤器是一种利用滤网直接拦截水中的杂质，去除水体悬浮物、颗粒物，降低浊度，净化水质，减少系统污垢、菌藻、锈蚀等产生以净化水质保护系统其他设备正常工作的精密设备。水由进水口进入自清洗过滤器机体，系统可自动识别杂质沉积程度，给排污阀信号自动排污。

第四节　肥料的选择与施用

一、肥料选择的标准

水肥一体化技术是通过灌溉系统施肥浇水，使灌溉与施肥同步进行，因其高效利用、省肥省水、节约成本、使用方便，在欧、美等发达国家应用广泛，相比之下中国水肥一体化利用还处在起步阶段，但发展空间较大。下面就其技术应用的肥料选择要求作相关介绍。

1. 溶解度要高

一般要求肥料在常温下能够完全溶解于水，溶解度高的肥料沉淀少，不易堵塞管道和出水口。市场上溶解性较好的肥料有尿素、硝酸钙、磷酸、硝酸铵等。

2. 养分含量高

如果肥料中的养分含量较低，为了保证作物养分需求，只能增加肥料用量，如此一来，溶液中的离子浓度过高，容易造成堵塞。

3. 与水的相溶性要好

因为水肥一体化施肥，肥料靠溶解在水中一起通过微灌系统进入作物根部，如果肥料相溶性不好，就会产生沉淀物。因此配制肥液时，必须考虑不同肥料混合后产物的溶解度，避免堵塞管道和出水口，进而影响设备的使用年限。此外，还要考虑到肥料混合时的降温效应。大部分固体肥料溶解时从水中吸收热量，溶液的温度降低（吸热反应），肥料的总溶解度减小。

4. 对灌溉水质影响较小

由于灌溉水中通常含有多种离子，如硫酸根离子、镁离子、钙离子等，当灌溉水pH值达到一定值时，水中的阴阳离子会发生反应，生成沉淀。

（1）不会引起灌溉水pH值的剧烈变化。

（2）与灌溉水混合，不易生成沉淀化合物。

5. 对灌溉设备的腐蚀性要小

水肥一体化的肥料要通过灌溉设备来使用，而有些肥料与灌溉设备接触时，易腐蚀灌溉设备。如用铁制的施肥罐时，磷酸会溶解金属铁，铁离子与磷酸根生成磷酸铁沉淀物。一般情况下，应用不锈钢或非金属材料的施肥罐。因此，应根据灌溉设备材质选择腐蚀性较小的肥料。镀锌铁设备不宜选硫酸铵、硝酸铵、磷酸及硝酸钙，青铜或黄铜设备不宜选磷酸二铵、硫酸铵、硝酸铵等。不锈钢或铝质设备适宜大部分肥料。

6. 微量元素及含氯肥料的选择

微量元素肥料一般通过基肥或者叶面喷施应用，如果借助水肥一体化技术应用，应选用螯合态微肥。螯合态微肥与大量元素肥料混合不会产生沉淀。氯化钾具有溶解速度快、养分含量高、价格低的优点，对于非忌氯作物或土壤存在淋洗渗漏条件时，氯化钾是用于水肥一体化灌溉的最好钾肥。但对某些氯敏感作物和盐渍化土壤要控制使用，以防发生氯害和加重盐化，一般根据作物耐氯程度，将硫酸钾和氯化钾配合使用。

二、肥料类型

1. 液体肥料

养分适宜，但价格高，运输不便。

2. 水溶性专用固体肥

可做叶面肥，养分高、配比合理，溶解性好，但价格偏高。

3. 普通固体肥

部分含有不溶杂质，产品质量优劣不一，易造成过滤器、灌水器堵塞。

目前市场上常用的溶解性较好的普通大量元素固体肥料有尿素、硝酸铵、硫酸铵、硝酸钙、硝酸钾、磷酸、磷酸二氢钾、硫酸一铵（工业级）、氯化钾（加拿大钾肥除外）等，常用的中量元素肥料有硫酸镁，微量元素应该选用螯合态的肥料。

三、技术要求

1. 灌溉施肥原则

（1）少量多次，符合植物根系不间断吸收养分的特点，减少一次性大量施肥造成的淋溶损失。

（2）养分平衡，特别在滴灌施肥下，根系多依赖于通过滴灌提供的养分，对养分的合理比例和浓度有更高的要求。

（3）防止肥料烧伤根系，要定量监测电导率，对判断施肥浓度及施肥时间有重要作用。

（4）避免过量灌溉，一般使土层深度20～60cm保持湿润即可，过量灌溉不但浪费水，严重的是养分淋失到根层以下，造成肥料浪费，作物减产。特别是尿素、硝铵氮肥（如硝酸钾、水溶性复合肥）极容易随水流失。

（5）了解灌溉水的硬度和酸碱度，避免产生沉淀，降低肥效，特别是对于内地地区或盐碱土壤地区，磷酸钙盐沉淀非常普遍，是堵塞滴头的原因之一。建议施肥之前做个小实验，主要是确定稀释倍数和溶解的酸碱度。

2. 肥液配制和施肥均匀性

（1）肥液配制。根据肥料类型及溶解度、施肥量、肥料桶体积正确配制肥液，协调肥液总体积和灌水定额之间的关系，使定量肥液准确地施入到一定面积内，且满足灌水定额，必要时借助计算机完成计算和控制。

（2）施肥的均匀性。原则上施肥越慢越好。在土壤中移动性较差的元素（如磷），延长施肥时间，可极大地提高养分的利用率，在旱季滴灌施肥，建议施肥时间2～3小时完成，对土壤不缺水的情况下，建议施肥在保证均匀度的情况下，越快越好。

3. 灌溉施肥程序

（1）施肥程序。固定式灌溉系统：清水灌溉—水肥溶液—清水灌溉。行走式灌溉系统：水肥溶液—清水灌溉。

（2）施肥后必须进行清洗，防止灌溉系统发生腐蚀。

（3）施肥系统吸入口应装防倒吸装置，上游应装逆止阀，防止肥料倒流进入灌溉水源；下游必须装过滤设备，以清除未溶解的化肥或其他杂质。

第五节　施肥器

施肥器是水肥一体化灌溉系统的核心和关键设备，目前较为常用的肥料配肥设备及装置有精准施肥机、混凝土配肥池、压差式施肥罐、文丘里式施肥器、比例施肥器5种。

一、精准施肥机

精准施肥机为专业化农场的标准配置，是现代农业发展最为先进的施肥装置，有多种不同型号和配置满足不同客户的个性化需求。精准施肥机自动化程度高，使用省工省力，能精准控制肥料浓度，并保证每一个施肥区域按需、均匀供给植株所需的肥水，大大提高肥水利用率。

（一）优点

（1）精准控制施肥浓度、灌溉时间和灌溉量，可靠性高。

（2）自动化程度高，配置多种数据采集系统和控制系统后，可根据天气状况、土壤墒情实现自动化操作。

（3）有多个供肥通道，除一次性可补充所有营养元素外，还可根据需要添加酸或碱调节pH值、肥料稳定剂等预防水垢形成堵塞出水孔，真正做到根据作物需要及时供水供肥。

（4）覆盖面积大，一套大型施肥系统管理几百甚至上千亩地，可连续不间断作业。

（5）省水省肥省工，节约生产成本。

（6）水肥供给数据可储存，方便查询，为日后改进和优化生产管理积累宝贵参考数据。

（二）缺点

（1）造价昂贵，低配版的也要几万元，高配版进口产品售价高达几十万元。

（2）需要设置独立的机房，需要专业化的操作和维护人员。

（三）应用范围

具有一定规模的专业化基地、现代农业示范园区等。

二、混凝土配肥池

在基地供水处修建一个水泥混凝土配肥池，根据基地每次灌水量确定池子的合适容量。由于配肥池容积是固定的，每次根据所需施肥量可迅速计算出肥料投放量。配肥池需加装一个机械搅拌器，这样可以快速、均匀配好所需浓度的肥料液。

（一）优点

（1）取材方便，造价不高。

（2）施工技术要求不高，简单易行。

（3）坚固耐用，使用寿命长。

（4）日常使用简单，对操作人员无过高技术要求。

（5）操作得当时配肥精准度高。

（二）缺点

（1）需要人力搅拌或借助设备搅拌，否则会出现混肥不均匀。

（2）配肥比较耗时耗力。

（3）配肥池容积不宜过大，否则肥料无法混匀。

（4）容积较小，无法连续作业，供肥面积有限。

（5）容易滋生青苔，清洁麻烦。

（6）北方地区冬季要采取防冻措施，使用不便。

三、压差式施肥罐

压差式施肥罐其工作原理是利用水流进入施肥罐中，由于管径不一致，形成一定的压力差，从而将施肥罐里面的肥料溶液带入主管道上，输送到植株根系。是目前使用量最大、应用最广泛的一种。

（一）优点

（1）结构简单，生产制造门槛低，容易生产。

（2）售价便宜，农户易于接受。

（3）操作简单方便，无太多技术要求。

（4）坚固耐用，使用寿命长。

（5）供肥面积较大，大规格的一次可以为上百亩地供肥。

（二）缺点

（1）无法监控施肥过程中施肥罐肥料存量，容易出现投料过多或过少的情况，一次性投料过度，会导致肥料溶解不均匀。

（2）肥料浓度波动大，无法控制施肥浓度，误差在15%以上。

（3）无法做到整个区域均匀施肥，可能造成作物田间生长不一致，不利于农事操作管理。

（4）施肥量控制全凭操作者个人经验，重复性差，不利于生产管理经验积累和完善提升。

四、文丘里施肥器

文丘里施肥器结构简单,是依据文氏管原理制作而成的。由于进水口与出水口的管径不同,导致水流速度不同,从而形成压力差,带动肥料从进肥(药)口进入管道。

(一)优点

(1)结构简单,容易生产制造,造价低廉。

(2)安装和操作简便。

(3)与压差式施肥罐相比,区域肥料均匀性相对较好。

(二)缺点

(1)不能精准控制施肥量,误差在10%以上。

(2)水流速度对文丘里施肥器影响较大,施肥浓度容易产生较大波动。

(3)供肥面积有限,不适合大面积供肥。

五、比例施肥器

比例施肥器是一种依靠水力驱动,通过泵体里面的马达往返活动,带动注入口的肥料按照设定比例精准注入水中的混肥装置。比例施肥器售价比压差式施肥罐略贵,但比精准施肥机低许多。

(一)优点

(1)不需要电,依靠水力驱动工作。

(2)能按照设定的比例,均匀配给,能保证整个施肥过程中的均匀度。

(3)控肥精度高,一般误差范围在3%~5%,水流速度在一定范围内波动也不会影响施肥精度。

(4)体积小重量轻,安装简单,可以做成移动式,使用灵活方便。

(5)结构简单,经久耐用,配件容易更换,维修简单。

(6)有多种型号和规格,满足不同客户需求。

(7)售价在基地专业用户承受范围之内,性能优越,高性价比,经济实用。

(8)可以连续不间断工作,供肥面积大。

(二)缺点

(1)要定期检查更换易损件,否则会影响配肥精度。

(2)需要咨询专业的销售服务人员,根据使用情况选用合适的型号。

（3）对水质要求较高，必须先经过严格过滤除杂，否则水中杂质过多会影响比例施肥器的使用寿命和配肥精度。

各类施肥器设备对比如表1-1所示。

表1-1　各类施肥器设备对比

施肥设备	配肥精准度	使用便捷性	设备可靠性	运营成本	供肥面积
精准施肥机	★★★★★	★★★★★	★★★★★	★★★★	★★★★★
混凝土配肥池	★★★★	★	★★★★	★★★	★★
压差式施肥罐	★	★★★	★★	★★	★★★★
文丘里施肥器	★★	★★★★★	★★	★	★★
比例施肥器	★★★★★	★★★★★	★★★★	★★	★★★★

实现精准化肥水供应是现代农业的核心和关键，只有实现了精准化水肥供应，才能在不断探索中积累宝贵的种植经验，并不断加以改进完善，达到优质高产的目的；只有实现了精准化水肥供应，才能有效减少肥水浪费，有效降低生产成本。现代从事农业种植要想获得良好的收益，仅凭丰富的管理经验远远不够，必须技物结合，借助先进的生产设备才能实现。

第六节　几种作物滴灌施肥技术简介

简要介绍日光温室黄瓜、番茄、草莓、油桃以及露天苹果5种作物滴灌施肥制度。

一、日光温室黄瓜滴灌施肥

黄瓜为喜钾、喜氮作物，需氮肥和钾肥数量较大。不同生育期内吸收养分的比例不同，全生育期内吸收量呈单峰曲线，盛瓜中期达最大值。根据黄瓜经济产量确定N、P_2O_5、K_2O数量，结合各地水肥一体化试验、农户调查结果，每亩生产20 000kg黄瓜，氮、磷、钾化肥施用量确定纯养分为247.1kg，其中N 87.6kg、P_2O_5 59.5kg、K_2O 100.0kg。有机肥料以培肥土壤，调节土壤理化性状为主要目的，施用量按农民常规用量确定。灌溉定额为351m³/亩，灌溉次数为31次，如表1-2所示。

13

表1-2 日光温室黄瓜滴灌施肥

生育期	灌溉次数	灌水定额（m³/亩）	每次灌溉加入的纯养分（kg/亩）				备注
			N	P_2O_5	K_2O	N+ P_2O_5+K_2O	
定植	1	30	18.0	15.0	32.0	65.0	沟灌
初花前期	1	12	0.0	0.0	0.0	0.0	滴灌
初花中后期	1	12	2.8	2.8	4.5	10.1	滴灌
结瓜初期	5	9	2.4	2.9	3.9	9.2	滴灌
结瓜中前期	8	10	2.4	1.9	3.5	7.8	滴灌
结瓜中后期	8	11	2.0	1.5	2.0	5.5	滴灌
结瓜末期	7	12	2.8	0.0	0.0	2.8	滴灌
全生育期合计	31	351	87.6	59.5	100	247.1	

注：目标产量为20 000kg/亩

二、日光温室番茄滴灌施肥

番茄为喜钾需钙作物，需钾肥数量较大。根据番茄经济产量确定N、P_2O_5、K_2O数量，结合各地水肥一体化试验和农户调查结果，每亩生产10 000kg番茄，氮、磷、钾化肥施用量确定纯养分为138.9kg，其中N 49.1kg、P_2O_5 24.3kg、K_2O 65.5kg。有机肥料以培肥土壤，调节土壤理化性状为主要目的，施用量按农民常规用量确定。钙、镁依据土壤状况和有机肥料使用数量情况确定。灌溉定额为231m³/亩，灌溉次数为18次，如表1-3所示。

表1-3 日光温室番茄滴灌施肥

生育期	灌溉次数	灌水定额（m³/亩）	每次灌溉加入的纯养分（kg/亩）				备注
			N	P_2O_5	K_2O	N+ P_2O_5+K_2O	
定植	1	20	10.0	12.0	13.0	35.0	沟灌
苗期	2	8	0.0	0.0	0.0	0.0	滴灌
开花期	1	12	3.6	2.3	3.6	9.5	滴灌
结果初期	3	12	3.0	1.5	6.0	10.5	滴灌
采收前期	3	15	3.0	1.0	4.8	8.8	滴灌
采收盛期	5	12	2.0	0.5	3.3	5.8	滴灌
采收末期	3	14	2.5	0.0	0.0	2.5	滴灌
全生育期合计	18	231	49.1	24.3	65.5	138.9	

注：目标产量为10 000kg/亩

三、日光温室草莓滴灌施肥

草莓是苗期喜氮、结果期喜钾、养分需求全面的作物。根据草莓经济产量确定 N、P_2O_5、K_2O 数量，结合各地水肥一体化试验、农户调查结果，每亩生产 3 000kg 草莓，氮、磷、钾化肥施用量确定纯养分为 53.5kg，其中 N 17.6kg、P_2O_5 13.3kg、K_2O 22.6kg。有机肥料以培肥土壤，调节土壤理化性状为主要目的，施用量确定为 4 000 ~ 5 000kg/亩，为改善草莓品质，施用腐熟饼肥 100kg/亩。灌溉定额为 279m³/亩，灌溉次数为 37 次，如表 1-4 所示。

表1-4　日光温室草莓滴灌施肥

生育期	灌溉次数	灌水定额（m³/亩）	每次灌溉加入的纯养分（kg/亩）				备注
			N	P_2O_5	K_2O	N+ P_2O_5+K_2O	
定植	1	10	3.6	6.2	5	14.8	滴灌
定植—现蕾	9	7	0.0	0.0	0.0	0.0	滴灌
现蕾—开花	1	4	1.2	0.5	1.2	2.9	滴灌
现蕾—开花	1	7	1.0	1.0	1.0	3.0	滴灌
果实膨大期	1	7	0.0	0.0	0.0	0.0	滴灌
果实膨大期	4/2*	7	1.9	0.8	1.7	4.4	滴灌
果实采收期	20/10*	8	0.8	0.4	1.2	2.4	滴灌
全生育期合计	37	279	17.6	13.3	22.6	53.5	

注：目标产量为 3 000kg/亩。*为隔次施肥，即每灌溉2次，施1次肥

四、日光温室油桃滴灌施肥

根据油桃经济产量确定 N、P_2O_5、K_2O 数量，结合各地水肥一体化试验和农户调查结果，每亩生产 3 000kg 油桃，氮、磷、钾化肥施用量确定纯养分为 84.9kg，其中 N 32.1kg、P_2O_5 23.8kg、K_2O 29kg。

根据日光温室油桃生育期短，需肥量高，从硬核期开始对大量元素的吸收量迅速增加且对氮素较为敏感的特点，确定各生育期氮、磷、钾比例与数量。

有机肥按照农民常规用量确定。灌溉定额为 142m³/亩，灌溉次数为 8 次，如表 1-5 所示。

表1-5   日光温室油桃滴灌施肥

生育期	灌溉次数	灌水定额（m³/亩）	每次灌溉加入的纯养分（kg/亩）				备注
			N	P_2O_5	K_2O	N+ P_2O_5+K_2O	
季节落叶前	1	30	7.5	7.5	7.5	22.5	滴灌
萌芽前	1	16	4.6	0.0	0.0	4.6	滴灌
盛花期	1	14	4.0	3.2	3.6	10.8	滴灌
硬核期	1	14	4.0	3.2	2.6	9.8	滴灌
果实膨大期	1	16	2.9	1.4	6.1	10.4	滴灌
采收前	1	16	2.1	1.5	4.2	7.8	滴灌
采收后	1	18	4.0	4.0	2.0	10.0	滴灌
修剪整枝后	1	18	3.0	3.0	3.0	9.0	滴灌
全生育期合计	8	142	32.1	23.8	29	84.9	

注：目标产量为3 000kg/亩

五、露天苹果滴灌施肥

苹果需水、需肥数量在不同生长时期差异较大。根据苹果经济产量确定N、P_2O_5、K_2O数量，结合各地水肥一体化试验和农户调查结果，每亩生产4 000kg苹果，氮、磷、钾化肥施用量确定纯养分为93.8kg，其中N 36kg、P_2O_5 18kg、K_2O 39.8kg。根据苹果前期以吸收氮肥为主，中后期（果实膨大期）以吸收钾肥为主，而整个生育期对磷的吸收比较平稳的特点，确定各生育期氮、磷、钾比例与数量。有机肥按照农民常规用量确定。灌溉定额为205m³/亩，灌溉次数为8次，如表1-6所示。

表1-6   露天苹果滴灌施肥

生育期	灌溉次数	灌水定额（m³/亩）	每次灌溉加入的纯养分（kg/亩）				备注
			N	P_2O_5	K_2O	N+ P_2O_5+K_2O	
采收后	1	35	6.0	4.0	5.6	15.6	滴灌
花前期	1	20	6.0	2.0	4.3	12.3	滴灌
花后期	1	25	6.0	2.5	5.3	13.8	滴灌
幼果期	1	25	4.5	1.5	3.3	9.3	滴灌
花芽分化期	1	25	4.5	1.5	3.3	9.3	滴灌
果实膨大前期	1	25	6.0	1.5	5.3	12.8	滴灌
果实膨大后期	1	25	3.0	2.5	5.6	11.1	滴灌
采收前	1	25	0.0	2.5	7.1	9.6	滴灌
全生育期合计	8	205	36	18.0	39.8	93.8	

注：目标产量为4 000kg/亩

第二章　秸秆生物反应堆技术

第一节　概　　述

秸秆生物反应堆技术，是一项全新概念的农业增产、增质、增效的有机栽培理论和技术，与传统农业技术不同，秸秆生物反应堆技术从根本上摆脱了农业生产依赖化肥的局面。该技术以秸秆替代化肥，以植物疫苗替代农药，密切结合农村实际，促进资源循环利用和多种生产要素的有效转化，使生态改良、环境保护与农作物高产、优质、无公害生产相结合，为农业增效、农民增收、食品安全和农业可持续发展，开辟了新的途径。

一、秸秆生物反应堆技术的相关概念

1. 秸秆生物反应堆技术

秸秆在微生物菌种、净化剂等的作用下，定向转化成植物生长所需的CO_2、热量、抗病孢子、酶、有机和无机养料，进而实现作物高产、优质和有机生产。

2. 秸秆生物反应堆技术特点

以秸秆替代化肥，植物疫苗替代农药，这种有机栽培技术成本低、易操作、资源丰富、投入产出比大，环保效应显著。

3. 秸秆生物反应堆应用形式

内置式、外置式和内外置结合式。

4. 秸秆生物反应堆转化率

1kg干秸秆可转化CO_2 1.1kg、热量3 037kcal、生物有机肥0.13kg和抗病微生物孢子0.003kg。这些物质和能量用于果树蔬菜生产，可增产0.6～1.5kg果菜，品种不同增幅有差异。

5. 秸秆生物反应堆组成

由秸秆、辅料、菌种、植物疫苗、交换机、CO_2微孔输送带等设施组成。

地球上第一大可再生资源是植物秸秆及其下脚料，它取之不尽用之不完。这些由水和二氧化碳为主合成的秸秆，通过生物反应重新转化为二氧化碳（CO_2）、水、热量等，供植物吸收利用。秸秆取材广泛、投资小，转化成植物需要的物质成分多，利用率高。

二、秸秆生物反应堆的技术原理

1. 植物饥饿理论

植物产量、品质的本质，是由气（CO_2）、水（H_2O）、光三要素和微量矿质元素组成。三要素中，主要制约因素是气体CO_2，没有它植物就会饥饿而死。大气CO_2浓度为330ml/m³，大多数植物每天吃饱需要10 000～40 000ml/m³，供需相差几十倍乃至百倍之多，长期以来，植物在严重饥饿状态下生存。许多孕育能够长大的果实，因饥饿早期夭折，或生长缓慢，或性状发育不全，这就是人们平常看到的作物、果树的落花落果、大小年、早衰、午休、晚熟、果实畸形等现象的根本原因。当满足二氧化碳需求时，以上现象就会消失。研究证明，人们实际得到的产量不足应该达到的1%，还有几十倍的增产潜力有待挖掘。所以，要想作物高产优质，必须生产出更多的植物"粮食"——CO_2，解决饥饿问题。总之，一切增产措施归根结底在于提高CO_2供应水平。植物的饥饿理论作为高产、优质栽培的理论基础，研制成功了秸秆生物反应堆技术。

2. 主、被动吸收理论

植物叶片从地上吸收CO_2，根系从地下"喝水"，在光的作用下两者汇集于"叶片工厂"中合成有机物。白天合成夜间运输，储存于植物各个器官中，果实由小变大，植株由矮变高，这就是庄稼白天不长夜间长的原因。在白天，叶片具有把不同位置、不同距离的CO_2吸进体内合成有机物的本能，这种本能就叫"叶片的主动吸收"。在叶片吸收CO_2的过程中发现人为将二氧化碳送进叶片内或附近，合成速度加快，积累增多。我们把这种现象叫做"叶片的被动吸收"。主动吸收会减少有机物积累，被动吸收会增加有机物积累。根据主、被动吸收理论，研制了秸秆生物反应堆应用形式：内置式、外置式和内外置结合式。

3. 可循环利用理论

植物生长除大量需要气、水、光三种原料外，还要通过根系从土壤中吸收N、P、K、Ca、Mg、Fe、S等各种矿质元素。这些积存于秸秆（植物体）中的矿质元素，经过秸秆生物反应堆技术转化释放出来，能被植物重新吸收。据测定这些元素完全可以满足植物生长的需要，无须通过化肥来补充。农业生产中人们把施肥当作增产的主要措施是错误的，由于错误的观念才导致了化肥的用量越来越大，不仅增加了生产成本，还造成了生态的破坏。研究证实，肥料不是产量，产量也不是肥料，肥料与产量有关系，关系不大，在产量合成中所起的作用不足5%，而且多施化肥土壤还会造成土壤板结。化肥在解决人类温饱问题上有过历史性贡献，而这种贡献是以牺牲人类的健康长寿，破坏生态为代价，获得的暂时温饱。化肥对增产不是直接的作用，而是在瘠薄土壤中，首先培养微生物（如氨化菌、硝化菌、硫化菌），再由微生物代谢放出CO_2，才表现增产。综上所述，秸秆矿质元素可循环重复利用理论，为秸秆替代化肥找到了新途径和科学依据。

4. 植物生防疫苗理论

要从根本上防治植物病害，最科学的方法是走植物免疫之路。研究证实，植物具有免疫功能，只是免疫机理与动物有区别。如何利用好植物免疫功能，重要的技术关键是研制出对应的植物疫苗。植物疫苗是生物反应堆技术体系的重要组成部分，它相似于动物疫苗，但在接种工艺、方法上又有很大的差异和特殊性，它是通过对植物根系进行接种，进入植物各个器官，激活植物的免疫功能，产生抗体，实施对病虫害的防疫。植物疫苗的生物特性如下。

（1）感染期的升温效应。

（2）感染传导的缓慢性。

（3）好氧性。

（4）恒温恒湿性。

（5）侧向传导性。

植物疫苗经过在果树、蔬菜、茶叶、豆科植物、烟草等作物上大面积示范应用，生防效果达90%以上，平均用药成本降低85%，平均增产30%以上，是有机食品生产的主要技术保障，有效地解决了当前农业生产中急待解决的病虫害泛滥、农药用量日增、农产品残留超标等问题，为消费者的食品安全和健康带来希望。

每年为了防治病虫害，成千上万吨剧毒农药施入作物和土壤中，积存于农产品中，再通过人食用累积于人的身体中。可以这样说，人体成了剧毒农药的"第二储备库"，人类各种异常病变便由此而来，防不胜防。农业生产中人们设想应用剧毒农药杀死病虫害，现实的结果却是农药用量越来越大，病虫害越来越严重。上百年生产实践证明，农药不能从根本上解决病虫害问题，长期使用剧毒农药，最终恶果是毁灭人类自己。植物疫苗替代农药将会从本质上改变这一现状。

三、秸秆生物反应堆的作用

1. 二氧化碳（CO_2）效应

一般可使作物群体内CO_2浓度提高4～6倍，光合效率提高50%以上，饥饿程度得到有效缓解，生长加快，开花坐果率提高，标准化操作平均增产30%～50%，农产品品质显著提高。

2. 热量效应

在严寒冬天里大棚内20cm地温提高4～6℃，气温提高2～3℃，显著改善植物生长环境，提高了作物抗御低温的能力，有效地保护作物正常生长，生育期提前10～15天。

3. 生物防治效应

菌种在转化秸秆过程中产生大量的抗病孢子，对病虫害产生较强拮抗、抑制和致死作用，植物发病率降低90%以上，农药用量减少90%。

4. 改良土壤效应

在秸秆生物反应堆种植层内，20cm耕作层土壤孔隙度提高1倍以上，有益微生物群体增多，水、肥、气、热适中，各种矿质元素被释放出来，有机质含量增加10倍以上，为根系生长创造了优良的环境。

5. 处理残留效应

秸秆在反应过程中，菌群代谢产生大量高活性的生物酶，与化肥、农药接触反应，使无效肥料变有效，使有害物质变有益，最终使农药残毒变为植物需要的二氧化碳。经测定，应用该技术一年植物根系周围的农药残留减少95%以上，应用该技术两年可全部消除。

6. 资源综合利用效应

秸秆生物反应堆技术在加快秸秆利用的同时，提高了微生物、光、水、空气游离氮等自然资源的综合利用率。据测定，在CO_2浓度提高4倍时，光利用率提高2.5倍，水利用率提高3.3倍，豆科植物固氮活性提高1.9倍。由此可见，秸秆生物反应堆技术体系是一堆多效应。

四、应用方式

秸秆生物反应堆技术操作应用主要有内置式、外置式和内外结合式3种。其中内置式又分为行下内置式、行间内置式、追施内置式和树下内置式。外置式又分为简易外置式和标准外置式。选择应用方式时，主要依据生产地种植品种、定植时间、生态气候特点和生产条件而定。

五、应用结果

1. 生长表现

苗期：早发、生长快、主茎粗、节间短、叶片大而厚，开花早，病虫害少，抗御自然灾害能力强。中期：长势强壮，坐果率高，果实膨大快，个头大，畸形少，上市期提前10～15天。后期：连续结果能力强，收获期延长30～45天，果树晚落叶20天左右。重茬导致的死苗、死秧和病虫害泛滥等问题得到解决。

2. 产量表现

果树不同品种一般增产80%～500%；蔬菜不同品种一般增产50%～200%；根、茎、叶类作物一般增产1～3倍，豆科植物（如花生、大豆）一般增产50%～150%。其倾向性规律为果树大于蔬菜，根、茎、叶类蔬菜大于果实类蔬菜，豆科植物大于禾本科植物，以叶类为经济产量的作物（如茶、烟等）大于以籽粒为经济产量的作物，C_3植物大于C_4植物。

3. 品质表现

果实整齐度、商品率、颜色光泽、含糖量、香味香气显著提高，产品含亚硝酸、农药残留量显著下降或消失，是一项典型的有机栽培技术。

4. 投入产出比

温室果菜、瓜类为1：（14～16），大拱棚果菜、瓜类为1：（8～12），小拱棚瓜、菜为1：（5～8），露地栽培瓜、菜为1：（4～5），特殊中药材为1：（20～50）。

5. 降低生产成本

温室每亩减少3 500～4 500元，大棚每亩减少1 500～2 500元，小拱棚每亩减少500～1 000元。

六、常见问题及解决措施

1. 效果不明显

起因一：所用菌种质量低劣。解决措施：购买优质菌种，要专菌专用。由于微生物肥料产品需要到农业农村部进行产品登记后才能进行生产和销售，因此建议购买有微生物肥料登记标志的菌种产品。那些没有经过菌种检验、产品毒性检测及质量检测的产品，质量不稳定，建议慎重购买和使用。

起因二：未进行碳氮比调节。解决措施：亩用15kg左右的尿素或200kg豆粕来调节碳氮比。具体操作方法如下：撒菌种后，将尿素或豆粕均匀撒在秸秆上。也可将菌种和豆粕混匀后撒施，切忌尿素和菌种混合撒施。

起因三：打孔不足或孔被堵塞。解决措施：增加打孔密度。一般可按下述操作进行：定植期在距离作物苗根茎5cm处与前后左右各打一个孔，生长期可按25～30cm见方均匀打孔，结果期按20cm见方打孔。一般茄果类作物一季打四次孔即可，叶菜类两次即可。

2. 打孔后有白色小虫爬出

起因：玉米秸秆中有玉米螟，秸秆收割后，玉米螟在秸秆中休眠，当秸秆反应堆浇水打孔后，温度升高，玉米螟解除了休眠就从孔中爬出来了。解决措施：喷洒杀虫药剂即可，切忌喷洒杀菌剂。

3. 植株颜色发黄，茎细叶薄

起因：由于在秸秆反应堆建造时没有添加尿素调节碳氮比或尿素添加较少，在秸秆分解过程中微生物与植物争氮，导致作物缺氮失绿。解决措施：冲施氮肥。

4. 植株下部叶色变黄

起因：冲施氮肥时图方便，直接将冲施肥浇进了孔中。由于孔中微生物作用集中，温度较高，导致氮肥分解成了氨气溢出，导致了下部叶片受熏。解决措施：一是要排风放气，降低室内氨浓度；二是要浇水，降低肥料浓度；三是在叶片背部喷施1%食用醋溶液，可有效缓解危害。

5. 病害比未用前严重

起因：未使用专用菌种或使用量不足或使用了劣质菌种。由于秸秆中本身带有病菌，如果菌种使用不当，会导致秸秆所带病菌在棚室中蔓延，产生新病害。解决措施：使用经农业农村部登记的秸秆反应堆菌种产品；使用相应杀菌剂进行叶面喷施，切忌灌根。

第二节　内置式秸秆生物反应堆

内置式秸秆生物反应堆又分为行下内置式、行间内置式、追施内置式和树下内置式。

一、内置式秸秆生物反应堆应用方式

1. 行下内置式

秋、冬、春三季均可使用，高海拔、高纬度、干旱、寒冷和无霜期短的地区尤宜采用。在定植或播种前15～20天进行，用整秸秆或整碎结合的秸秆均可。

2. 行间内置式

高温季节、定植前无秸秆的区域宜采用。在定植播种后至开花结果前进行，植株矮时用整秸秆、植株高时用碎秸秆。

3. 追施内置式

在作物生长的整个过程均可使用，方法比较灵活。采用秸秆粉或食用菌废料穴施。

4. 树下内置式

果树、经济林、绿化带及苗圃等种植区宜采用。一年四季均可使用，落叶至发芽前采用整秸秆；生长季节内可采用碎秸秆和整碎结合的秸秆。

二、内置式秸秆生物反应堆秸秆、菌种及辅料用量

1. 行下内置式

每亩秸秆用量3 000～4 000kg、菌种8～10kg、麦麸160～200kg、饼肥80～100kg。

2. 行间内置式

每亩秸秆用量2 500～3 000kg、菌种7～8kg、麦麸140～160kg、饼肥70～80kg。

3. 追施内置式

每亩每次秸秆粉（或食用菌废料）用量900～1 200kg、菌种3～4kg、麦麸60～80kg、饼肥80～100kg。

4. 树下内置式

每亩秸秆用量2 000～3 000kg、菌种4～6kg、麦麸80～120kg、饼肥60～90kg。

5. 菌种处理方法

使用前1天或当天，菌种必须进行预处理。方法是按1kg菌种对掺20kg麦麸，10kg饼肥，加水35～40kg，混合拌匀，堆积发酵4～24小时即可使用。若当天使用不完，应摊放于室内或阴凉处，厚8～10cm，第2天继续使用。

6. 注意事项

种植蔬菜、水果和豆科植物，可用草食动物（牛、马、羊等）粪便，每亩一般用量3～4m^3，与内置式反应堆结合施入沟中效果更佳。使用该技术禁用化肥和非草食动物粪便，研究证实，使用鸡、猪、人、鸭等非草食动物粪便，会加速线虫繁殖与传播，导致植物发病；使用化肥会影响菌种活性，同时还会使土壤板结，加速病害的泛滥。

三、内置式秸秆生物反应堆操作

1. 行下内置式

行下内置式秸秆生物反应堆技术操作包括开沟、铺秸秆、撒菌种、拍振、覆土、浇水、整垄、打孔和定植。

（1）开沟。一堆双行，宜采用大小行种植。大行（人行道）宽100～120cm，小行宽60～80cm，在小行位置开沟，沟宽60cm或80cm，沟深20～25cm，开沟长度与行长相等，开挖土壤按等量分放沟两边。

（2）铺秸秆。开沟完毕后，在沟内铺放秸秆（玉米秸、麦秸、稻草等）。一般底部铺放整秸秆（玉米秸、高粱秸、棉柴等），上部放碎软秸秆（例如麦秸、稻草、玉米皮、杂草、树叶以及食用菌下脚料等）。铺完踏实后，厚度25～30cm，沟两头露出10cm秸秆茬，以便进氧气。

（3）撒菌种。每沟用处理后的菌种6kg，均匀撒在秸秆上，并用铁锹轻拍一遍，使菌种与秸秆均匀接触。

（4）覆土。将沟两边的土回填于秸秆上，覆土厚度20～25cm，形成种植垄，并将垄面整平。

（5）浇水。浇水以湿透秸秆为宜，隔3～4天后，将垄面找平，秸秆上土层厚度保持20cm左右。

（6）打孔。在垄上用12#钢筋（一般长80～100cm，并在顶端焊接一个"T"形把）打3行孔，行距25～30cm，孔距20cm，孔深以穿透秸秆层为准，以利进氧气发酵，促进秸秆转化，等待定植。

（7）定植。一般不浇大水，只浇小水。定植后高温期3天、低温期5～6天浇一次透水。待能进地时抓紧打一遍孔，以后打孔要与前次错位，生长期内每月打孔1～2次。

2. 行间内置式

多数是因为定植前没有秸秆，故先定植，待秸秆收获后在行间进行。其操作程序基本同行下内置式。一般离开苗15～20cm，开沟深15～20cm，宽60～80cm，铺放秸秆20～25cm厚，沟两头露出秸秆10cm。将拌好的菌种按每行6kg均匀撒接，用铁锹拍振一遍，土壤回填于秸秆上，大行不浇水，小行内浇水，渗入大行湿润秸秆。按行距30cm，孔距20cm，用12#钢筋打孔，孔深以穿透秸秆层为准。

3. 追施内置式

为保持全生育期持续增产、弥补定植时因为没有秸秆或秸秆量不足造成的缺失，在生长期内宜使用该方式。方法是将新收获的秸秆用粉碎机粉碎，按每亩菌种用量3kg、麦麸60kg、饼肥30kg、秸秆粉900kg、水2 000kg（其比例为1：20：10：300：666），混和拌匀，堆积成高60cm，宽100cm的梯形堆升温，用直径5cm的木棍在堆面上打孔9个，盖膜，发酵，升温至45～50℃，即可穴施。离开作物15cm，30cm1穴，每穴0.5～1.0kg，随即覆土，每穴打孔3～4个，追施后7～10天一般不浇水，以后根据墒情进行常规浇水，一般作物在生育期追施2～3次。

4. 树下内置式

根据不同应用时期又分全内置和半内置两种，它适用于果树。其他如绿化树、防沙林等附加值较高的树种可参照使用。

（1）树下全内置式。在果树的休眠期适用此法。做法是环树干四周起土至树冠投影下方，挖土内浅外深10～25cm，使大部分毛细根露出或有破伤。坑底均匀撒接一层疫苗，上面铺放秸秆，厚度高出地面10cm，再按每棵树菌种用量均匀撒在秸秆上，撒完后用铁锹轻拍一遍，坑四周露出秸秆茬10cm，以便进氧气。然后将土回填秸秆上，3～4天后浇足水，隔2天整平、打孔、盖地膜，待树发芽后用12#钢筋按30cm×25cm见方破膜打孔。

（2）树下半内置式。果树生长季节适用此法。做法是将树干四周分成六等份，间隔呈扇形挖土（隔一份挖一份），深度40～60cm（掏挖时防止主根受伤）。撒接一层疫苗，再铺放秸秆，铺放一半时撒一层菌种，待秸秆填满后再撒一层菌种，用铁锹轻拍后盖土，3天后浇水找平，按30cm×30cm见方打孔。一般不盖地膜，高原缺水地区宜盖地膜保水。

四、内置式秸秆生物反应堆注意事项

一是秸秆用量要和菌种用量搭配好，每500kg秸秆用菌种1kg。

二是浇水时不要冲施化学农药，特别要禁冲杀菌剂，但地面以上可喷农药预防病虫害。

三是浇水浇大管理行，浇水后4～5天要及时打孔，用14#的钢筋，每隔25cm打一个孔，要打到秸秆底部，浇水后孔被堵死要再打孔，地膜上也要打孔。每次打孔要与前次打的孔错位10cm，生长期内保持每月打一次孔。

四是减少浇水次数。一般常规栽培浇2～3次水，用该项技术只浇一次水即可，切记浇水不能过多。有条件的，用微滴灌控水增产效果最好。该不该浇水可用土法判断，在表层土下抓一把土用手一攥，如果不能攥成团应马上浇水，能攥成团千万不要浇水。而且，在第1次浇水湿透秸秆的情况下，定植时千万不要再浇大水，只浇小缓苗水。

五是前2个月不要冲施化肥，以避免降低菌种、疫苗活性，后期可适当追施少量有机肥和复合肥（每次每亩冲施浸泡7~10天的豆粉、豆饼等有机肥15kg左右，复合肥10kg左右）。

第三节　外置式秸秆生物反应堆

为了大幅度增加棚室栽培作物周围的CO_2浓度，提高作物的产量，可以采用建造外置式秸秆生物反应堆的方法。

一、建造外置式秸秆生物反应堆的条件

为了满足秸秆生物反应堆菌种的基本生活条件，保持秸秆发酵降解的速度，同时保证外置式秸秆生物反应堆技术的应用效果，在设计建造时应该特别注意以下几个方面。

1. 氧气

秸秆只有在有氧条件下才能被发酵产生二氧化碳，所以外置式秸秆生物反应堆建造时应特别注意回气系统的设计建造。为了确保秸秆堆内产生的CO_2能被及时抽出利用，外界的O_2及时回补到秸秆堆，达到秸秆能持续快速被发酵降解的目的，回气系统出气口应比进气口大，一般出气口横截面积一般大于进气口面积1/3左右为宜。

2. 温度

相对恒定适宜的温度可使秸秆迅速彻底地被分解转化。当大气温度较高时，外置反应堆可建于棚外，当大气温度较低时，外置反应堆应建于棚内。这样基本可以满足外置反应堆在发酵降解时的温度要求，必要时候可以在外置反应堆秸秆上加盖草苫保持堆内温度。

3. 水

水是秸秆生物反应堆菌种活动的必要条件，秸秆生物反应堆内部湿度应注意相对比较稳定。当反应堆建于棚外时应使用塑料薄膜将秸秆堆严密封闭，同时也能保证产生的CO_2不会流失；建于棚内的则可在秸秆堆下部留出10cm左右的缝隙，同时也有利于堆内的气体有效交换。当反应堆内水分缺乏时或需要利用外置反应堆产生的浸出液时，应及时足量补水。

4. 光照

由于自然光中的紫外线会抑制秸秆生物反应堆菌种的生物活性，同时大量光辐射会使秸秆生物反应堆内部温度失控，所以必须在建造时采取有效的遮光手段，如盖草苫等。

5. 棚体大小

在设计外置式秸秆生物反应堆时应充分考虑棚室大小，以保证棚室内部有充分的二氧化碳供应。一般50m×8m的大棚建堆时挖坑大小尺寸为5m×1m×1m（长×宽×深），当大棚长度接近或超过100m时应当考虑采用在大棚两头各建一个外置反应堆。

6. 作物品种和目标

在设计建造外置式秸秆生物反应堆时应根据所种作物的品种及其生长期长短，在建造时加入充足的秸秆和菌种量。一般若要瓜类或果树提高1000kg产量需加入1200kg秸秆、2kg菌种、30~40kg中间料（麦麸等）。

二、外置式秸秆生物反应堆应用方式

1. 外置式反应堆种类

（1）简单外置式。只需挖沟，铺设厚农膜，木棍、小水泥杆、竹坯或树枝做隔离层，砖、水泥砌垒通气道和交换机底座就可使用。特点是投资小，建造快，但农膜易破损，使用期为一茬。

（2）标准外置式。挖沟、用水泥、砖和沙子建造储气池、通气道和交换机底座，用水泥杆、竹坯、纱网做隔离层。投资虽然大，但使用期长。此方式按其建造位置又分棚外外置式和棚内外置式。低温季节建在棚内，高温季节建在棚外。棚外外置式上料方便，用户可根据实际情况灵活选择。每种建造工艺大同小异，要求定植或播种前建好，定植或出苗后上料，安机使用。

2. 秸秆、菌种和辅料的用量

每次秸秆用量1000~1500kg、菌种3~4kg、麦麸60~80kg。越冬茬作物全生育期加秸秆3~4次，秋延迟和早春茬加秸秆2~3次。

3. 建造使用期

作物从出苗至收获，全生育期内应用外置式生物反应堆均有增产作用，越早增产幅度越大，一般增产幅度50%以上。

三、外置式反应堆的建造工艺

1. 标准外置式

一般越冬和早春茬建在大棚进口的山墙内侧处，距山墙60~80cm，自北向南挖一条上口宽120~130cm，深100cm，下口宽90~100cm，长6~7m（略短于大棚宽度）的沟，称储气池。将所挖出的土均匀放在沟上沿，摊成外高里低的坡形。用农膜铺设沟底（可减少沙子和水泥用量）、四壁并延伸至沟上沿80～100cm。再从沟中间向棚内开挖一条宽65cm、深50cm、长100cm的出气道，连接末端建造一个下口径为50cm×50cm（内径），上口内径为45cm，高出地面20cm的圆形交换底座。沟壁、气道和上沿用单砖砌垒，水泥抹面，沟底用沙子水泥打底，厚度6～8cm。沟两头各建造一个长50cm，宽、高20cm×20cm的回气道，单砖砌垒或者用管材替代。待水泥硬化后，在沟上沿每隔40cm横排一根水泥杆（20cm宽、10cm厚），在水泥杆上每隔10cm纵向固定一根竹竿或竹坯，这样基础就建好了。然后开始上料接种，每铺放秸秆40～50cm，撒一层菌种，连续铺放3层，淋水浇湿秸秆，淋水量以下部沟中有一半积水为宜。最后用农膜覆盖保湿，覆盖不宜过严，当天安机抽气，以便气体循环，加速反应。

2. 简易外置式

开沟、建造等工序同标准外置式。只是为节省成本，沟底、沟壁用农膜铺设代替水泥、砖、沙砌垒。

四、外置式反应堆的使用与管理

外置式反应堆使用与管理可以概括为"三用"和"三补"。上料加水当天要开机，不分阴天、晴天，坚持白天开机不间断。

1. 用气

苗期每天开机5～6小时，开花期7～8小时，结果期每天10小时以上。不论阴天、晴天都要开机。研究证实，反应堆CO_2气体可增产55%～60%。尤其是中午不能停机。

2. 用液

上料加水后第2天就要及时将沟中的水抽出，循环浇淋于反应堆的秸秆上，每天一次，连续循环浇淋3次。如果沟中的水不足，还要额外补水。其原因是通过向堆中浇水会将堆上的菌种冲淋到沟中，不及时循环，菌种长时间在水中就会死亡。循环3次后的反应堆浸出液应立即取用，以后每次补水淋出的液体也要及时取用。原因是早期液体中酶、孢子活性高，效果好。其用法按1份浸出液对2～3份的水，灌根、喷叶，每月3～4次，也可结合每次浇水冲施。反应堆浸出液中含有大量的二氧化碳、矿质元素、抗病孢子，既能增加植物的营养，又可起到防治病虫害的效果。试验证明反应堆液体可增产20%～25%。

3. 用渣

秸秆在反应堆中转化成大量CO_2的同时，也释放出大量的矿质元素，除溶解于浸出液中外，也积留在陈渣中。它是蔬菜所需有机和无机养料的混合体。将外置反应堆清理出的陈渣，收集堆积起来，盖膜继续腐烂成粉状物，在下茬育苗、定植时作为基质穴施、普施，不仅替代了化肥，而且对苗期生长、防治病虫害有显著作用，试验证明反应堆陈渣可增产15%～20%。

4. 补水

补水是反应堆反应的重要条件之一。除建反应堆时加水外，以后每隔7～8天向反应堆补一次水。如果不及时补水会降低反应堆的效能，致使反应堆中途停止。

5. 补气

氧气是反应堆产生CO_2的先决条件。秸秆生物反应堆中菌种活动需要大量的氧气，必须保持进出气道通畅。随着反应的进行，反应堆越来越结实，通气状况越来越差，反应就越慢，中后期堆上盖膜不宜过严，靠山墙处留出10cm宽的缝隙，每隔20天应揭开盖膜，用木棍或者钢筋打孔通气，每立方米5～6个孔。

6. 补料

外置反应堆一般使用50天左右，秸秆消耗在60%以上。应及时补充秸秆和菌种。一次补充秸秆1 200～1 500kg，菌种3～4kg，浇水湿透后，用直径10cm尖头木棍打孔通气，然后盖膜。一般越冬茬作物补料3次。

五、外置式秸秆生物反应堆注意事项

一是所用秸秆数量和菌种用量要搭配好，每500kg秸秆用菌种1kg，玉米秸要用干秸秆。因为干秸秆宜吸水、透气；鲜湿秸秆容易产生厌氧反应，生成甲烷、沼气等有害气体，造成熏苗。

二是外置式反应堆南北两端各竖起一根内径10cm、高1.5m的管子，以便氧气回流供菌种利用。

三是秸秆上面所盖塑料膜靠近交换机的一侧要盖严。

四是建好后当天就要通电开机1小时，5天后开机时间逐渐延长至6～8小时，遇到阴天时也要开机。

五是及时给秸秆补水。补水是反应堆运行的重要条件之一，建堆上料加水，循环2次后，7～10天向反应堆补一次水，保持秸秆潮湿。不及时补水会降低反应堆的效能。

六是及时加料。外置反应堆一般使用50～60天，秸秆消耗在50%以上，应及时补充秸秆和菌种。越冬茬作物全生育期上料3～4次，秋延迟和早春茬上料2～3次。

第四节　秸秆生物反应堆技术应用案例

秸秆生物反应堆技术应用对象包括以下几种。

果、瓜、菜：如樱桃、杏、桃、苹果、梨、草莓、甜瓜、西瓜、黄瓜、茄子、甜椒、辣椒、番茄、西葫芦等。

经济作物：如茶树、花生、大豆、烟草、棉花、大姜、芦笋等。

中药材：如三七、人参、西洋参、丹参、桔梗、柴胡、半夏和五味子等。

花卉、苗木：如牡丹、蝴蝶兰、杜鹃、君子兰、玫瑰、百合、地瓜花、菊花以及绿化苗木等。

一、大姜秸秆生物反应堆技术

1. 内置秸秆生物反应堆使用方法

内置秸秆生物反应堆所用原料为玉米秸、麦秸、稻草、花生壳、树叶、杂草等，每亩秸秆用量3 000～4 000kg，菌种用量5kg，疫苗用量2kg。

（1）将菌种、中间料与水三者拌和均匀即成混合料，如中间料用麦麸或稻糠，三者比例为1∶30∶24，如中间料用玉米芯粉或豆秸粉，三者比例为1∶100∶140。拌后摊放于室内，厚度为10～15cm，打孔，盖帘遮阳，发菌，次日即可使用。

（2）大姜栽种前1个月内，在种植行下开1条宽50cm、深20cm、长度与种植行相等的沟，沟内铺放秸秆，整秸秆在下，碎秸秆在上，踏实后，高度为30cm。接着撒接混合料，用铁锨拍振，使菌种进入秸秆层内，然后覆土15～20cm，浇水后晾墒3～4天，即可定植或栽种。

2. 简易外置秸秆生物反应堆建造与使用

（1）建造时间。6—7月，在麦季大量秸秆收获后进行。

（2）建造方法。在姜田的一头，挖1条长6～8m、宽0.8～1m、深0.4～0.5m的沟，按0.6m摆放一个木棍，在顺沟向每隔0.2m拉一条铁丝并固定在杆上，在铁丝上放秸秆，每放0.5m高的秸秆接1层菌种，一般3层秸秆3层菌种即可，最后淋水湿透，这时，地下贮液池中的液体是沟深的一半，10天后将反应堆的膜揭开，把地下沟中的水抽浇到地上反应堆秸秆层中。

（3）加料、补水。一般外置反应堆每7～8天要补水1次，用水量以湿透秸秆为准，秸秆转化消耗1/2时，需要添加秸秆和接菌种，大姜一个生长周期需要添加秸秆2～3次。

（4）浸出液的使用。可用其灌根或叶面喷施，灌根每月1～2次；喷叶每月2～3

次，每亩用量60kg。

二、马铃薯秸秆生物反应堆技术

马铃薯全国应用该技术的基本结论：提高地温4～5℃，提前收获10天左右，增加二氧化碳浓度4倍以上，产量提高50%～200%，早出苗、整齐度高，茎粗节短，叶厚浓绿，抗逆性和抗病性显著提高，薯块大、芽眼少、光滑亮度高。秸秆转化马铃薯生物效率：整秸应用1：（0.7～1）；碎秸秆（秸秆粉）1：（1～1.5）。

1. 原材料筹备

（1）秸秆粉碎机。数量规格根据示范面积定。

（2）秸秆粉、菌种、疫苗的准备（表2-1）。

表2-1　秸秆粉、菌种、疫苗用量

秸秆粉（kg/亩）	3 000～4 000	1 500～2 000	1 000～1 500
菌种（kg/亩）	8～10	4～5	3～4
疫苗（kg/亩）	4～5	2～3	1～2

（3）麦麸的准备。菌种、疫苗与麦麸的比例按1：0.5：15准备。

（4）水的准备。麦麸：水=1：（0.9～1）；秸秆粉：水=1：（1.2～2）。

2. 菌种、疫苗、中间料（麦麸）与秸秆粉的处理

在下种前5～7天，将菌种、疫苗分别与麦麸、饼肥拌匀，加水，堆积24～48小时；同时将秸秆粉和水拌匀，然后将三者对掺，堆积（堆高60cm，宽100～150cm），打孔（直径5cm，每平方米4～6个），低温时盖膜遮光，高温时盖帘遮光，发酵，待堆温55～60℃即可开堆混拌使用，若堆料水分不足，应加水至饱和状态。

3. 种植配置

行距80～100cm，株距30～35cm。

4. 操作方法及注意事项

（1）将处理好的发酵料按每株所用量均匀穴施，随之将种块放在料上，然后覆土10～15cm，打孔（每株十字交叉4个孔），盖膜（在降水量每年500mm以上地区可不盖）。

（2）在有水浇条件的地区，种植出苗后，要浇一次透水。

（3）出苗后或出苗破膜后，应及时打孔放气。

（4）在有条件的地方（电力、资源）在马铃薯开花前加外置，向田内释放二氧化碳，短时间（15～20天）就有极大幅度增产。

（5）开花期浇水打孔。

（6）及时打顶，花蕾形成时，及时打顶去花蕾，减少有机物消耗，增加产量显著。

（7）收获期注意事项。①养分充分回流，待马铃薯棵茎软，30%有倒伏、叶色黄、无光泽时收获。②马铃薯可分次收获，抢早上市。③周边松土，局部振荡能加速土豆膨大。④喷施50～100mg/L乙烯利，有利于增产。⑤禁用化肥、鸡、猪、鸭、人等非草食动物粪便及土杂肥，大田更不宜使用农药，防治地下害虫可少用，一般不用农药。

三、番茄秸秆生物反应堆技术

多年应用示范证明，番茄应用秸秆反应堆技术进行栽培，展示了抗病，早熟，坐果多，个头大，着色快，肉质好，高产优质，不早衰的效果。一般上市期提前10～15天，收获期延长30～40天，增产50%以上，节约化肥60%，减少农药用量80%，降低成本60%以上；连用两年可不施化肥、农药。该技术以秸秆代替化肥，以植物疫苗代替农药，是番茄有机无公害栽培的突破性技术。其用法有内置式、外置式和内外结合置3种。生产实践中多采用内置式，有条件的最好采用内外结合式。

（一）内置式秸秆生物反应堆的使用方法

1. 秸秆和其他物料用量

秸秆3 000～4 000kg/亩，麦麸90～120kg/亩，饼肥60～80kg/亩，牛、马、羊等草食动物粪便3～4m³/亩。严禁使用鸡、猪、人等非草食动物粪便，各种化肥要减少80%～90%。

2. 菌种用量

菌种6～8kg/亩，疫苗3～4kg/亩。

3. 反应堆操作时间

行下内置式，在番茄定植前15～20天进行；行间内置式，在定植后盖膜前进行。

4. 菌种处理方法

使用当天按1kg菌种对掺15kg麦麸、13kg水，三者拌合均匀，堆积4～5小时，开始使用。若当天使用不完，摊放于阴暗处，厚度5～8cm，第2天继续使用。疫苗1kg对掺20kg麦麸、18kg水，处理方法同上。

5. 定植行下内置式秸秆生物反应堆

定植前在小行（种植行）下开沟，沟宽与小行相等，一般60～80cm，沟深15～20cm，沟长与小行长相等，起土分放两边，接着填加秸秆，铺匀踏实，厚度

30cm，沟两头露出10cm秸秆茬，以便进氧气，填完秸秆后，按每沟所需菌种量均匀撒在秸秆上，用铁锹拍振一遍后，把起土回填于秸秆上，浇水湿透秸秆。2～3天后，找平起垄，秸秆上土层厚度保持15cm，待定植时按每穴疫苗用量撒入穴内，并与土壤掺匀，接着放入番茄苗，覆土，浇水，盖膜，最后用14#钢筋在每行两棵之间各打孔两个，孔距10cm，孔深以穿透秸秆层为准。

6. 行间内置秸秆生物反应堆

对于已经定植的番茄大棚，在大行内起土15～20cm，铺放秸秆30cm厚，两头露出秸秆10cm，踏实找平，按每行菌种用量，均匀撒接一层菌种，用铁锹拍振一遍，回填所起土壤于秸秆上，接着浇小水湿润秸秆，晾晒5～6天，盖地膜。然后离开番茄苗10cm按30cm一行，20cm一个用14#钢筋打孔，孔深以穿透秸秆层为准。只浇第1次水，以后浇水在小行间按常规进行。

7. 使用注意事项

（1）三足。秸秆用量要足，菌种用量要足，第1次浇水要足。

（2）一露。内置沟两头秸秆要露出茬头10cm。

（3）三不宜。开沟不宜过深（15～20cm），覆土不宜过厚（15cm左右），打孔不宜过晚，定植后及时打孔。

（二）外置式秸秆生物反应堆使用与管理

1. 秸秆、菌种用量

每次秸秆用量1 500kg，菌种用量3kg，番茄全生育期内用2～3次。

2. 操作时间

定植前建好反应堆，定植后及时开机抽气供应二氧化碳。

3. 操作方法

在大棚进口的山墙内侧，距山墙60cm，自北向南挖一个宽1m，深0.8m，长度略短于大棚宽度的沟（储气池），从沟中间位置向棚内开挖一个低于沟底50cm见方，向外延伸80cm的通气道，通气道末端做一个下口直径为50cm，上口内径为40cm，高出地面20cm的圆形交换底座。整个沟体可用单砖砌垒，水泥抹面，打底，然后在贮气池上每隔50cm横放一根小水泥杆，在杆上纵向每隔20cm拉一道固定铁丝，就可进行铺放秸秆，每放40～50cm厚，均匀撒接一层菌种，连续3～4层，最后淋水湿透秸秆，水量以下部贮气池中有一半积水为宜，盖膜保湿，农膜覆盖不易过严，下部有10cm秸秆露出，以便进气促进秸秆分解发酵。

4. 使用与管理

概括为"三补"和"三用"。

（1）三补。补气：秸秆生物反应堆中的功能菌种是一种好氧菌，向反应堆中补充氧气是十分必要的。措施：储气池两端留气孔，反应堆上打孔，反应堆盖膜不可过严，四周要留出10cm高，以利于通气；反应堆上料加水当天就要开机抽气，即使阴雨天，也要开机5小时。补水：建堆后，头10天内可用储气（液）池中的水循环向反应堆淋水2~3次，以后可用井水补充，7~8天向反应堆补1次水。补料：外置反应堆一般使用50~60天，秸秆消耗在60%，此时应及时补充秸秆和菌种，补秸秆1 500kg，菌种3kg，浇水湿透后，用直径10cm尖头木棍打孔通气，然后盖膜。

（2）三用。用气：要坚持开机抽气，苗期每天5~6小时，开花期7~8小时，结果期每天10小时以上。不论阴天、晴天都要开机，自上午8时至盖草帘为止。用液：按1份浸出液对2~3份的水，喷施叶片和植株，每月进行3~4次，追施根系结合每次浇水进行冲施。用渣：将每次外置反应堆清理出的陈渣收集起来，作追肥或底肥使用。

四、茶树植物疫苗和秸秆生物反应堆技术

茶树秸秆生物反应堆和植物疫苗技术，不仅能有效解决有机栽培问题，而且20cm地温提高4~6℃，CO_2浓度增加2~3倍，平均增产50%以上，春茶提前采收10~15天，茶叶耐冲泡，且清香浓郁。

茶树接种植物疫苗最佳的效果是配合使用内置秸秆生物反应堆，以此替代化肥、农药，从而获得高产、优质、无公害的有机茶叶。春、夏、秋三季均可应用。

1. 菌种、麦麸用量

每亩8~10kg，麦麸160~200kg，麦麸也可用一半的饼肥（棉饼、菜籽饼等）替代。

2. 秸秆用量

每亩3 000~4 000kg。

3. 疫苗、麦麸用量

每亩4~5kg，幼树4kg，大树5kg。麦麸80~100kg（也可用一半饼肥替代）。

4. 疫苗的防治对象

飞虱、夜蛾科害虫、线虫以及由此引起的病害。

5. 菌种、疫苗用前处理

菌种使用前先按1kg菌种对掺15kg麦麸、加水13kg，三者混合拌匀，堆积4~5

小时，即可使用。若当天使用不完，应摊开于室内或阴暗处，厚度5cm，第2天继续用。疫苗处理：按1kg疫苗对掺20kg麦麸、18kg水，方法同上。

6. 操作与接种法

内置式秸秆反应堆的操作是在两定植茶畦空间全部起土20cm深，将所挖土壤分放两边的行间，使部分根系露出，沟挖好后，先接种疫苗，按每沟疫苗用量均匀撒接于沟壁和沟底，使疫苗与根系充分接触，接着在沟中填铺秸秆，一般下部放整秸秆，上部放碎软秸秆，踏实找平，厚度30cm，再按每沟菌种用量均匀撒施于秸秆上，用铁锹拍振一遍，然后使两边的土壤回填盖住秸秆。依次做完后浇大水湿透秸秆，待3～4天盖地膜用12#钢筋进行打孔，孔行距30cm，孔距20cm，孔深以穿透秸秆层为准。其他管理按常规法进行。

7. 注意事项

（1）三足、一露和三不宜。三足：秸秆用量要足，菌种用量要足，第1次浇水要足；一露：内置沟两头秸秆要露出茬头10cm；三不宜：开沟不宜过深（20cm左右），覆土不宜过厚（15～20cm），打孔不宜过晚，定植后及时打孔。

（2）用气。打孔是内置式反应堆增产的关键措施，只有打孔CO_2气体才能从地下冒出被叶片吸收。除定植前打孔外，以后每次浇水后都要打孔，至少每月打孔2～3次，中后期大量需要CO_2时，每月打孔3～4次，打孔就能促进生长，增加产量。

（3）肥料用量及要求。使用该技术严禁使用化肥和非草食动物鸡、猪、人等的粪便，可用牛、羊等草食动物的粪便和饼肥。研究证实，使用鸡、猪、人、鸭等非草食动物的粪便，会加速线虫繁殖与传播，导致植物发病；使用化肥会影响菌种活性，同时还会使土壤板结，加速病害的泛滥。

第五节　植物疫苗

植物疫苗是生物反应堆技术体系的重要组成部分，是一种利用植物免疫功能防止植物病害的生物技术。植物疫苗防病机理是通过接种进入植物体内，激活植物机体免疫功能，实现防治病害的目的。该技术现已在果树、蔬菜、中药材、豆科植物、茶叶、烟草等作物上大面积示范应用，防治效果达到了80%～100%，平均成本降低60%，平均增产30%以上。植物疫苗对解决农产品化肥污染和农药残留问题，实现农作物有机栽培和食品安全具有重要意义。

一、植物疫苗的生物学特性

1. 感染期的升温效应

植物疫苗接种后进入植物机体，有3～4天剧烈升温期。此期如遇高温天气，疫苗则易失活，所以在高温季节接种关键是用水降温和疫苗放热处理。高温期接种后2～3天内应浇水降温。

2. 感染传导的缓慢性

植物具有细胞壁，所以植物汁液流速要慢得多。因此，植物从根部接种疫苗后，总是缓慢地从下部器官往上部器官传导。一般从根传导至全株各部位，草本植物需要30天左右；木本植物需要45～55天，有的植物更长。根据这一特点，为了接种成功，接种时间要在病发前30天进行。生产中一般在育苗和定植期接种。

3. 好氧性

植物疫苗萌发、活化需要大量的氧，缺氧会影响疫苗活性，造成接种失败。所以在植物接种疫苗时，注意打孔通气，提高接种成功率。

4. 恒温恒湿性

植物疫苗活力和感染速度受温度和湿度变化的制约。在土壤昼夜温差不超过2℃，相对湿度75%～80%的条件下活度高。因为土壤温度和湿度相对恒定，所以一般植物疫苗应从根区周围接种，才容易成功。而地上温度、湿度变化较大，不能从茎、叶上接种。

5. 侧向运输性

植物根系吸收营养是通过每一条韧皮部和木质部导管，侧向运输到各个器官，这就是哪一部位根为哪一部位器官供给营养。植物自身这一特点也决定了疫苗传导具有侧向性。因此接种疫苗时要特别注意均匀性，使植物根系各部分尽可能都要接触到疫苗。尤其是定植后、生长期间接种，必须绕植株四周起土扒穴，使各部位根系露出，并有轻度破伤和毛细根断损，再将疫苗环绕四周均匀撒接。

二、防治对象

线虫、刺吸式害虫（蚜虫、飞虱、叶蝉）、夜蛾科幼虫；由线虫引起的植物真菌、细菌和病毒病。

三、接种方法

1. 疫苗用量

根据作物种类不同，其用量也有一定区别。每亩大田果树3～4kg，大棚果树和密植园4～5kg，大棚瓜菜4～5kg，露地瓜菜3～4kg，大田作物3～4kg，中药材3～4kg，绿化树木6～8kg；草本植物花卉每100～130盆用1kg。

2. 操作方法

（1）植物疫苗的处理配方。

配方一：1kg疫苗、20kg麦麸、20kg饼肥（豆饼、菜籽饼、棉饼等）、60kg秸秆粉（玉米秸、稻草、麦秸、豆秸等）、160kg水掺合拌匀。

配方二：1kg疫苗、20kg麦麸、50kg饼肥、75kg秸秆粉、210kg水拌合掺匀。

（2）堆积发酵放热处理。堆积成高50cm的方形堆，并在上面按20cm见方打孔，孔径为5cm，孔深以打透为准，接着盖膜保湿使其升温；待堆温升至55～60℃时，及时翻堆，并掺入1倍大田土，重新堆积打孔盖膜，当温度再次升至55～60℃时，开堆摊薄至10cm厚，两天后即可使用。低温期不必放热处理，只需堆积4～24小时就可接种。方法有穴接、沟接和环根区接3种。接种应在育苗、移栽或播种前10～15天进行，将疫苗撒接于定植穴（沟、行），盖土5～10cm，穴上打孔标记，等待定植或点种。定植时一棵浇一碗水，隔3～4天浇大水，促使疫苗快速进入植物机体或避免因高温造成的失活。如当天接种不完，摊放于阴暗处，厚度5cm，第2天继续使用。

四、注意事项

1. 浇水

植物疫苗接种后，高温季节第2天一定要浇水，隔4天再浇1次；中温季节4～5天一定要浇水，隔7～8天再浇1次；低温季节7天一定要浇水，隔10天再浇一次水。

2. 通气

接种后一般要延迟7～10天盖地膜。下雨或浇水后，应及时耙锄或用筷子打孔透气，避免疫苗失活。

3. 断根

为提高接种成功率，果树接种应使部分根系破伤、毛细根断损，以利于疫苗进入植物体内。

五、植物疫苗适于的作物种类

1. 瓜菜类

黄瓜、番茄、甜瓜、西葫芦、茄子、甜椒、葫芦、西瓜、冬瓜、丝瓜、芸豆、豇豆、苦瓜、佛手瓜、草莓、韭菜、芹菜、马铃薯、莲藕、芦笋、山药、地瓜、魔芋、芋头、牛蒡、黄姜、萝卜等。

2. 中药材类

桔梗、丹参、三七、党参、西洋参、人参、栝楼等。

3. 果树类

苹果、樱桃、冬枣、杏、桃、梨、葡萄、油桃、荔枝、板栗、柑橘、李子、香蕉等。

4. 豆科类

花生、大豆、蚕豆、豌豆、扁豆等。

六、植物疫苗种类

1. 果树疫苗

桃树疫苗、樱桃疫苗、杏树疫苗、枣树疫苗、苹果疫苗、梨树疫苗、茶树疫苗、柑橘疫苗、荔枝疫苗、葡萄疫苗、柿树疫苗、李子树疫苗等。

2. 瓜菜疫苗

黄瓜疫苗、西瓜疫苗、甜瓜疫苗、西葫芦疫苗、冬瓜疫苗、番茄疫苗、茄子疫苗、辣椒疫苗、叶菜类疫苗、大姜疫苗、土豆疫苗、莲藕疫苗、芦笋疫苗、豇豆疫苗、芸豆疫苗等。

3. 大田作物疫苗

花生疫苗、大豆疫苗、地瓜疫苗、棉花疫苗等。

4. 其他疫苗

花卉疫苗、中药材疫苗、绿化树木疫苗等。

第三章 测土配方施肥技术

第一节 概 述

一、测土配方施肥的概念

测土配方施肥是以土壤测试和肥料田间试验为基础，根据作物需肥规律、土壤供肥性能和肥料效应，在合理施用有机肥料的基础上，提出氮、磷、钾及中、微量元素等肥料的施用数量、施肥时期和施用方法。

测土配方施肥是一项科学性、应用性很强的农业科学技术，核心是调节和解决作物需肥与土壤供肥之间的矛盾。同时有针对性地补充作物所需的营养元素，作物缺什么元素就补充什么元素，需要多少补多少，实现各种养分平衡供应，满足作物的需要；达到提高肥料利用率和减少用量，提高作物产量，改善农产品品质，节省劳力，节支增收的目的。

二、测土配方施肥的核心环节和重点内容

测土配方施肥技术包括"测土、配方、配肥、供应、施肥指导"5个核心环节、9项重点内容。

1. 田间试验

田间试验是获得各种作物最佳施肥量、施肥时期、施肥方法的根本途径，也是筛选、验证土壤养分测试技术、建立施肥指标体系的基本环节。通过田间试验，掌握各个施肥单元不同作物优化施肥量，基、追肥分配比例，施肥时期和施肥方法；摸清土壤养分校正系数、土壤供肥量、农作物需肥参数和肥料利用率等基本参数；构建作物施肥模型，为施肥分区和肥料配方提供依据。

2. 土壤测试

土壤测试是制定肥料配方的重要依据之一，随着各地种植业结构的不断调整，高产作物品种不断涌现，施肥结构和数量发生了很大的变化，土壤养分库也发生了明显改变。通过开展土壤氮、磷、钾及中、微量元素养分测试，了解土壤供肥能力状况。

3. 配方设计

肥料配方设计是测土配方施肥工作的核心。通过总结田间试验、土壤养分数据等，划分不同区域施肥分区；同时，根据气候、地貌、土壤、耕作制度等相似性和差异性，结合专家经验，提出不同作物的施肥配方。

4. 校正试验

为保证肥料配方的准确性，最大限度地减少配方肥料批量生产和大面积应用的风险，在每个施肥分区单元设置配方施肥、农户习惯施肥、空白施肥3个处理，以当地主要作物及其主栽品种为研究对象，对比配方施肥的增产效果，校验施肥参数，验证并完善肥料配方，改进测土配方施肥技术参数。

5. 配方加工

配方落实到农户田间是提高和普及测土配方施肥技术的关键环节。目前不同地区有不同的模式，其中最主要的也是最具有市场前景的运作模式就是市场化运作、工厂化加工、网络化经营。这种模式适应我国农村农民科技素质低、土地经营规模小、技物分离的现状。

6. 示范推广

为促进测土配方施肥技术能够落实到田间，既要解决测土配方施肥技术市场化运作的难题，又要让广大农民亲眼看到实际效果，这是限制测土配方施肥技术推广的"瓶颈"。建立测土配方施肥示范区，为农民创建窗口，树立样板，全面展示测土配方施肥技术效果，是推广前要做的工作。推广"一袋子肥"模式，将测土配方施肥技术物化成产品，也有利于打破技术推广"最后一公里"的"坚冰"。

7. 宣传培训

测土配方施肥技术宣传培训是提高农民科学施肥意识，普及技术的重要手段。农民是测土配方施肥技术的最终使用者，迫切需要向农民传授科学施肥方法和模式；同时还要加强对各级技术人员、肥料生产企业、肥料经销商的系统培训，逐步提高技术人员和肥料商的农业科技水平。

8. 效果评价

农民是测土配方施肥技术的最终执行者和落实者，也是最终受益者。检验测土配方施肥的实际效果，及时获得农民的反馈信息，不断完善管理体系、技术体系和服务体系。同时，为科学地评价测土配方施肥的实际效果，必须对一定的区域进行动态调查。

9. 技术创新

技术创新是保证测土配方施肥工作长效性的科技支撑。重点开展田间试验方法、土壤养分测试技术、肥料配制方法、数据处理方法等方面的创新研究工作，不断提升测土配方施肥技术水平。

三、测土配方施肥原理

测土配方施肥是以养分归还（补偿）学说、最小养分律、同等重要律、不可代替律、肥料效应报酬递减律和因子综合作用律等为理论依据，以确定不同养分的施肥总量和配比为主要内容。为了补充发挥肥料的最大增产效益，施肥必须与选用良种、肥水管理、种植密度、耕作制度和气候变化等影响肥效的诸因素结合，形成一套完整的施肥技术体系。

1. 养分归还学说

作物产量的形成有40%～80%的养分来自土壤，但不能把土壤看作一个取之不尽、用之不竭的"养分库"。为保证土壤有足够的养分供应容量和强度，保持土壤养分的携出与输入间的平衡，必须通过施肥这一措施来实现。依靠施肥，可以把作物吸收的养分"归还"土壤，确保土壤肥力。

2. 最小养分律

作物生长发育需要吸收各种养分，但严重影响作物生长，限制作物产量的是土壤中那种相对含量最小的养分因素，也就是最缺的那种养分（最小养分）。如果忽视这个最小养分，即使继续增加其他养分，作物产量也难以再提高。只有增加最小养分的量，产量才能相应提高。经济合理的施肥方案，是将作物所缺的各种养分同时按作物所需比例相应提高，作物才会高产。

3. 同等重要律

对农作物来讲，不论大量元素或微量元素，都是同样重要缺一不可的，即缺少某一种微量元素，尽管它的需要量很少，仍会影响某种生理功能而导致减产，如玉米缺锌导致植株矮小而出现花白苗，水稻苗期缺锌造成僵苗，棉花缺硼使得蕾而不化。微量元素与大量元素同等重要，不能因为需要量少而忽略。

4. 不可代替律

作物需要的各营养元素，在作物内都有一定功效，相互之间不能替代，如缺磷不能氮代替，缺钾不能用氮、磷配合代替。缺少什么营养元素，就必须施用含有该元素的肥料进行补充。

5. 报酬递减律

从一定土地上所得的报酬，随着向该土地投入的劳动和资本量的增大而有所增加，但达到一定水平后，随着投入的单位劳动和资本量的增加，报酬的增加却在逐步减少。当施肥量超过适量时，作物产量与施肥量之间的关系就不再是曲线模式，而呈抛物线模式了，单位施肥量的增产会呈递减趋势。

6. 因子作用律

作物产量高低是由影响作物生长发育诸因子综合作用的结果，但其中必有一个起主导作用的限制因子，产量在一定程度上受该限制因子的制约。为了充分发挥肥料的增产作用和提高肥料的经济效益，一方面，施肥措施必须与其他农业技术措施密切配合，发挥生产体系的综合功能；另一方面，各种养分之间的配合作用，也是提高肥效不可忽视的一个问题。

第二节　土壤样品的采集与制备

一、土壤样品的采集

1. 采样田块确定

土壤样的采集，一般可20亩（最多不能超过50亩）取一个混合样品。采样集中在位于每个采样单元相对中心位置的一个农户的一个典型地块上，采样地块面积为1～10亩，在采样地块中心位置采用GPS定位，记录经纬度，精确到0.1″。

2. 采样时间

在作物收获后或播种施肥前采集，一般在秋后；果园在果品采摘后第1次施肥前采集，幼树及未挂果果园，应在清园扩穴施肥前采集。

3. 采样点的数目

应根据地块面积大小和复杂程度来定，面积大土壤复杂应多设点反之应少些。原则是要保证足够的采样点，使之能代表采样单元的土壤特性，每个样品取15～20个样点。

4. 采样路线

采样时应沿着一定的线路，按照"随机""等量"和"多点混合"的原则进行采样。一般采用"S"形布点采样。在地形变化小、地力较均匀、采样单元面积较小的情况下，也可采用梅花形布点取样。要避开路边、田埂、沟边、肥堆等特殊部位。蔬菜地混合样的采集要在整地起垄前采集。果园采样要以树干为圆点向外延伸到树冠边缘的2/3处采集，每株对角采2点，但一定要注意避开施肥沟。

5. 采样深度

采样点确定后，将表土刮去，铲或筒钻采出土样，大田采样深度为0～20cm，果园采样深度一般在0～20cm、20～40cm两层分别采集。

6. 采样方法

每个取土样点的取土深度及采样量应均匀一致，土样上层与下层的比例要相同。取样器应垂直于地面入土，深度相同。用取土铲取样应先铲出一个耕层断面，再平行于断面取土。所有样品都应采用不锈钢取土器采样。

7. 样品量

用于推荐施肥的采样地块为0.5kg。用于田间试验和兼顾耕地地力评价的采样地块为2kg以上，且需长期保存备用。用四分法将多余的土壤弃去。方法是将采集的土壤样品放在盘子里或塑料布上，将样品捏碎并混匀，铺成正方形或圆形，画对角线将土样分成四份，把对角的两份分别合并成一份，保留一份，弃去一份。如果所得的样品依然很多，可再用四分法处理，直至所需数量为止。

8. 样品的记录

一个土壤样品，必须有详细的记录，至少包括以下内容。

（1）采样地点，包括省、县、村及地物特征。利用全球定位系统仪器在野外确定采样点的经纬度，精度达到0.1″。同时编号。

（2）采样地点基本情况。利用情况、地形（农田、荒地、林地）、坡度等。

（3）采样时间（年、月、日）。

（4）采样方法。包括样点配置方法、样点间距、混合样点数、采样深度等。

（5）其他与采样和今后研究有关的情况（如采样人员等）。

二、土壤样品的制备

土壤样品从田间采集后需要一定的处理，主要是干燥、磨细和过筛。

1. 风干和去杂

从田间采回的土样，除特殊要求鲜样外，一般要及时风干。其方法是将土壤样品放在阴凉干燥通风、又无特殊的气体（如氯气、氨气、二氧化硫等）、无灰尘污染的室内，把样品弄碎后摊平，通常放在50cm×60cm×2.5cm的搪瓷盘或塑料盘中，再将盛有土壤的盘子放在特制的多格的架子上，在空气中风干。或者平铺在干净的牛皮纸上，摊成薄薄的一层，并且经常翻动，加速干燥。干燥期间必须注意防尘，避免直接暴晒。在土样稍干后，要将大土块捏碎（尤其是黏性土壤），以免结成硬块后难以磨细。样品风干后应拣出枯枝落叶、植物根、残茬、虫体以及土壤中的铁锰结核、石灰结核或石子等，若石子过多，将其拣出并称重，记下其所占的百分数。

更重要的是要有一个带编号（用铅笔写）的不怕水湿的标签放于土中，但应注意此标签在随后的磨碎时必须取出，以防和土一起被磨碎而混在土中。

2.磨细和过筛

（1）自然风干土样充分混匀，称取土样约500g放在乳钵内研磨。

（2）磨细的土壤先用孔径为1mm（18号筛）的土筛过筛，用作颗粒分析土样，（国际制通过2mm筛孔）反复研磨，使<1mm的细土全部过筛。粒径>1mm的未过筛石砾，称重（计算石砾百分率）后遗弃。

（3）将<1mm的土样混匀后铺成薄层，划成若干小格，用骨匙从每一方格中取出少量土样，总量约50g。仔细拣出土样中的植物残体和细根后，将其置于乳钵中反复研磨，使其全部通过孔径0.25mm（60号筛）的土筛，然后混合均匀。

经处理的土样，分别装入广口瓶，贴上标签。

第三节　作物施肥量的确定

作物的需肥量受作物种类、产量水平、土壤供肥量、肥料利用率以及气候条件、生产管理措施等许多因素的影响，确定施肥量时，要综合考虑上述各种因素。下面介绍以养分平衡法（也叫目标产量法）确定施肥量的方法。

养分平衡法是作物的养分吸收量等于土壤与肥料两者养分供应之和，其数学表达式为：作物养分吸收量=土壤养分供应量+肥料养分供应量。

一、作物养分吸收量的计算

作物养分吸收量主要取决于作物产量水平，所以产前要确定一个合理的目标产量。目标产量一般以施肥区前三年平均产量递增10%（粮食）、20%（露地蔬菜）、30%（设施蔬菜）为宜。计算公式为：

目标产量=前三年目标产量×（1+递增率）

目标产量作物养分吸收量=目标产量÷100×100kg经济产量所需要的养分量

二、土壤供肥量的计算

土壤供肥量一般通过土壤养分化验值来计算，也可通过不施肥时的产量（空白产量）来计算。计算公式为：

土壤供肥量=土壤养分测定值×土壤养分利用系数×0.15

土壤供肥量=空白产量÷100×100kg经济产量所需要的养分量

三、作物施肥量的计算

作物施肥量与肥料供应量并不相同，因为施入的养分仅有一部分被当季作物吸收利用，计算过程中要把这个因素考虑进去。

作物施肥量=（作物养分吸收量-土壤供肥量）÷肥料利用率

一般情况下，氮肥、磷肥、钾肥的当季利用率为35%、10%～25%、40%～50%。

实物化肥用量=作物施肥量÷有效成分含量

四、实例

某菜田，经测定土壤碱解氮含量80mg/kg、有效磷12mg/kg、速效钾110mg/kg，计划种植黄瓜，目标产量为6 000kg，应施多少肥料？

计算如下：每生产100kg黄瓜需吸收纯氮0.27kg、五氧化二磷0.13kg、氧化钾0.35kg，目标产量6 000kg时，需吸收：

纯氮：6 000÷100×0.27=16.2kg

五氧化二磷：6 000÷100×0.13=7.8kg

氧化钾：6 000÷100×0.35=21.0kg

土壤养分供应量为：

纯氮：80×0.15×0.65=7.8kg

纯磷：12×0.15×0.85=1.53kg

折合五氧化二磷：1.53×2.27=3.47kg

纯钾：110×0.15×0.35=5.78kg

折合氧化钾：5.78×1.2=6.94kg

其中，0.65、0.85、0.35为当地土壤养分校正系数。

氮、磷、钾的施用量为：

纯氮：（16.2-7.8）÷0.35=24.00kg

五氧化二磷：（7.8-3.47）÷0.25=17.32kg

氧化钾：（21-6.94）÷0.5=28.12kg

然后再根据所购化肥养分含量计算出具体实物量。表3-1为主要农作物每100kg经济产量所需要的养分量。

表3-1 主要农作物每100kg经济产量所需要的养分量

作物	收获物	形成100kg产量所吸收的养分量（kg）		
		氮	五氧化二磷	氧化钾
冬小麦	籽粒	3.00	1.25	2.5
玉米	籽粒	2.57	0.86	2.14
花生	荚果	6.80	1.30	3.80
棉花	籽棉	5.00	1.80	4.00
大豆	豆粒	7.20	1.80	4.00
马铃薯	鲜块根	0.50	0.20	1.06
烟草	鲜叶	4.10	0.70	1.10
黄瓜	果实	0.27	0.13	0.35
番茄	果实	0.45	0.50	0.50
圆葱	葱头	0.27	0.12	0.23
大葱	全株	0.30	0.12	0.40
芹菜	全株	0.16	0.08	0.42
苹果	果实	0.30	0.08	0.32
葡萄	果实	0.60	0.30	0.72

第四节　设施蔬菜用地土壤改良

一、大棚蔬菜土壤退化情况

通过对诸城市设施蔬菜主产区保护地调查发现，部分设施菜地土壤存在不同程度的土壤板结、次生盐渍化、土传病害等土壤退化现象。不同区域由于设施类型、栽培方式、种植制度上的差异，土壤退化发生面积和程度并不一样。长期集约化生产强度大、复种指数高、连作年限长的地区，土壤退化的程度要明显高于其他地区。

设施菜地土壤退化与设施栽培的年限有密切关系，一般来说，棚龄3年，就会出现不同程度的土壤板结和土传病害，栽培时间越长发生比例越高、程度越严重。土壤板结和土传病害相对土壤盐渍化的发生更普遍，表现更早。据调查，棚龄5年以上的日光温室便开始出现盐渍化现象，棚龄6年以上的大拱棚便开始出现盐渍化现象。10年以上高龄设施调查区，80%以上的调查点全盐含量在2.0～5.0g/kg，达到盐土含盐量指标，在127个设施菜地中，土传病害发生严重的大棚占73.2%。一般设施种植4年后，蔬菜就会出现生长不良，病害加重等现象，严重影响了作物产量。

二、大棚土壤退化的主要原因

设施菜地土壤退化与设施环境及人为耕作管理密切相关。设施栽培条件下，土壤的水、肥、气、热等肥力因素及耕作管理措施与露地栽培存在着明显的差异，设施栽培环境的封闭性以及栽培管理上的高集约化、高复种指数、高施肥量、高灌水量以及连作重茬，都会引起土壤板结、盐分积累，并引发土传病害。主要原因如下。

一是封闭的设施环境为土壤盐渍化和土传病害创造了有利条件。

二是化肥过量盲目施用是土壤板结、盐渍化、生理病害发生的主要因素。

三是土壤有机质严重不足，土壤的缓冲性降低。

四是大水漫灌导致土壤板结、地下水硝酸盐超标及病害严重。

五是种植制度不合理，土壤连作障碍突出。

六是土壤消毒，减少了有益菌群。

三、大棚退化改良修复、保育技术

1. 推广轮作换茬技术

轮作换茬是消除次生盐渍化、减少化学品污染和残留的有效技术。

（1）实行合理的轮作制度。根据不同蔬菜种类确定轮作年限，如黄瓜，病虫害较多，连作一般不超过3年，西瓜要隔6年以上；其次确定合理的蔬菜轮作方式，一般在轮作中，可采用果菜类和叶菜类作物轮作，深根系作物和浅根系作物轮作等，在有条件的地方实行水旱轮作，如早春种蔬菜，夏秋种水稻，或者水生蔬菜与其他蔬菜轮作等。

（2）选用抗性品种或采用嫁接技术。蔬菜耐盐性普遍较弱，要视土壤含盐状况，选择适宜的蔬菜种类。采用抗性砧木进行嫁接栽培，可防止多种土传病害及线虫为害。如黄瓜、甜瓜、西瓜、茄子、番茄等蔬菜可通过嫁接来防止连作带来的病害障碍。

2. 推广测土配方施肥技术

严格控制氮肥用量是提高设施蔬菜品质和保护环境的关键。因此，要普及测土配方施肥技术，做到因土施肥、因作物施肥，最大限度减少肥料在土壤中残留量，减少次生盐渍化的发生。

（1）降低土壤硝态氮含量。设施蔬菜地次生盐渍化土壤的盐分以硝态氮为主，所以改良设施蔬菜地次生盐渍化土壤的关键就是降低土壤硝态氮含量。根据前茬残留的硝态氮总量和目标产量确定最佳施氮量，充分利用土壤中残留的硝态氮，以防治设施蔬菜地土壤次生盐渍化和硝酸盐累积。

（2）氮肥施用以需定量、少量多次。实现氮素供应与氮素需求的同步，是降低氮素残留或流失的关键。因此，要按作物需肥规律采用"以需定量、少量多次"的施肥方法，不可一次施肥过多，造成肥料流失。

（3）推广施用控释肥料。提倡施用控缓释肥料，以减少硝态氮淋失、氧化亚氮的排放，防止土壤盐渍化和土传病害发生。

（4）推广水肥一体化技术。水肥一体化技术是以水为载体，通过供水施肥设备进行灌水施肥，因实现了水分和养分的供应与作物生长需要相一致，具有用肥用水少、降低棚内湿度、减少病虫害和土传病害等显著优点。可极大减少化肥用量，减少土壤次生盐渍化的发生，且农产品产量高、品质好，较常规节本增1 500元以上，应用前景广阔。

3.实施土壤调理消毒技术，消除土传病虫害

（1）石灰氮消毒技术。石灰氮是长速效兼顾的一种农药性肥料，具有土壤消毒、除草、提供钙素和缓释氮肥四大功能，可改良土壤、减轻病虫害，从而增加作物产量、改善产品品质、排除连作障碍。按30g/m²用量施用效果较好，但需注意人身防护。

（2）高温闷棚消毒技术。一是直接热力消毒杀菌，如白菜软腐病，在50℃条件下，10分钟后病菌即死亡；二是间接作用，在设施内施入有机肥和灌水，在覆膜封闭条件下，使大多数好氧的病原菌在缺氧和高温条件下死亡。

（3）冬季冻棚消毒技术。当冬季外界气温较低时，可以采用冻土的方式将大棚内的土壤深翻后，揭去棚膜，利用外界的低温使棚内的病菌不能正常发育最终导致死亡。

4.施用微生物肥料，增加根际微生物

目前采用的设施土壤消毒技术，在杀灭有害病菌的同时，也杀死了有益微生物，造成了下茬作物有益微生物骤减，影响了根系生长和对营养物质的吸收。为此，可增施对作物根系和作物生长有利的有益微生物菌肥（如酵素菌、EM复合菌等），调节根际微生物菌群，促进根系发育和对养分的吸收，从而提高肥料利用率，减少次生盐渍化的发生。该项技术应用方法简单，亩用量在50～80kg即可，增收效果显著，一般亩增收1 000元以上，是今后的主推技术之一。

5. 填闲作物、撤膜淋雨，改良土壤次生盐渍化

（1）填闲作物技术。设施蔬菜在夏季休闲时期，可种植生长期短的糯玉米进行填闲，玉米棒鲜食，玉米秸秆直接还田。填闲作物通过深根系作物的吸收作用，减少表层土壤中多余的养分，降低了土壤中的含盐量，可有效消除和减轻设施土壤的次生盐渍化，是消除次生盐渍化的最有效技术。

（2）撤膜淋雨洗盐技术。利用换茬空隙，撤膜淋雨或灌水洗盐。夏季蔬菜收获后，揭去薄膜，日晒雨淋，对于消除土壤盐分有显著效果。

6. 增施高碳有机物质，改善土壤理化性状

（1）增施高碳有机肥料。土壤有机质可有效防止土壤板结，增加土壤团粒结构，改善土壤通透性，对土壤退化改良具有明显作用。因此，增施高碳有机物质是改良设施土壤退化的主要技术。据试验每亩施用2 000kg（有机质75%以上）较为适宜，可全部撒施地表后旋耕，10天以后可以定植。

（2）推广秸秆生物反应堆技术。秸秆生物反应堆技术在设施蔬菜栽培中，可以增加大棚空气CO_2含量，促进作物光合作用，可以提高土壤矿质元素、热量、有机物质，提高地温、气温，减轻病虫害发生，抑制盐渍化。

第四章　粮　食

第一节　小麦宽幅精播高产高效栽培技术

小麦宽幅精播高产高效栽培技术就是在小麦精播高产栽培技术处理好麦田群体与个体矛盾的基础上，扩大行距，扩大播幅，降低播种量，播种均匀，促进小麦个体发育更健壮，质量更好，使单株成穗多，穗大，粒多，粒饱，增产显著。

一、农艺与农机相结合

农艺是指农业生产工艺过程及其相应的操作技术，农机是指为实现这些工艺过程而设计制造的相应农机具及其管理运用技术，实现高产、优质、高效农业是两者结合的目标。如何处理好两者关系，使之相互适应，紧密结合，成为发展现代农业的关键。农艺与农机相结合体现在以下3个方面。

一是农艺与农机结合体现了农业现代化水平，是现代农业的发展方向，对于发挥良种增产潜力，提高土地生产力，增加经济效益具有重要意义。农业生产没有良种不行，有了良种，没有良法、不具备发挥良种潜力的条件也不行。在粮食生产中，农机是重要的增产措施。农业机械不仅可以减轻劳动强度，提高劳动生产率，而且可以完成手工难以完成的过程。可以说，离开农机，良种不良，良法不灵，农艺与农机相结合是促进规模化种植，提高产量，增加效益的有效途径。

二是农艺与农机结合是适应农村劳动力状况的需要。随着社会经济发展，农业劳动力转移，高新技术规模化与劳动力素质低的矛盾越来越突出，将栽培技术集约化和机械化结合起来，有利于提高农业科技水平。

三是农艺与农机结合是培植农村经济新的增长点，促进科技服务中心或农民合作社健康发展的有效途径。首先，带动农村科技产业发展，培养科技种粮大户。其次，培植农机科技带头户，促进农村新服务产业形成，有利于科技成果转化，服务生产。

二、模式创建与增产效果

1. 小麦宽幅精播栽培技术特点

当前小麦生产分散经营，规模小，种植模式多，品种更换频繁，种植机械种类多、机械老化等现象，造成小麦精播高产栽培技术应用面积降低，小麦播种量快速升高（平均每亩播量在10kg以上，个别地区少数农户每亩仍播15kg左右），造成群体差，个体弱，产量徘徊的局面。重品种，轻技术，管理粗放，已构成栽培与品种、农艺与农机、推广与生产形成两张皮，互相不统一，直接影响小麦产量、品质和效益的提高。小麦宽幅精量播种机的研制成功将会推进传统小麦种植制度、种植方式的变革和小麦生产水平又一次新的提高，促进农民经济收入有新的增长。

小麦宽幅精播高产高效栽培技术的创新特点："扩大行距，扩大播幅，健壮个体，提高产量"。一是扩大行距，改传统小行距（15～20cm）密集条播为等行距（22～26cm）宽幅播种；由于宽幅播种籽粒分散均匀，扩大小麦单株营养面积，有利于植株根系发达，苗蘖健壮，个体素质好，群体质量好，提高了植株的抗寒性、抗逆性。二是扩大播幅，改传统密集条播籽粒拥挤一条线为宽播幅（8cm）种子分散式粒播，有利于种子分布均匀，无缺苗断垄、无疙瘩苗，克服了传统播种机密集条播，籽粒拥挤，争肥，争水，争营养，根少苗弱的生长状况。应用小麦宽幅精播机优点具有以下优点。

（1）当前小麦生产多数以旋耕地为主，造成土壤耕层浅，表层墒，容易造成小麦深播苗弱，失墒缺苗等现象。小麦宽幅精播机后带镇压轮，能较好地压实土壤，防止透风失墒，确保出苗均匀，生长整齐。

（2）目前小麦生产多数地方使用的小麦播种机播种后需要耙平，人工压实保墒，费工费时；另外，随着有机土杂肥的减少，秸秆还田量增多，传统小麦播种机行窄拥土，造成播种不匀，缺苗断垄。使用小麦宽幅播种机播种能一次性完成，质量好，省工省时；同时宽幅播种机行距宽，并且采取前二后四形搂腿安装，解决了因秸秆还田造成的播种不匀等现象，小麦播种后形成波浪形沟垄，有利于小雨变中雨，中雨变大雨，集雨蓄水，墒足根多苗壮，安全越冬。

（3）降低了播量，有利于个体发育健壮，群体生长合理，无效分蘖少，两极分化快，植株生长干净利索；有利于个体与群体，地下与地上发育协调，同步生长，增强根系生长活力，充实茎秆坚韧度，改善群体冠层小气候条件，田间荫蔽时间短，通风透光，降低了田间温度，提高了营养物质向籽粒运输能力；有利单株成穗多，分蘖成穗率高，绿叶面积大，功能时间长，延缓了小麦后期整株衰老时间，不早衰，落黄好；由于小麦宽幅精播健壮个体，有利于大穗型品种多成穗，多穗型品种成大穗，增加亩穗数。

2. 小麦宽幅精播主要技术内容

（1）选用有高产潜力、分蘖成穗率高，亩产能达600～700kg的高产优质中等穗型或多穗型品种；在地力水平高，土肥水条件良好的基础上，调控好群体与个体发育关系，充分发挥个体优势，提高群体质量，确保穗足而不倒。

（2）实行宽幅精量播种，降低播量，培育壮苗，有利个体发育健壮，根系发达，植株苗壮，分蘖多，成穗率高，株型合理。实现每一单茎同化量大，源流库、穗粒重的关系协调，延缓植株衰老，增加生物产量和提高经济系数。

（3）坚持测土配方施肥，重视秸秆还田，增施氮素化肥，培肥地力；采取有机无机肥料相结合，氮、磷、钾平衡施化肥，增施微肥。

（4）坚持深耕深松、耕耙配套，重视防治地下害虫，耕后撒毒饼或辛硫磷颗粒灭虫，提高整地质量，杜绝以旋代耕。

（5）坚持选用优良品种及精选高质量的种子，实行种衣剂包衣，禁止白籽播种，提高种子出苗率。

（6）坚持适期足墒播种，提高播种质量，培训播种机手，不重播不漏播，播满播严到头到边，覆土严密，播向行直行间均匀一致；播量准确，籽粒分布均匀。在秸秆还田量大，底墒不足的前提下，提倡干播浇水，增加有效积温，促进籽粒早发根育壮苗；有利踏实表层，促进低位分蘖顺利生长，起到以晚补早的作用，促进苗多苗壮而不旺。

（7）冬前合理运筹肥水，促控结合，化学除草，安全越冬。

（8）早春划锄增温保墒，提倡返青初期搂枯黄叶扒苗青棵，扩大绿色面积，充实茎基部木质坚韧，富有弹性，提高抗倒伏能力。追施氮肥时期适当后移，重视病虫统防统治，提高药效，降低成本；重视叶面喷肥，延缓小麦植株衰老等措施。最终达到调控好群体与个体的矛盾，协调好穗、粒、重三者关系，以较高的生物产量和经济系数达到小麦高产的目标。

三、小麦宽幅播种机使用及注意事项

一是培训播种机手，熟悉机械性能，熟练掌握播种机的作业技术。

二是播种量准确，严格调试好12个排种器间距标准一致，固定每个排种器卡子螺丝要上紧，种子盒内毛刷松紧，安装长短是影响播种量准确的关键，要经常检查，确保播量准确。

三是行距调节，宽幅精播机的行距可以根据地力、品种类型进行行距调节，一般高产地力可调22～26cm。

四是当前玉米秸秆还田量大，杂草多，黑黏土地整地质量差，小麦播种时，往往拥土，播种不匀，而宽幅播种机采用前二后四形搂腿安装，基本解决上述问题。

五是播种深浅一致，防止漏行漏籽，在整地质量较好的前提下，往往车轮胎后一行受压漏籽，一是可以把该行耧腿调深，二是可以将车轮碾压的行移放到车轮两边，否则需人工覆盖种子，确保出苗质量。

第二节　冬小麦抗旱栽培技术

近年来中国北方常常遭遇干旱，部分地区达重度干旱，抗旱形势严峻。持续无降水和大风天气使得土壤墒情严重下降，各地不同程度地出现冬小麦黄苗死苗现象，一定程度上影响了小麦的高产丰收。针对这种情况，推广冬小麦节水抗旱技术是促进农业发展、小麦增收的良好途径。

一、选择适宜的品种

由于各地水资源的不平衡及季节性差异，选择抗旱性强、适应性广、适合本地区抗旱节水品种，在小麦生产上能取得很好的效果。抗旱品种较一般的品种根系发达，具有深而广的贮水性，受旱后有较强的水分补偿能力。

1. 烟农18

为半冬性品种，幼苗半匍匐，分蘖力强，成穗率高，叶宽而披散，具蜡被，抗白粉，抗三锈，耐根病，落黄较好，抗旱能力强，旱水比系数为0.95，株高87cm，长方大穗，长芒，白壳，白粒，籽粒半角质，千粒重45g，容重810g/L。产量潜力大、抗旱能力强，基本苗要求在15万左右，平均亩产401.56kg。

2. 烟农21号

中晚熟多穗型品种。冬性，幼苗半匍匐，分蘖成穗率中等，株高72cm，穗粒数31粒，千粒重40.1g，容重780.4g/L。株型较紧凑，抗倒伏性中等，熟相较好；穗型长方形，长芒，白壳，白粒，硬质，籽粒饱满度好。抗倒春寒能力较强，成熟较晚，不抗青干。秆锈病免疫，中抗条锈病，中感黄矮病，高感叶锈病。平均亩产356.8kg。抗旱性中等，在旱地和水地条件下具有广泛的适应性和高产潜力。旱地和旱肥地基本苗控制在12万~15万/亩。

3. 西农928

冬性，中熟，耐寒性好，抗旱、耐瘠、耐水肥。分蘖力强，成穗率中等，抗倒伏。叶功能期长，高光效，熟相好，群体自身调节能力强。叶色深，茎秆弹性好，株高80~90cm，株型松紧适度，穗下节间较长，根系发达，活力强，不早衰。高产抗旱适应广，耐寒耐瘠耐水肥，白粒角质籽饱满：穗纺锤形，长芒、白粒，角质、籽粒饱满，外观商品性好。亩基本苗18万～20万为宜，合理群体结构是每亩成穗数以38万以上，穗粒数32粒，千粒重45g为宜。

4. 陕旱8675

冬性，幼苗平伏，叶色深灰绿色，分蘖力强。株高80～90cm，茎基部较短而坚韧，穗茎节较长。穗长方形，长芒、白粒、千粒重50g左右，半角质，品质较优。耐寒、抗旱且稳产。高抗白粉病，茎叶有轻度蜡粉，落黄一般。较抗倒伏，中熟。属于抗旱、抗病、高产、稳产、优质品种。

二、严把播种关

1. 种子处理

播前清除秕粒及杂草种子，进行晒种，提高种子的活力和发芽势。药剂拌种可用75%的甲拌灵乳液0.5kg，加水15～20L，拌麦种250kg，拌后堆闷12～24小时，待种子吸收后播种，防治地下害虫效果良好；或用40%的拌种双可湿性粉按种子量的0.2%进行拌种，可以防治根腐病、虫害、黑穗病，促进小麦健壮生长；或用种子量0.2%～0.3%的50%多菌灵可湿性粉剂拌种，亦效果良好。

2. 适期晚播

近年来，冬小麦生产中普遍存在冬前旺长现象，对夺取高产十分不利。原因是冬前小麦生长过快，不利于苗期养分积累，春季养分供应不足，麦苗必然变弱。出现小麦冬前旺长与全球气候变暖有关，也与过去确定的最佳播期有关。晚播有利于减少前期肥水消耗，控制旺长，培育壮苗，有利于安全越冬，为免浇封冻水创造条件，有利于春季的肥水管理。

播种期应根据各地的气温、土壤、品种等差异而定，山东地区以每年10月5日左右播种为宜。采取机械宽幅条播方式，使播下的种子深浅一致，分布均匀，达到"粒多不挤，苗多不靠"的标准。节水小麦以主茎成穗为主，分蘖成穗为辅，播种量要求每亩10kg左右，基本苗达到20万，冬前总茎数每亩80万～100万为佳。

三、采用保护性耕作方式

改变传统的耕作方式，大力推广免耕播种技术，减少水分流失和蒸发。小麦免耕播种在有秸秆覆盖的未耕地上，一次完成带状开沟、种肥深施、播种、覆土、镇压等作业，不需要耕翻、耙耱等作业，具有节水增效、蓄水保墒、提高肥料利用率等优点。与秸秆还田、培肥施肥等综合措施结合进行，可以改良土壤物理性状，提高土壤肥力和蓄水供肥性能。

四、改进灌溉技术，浇足底墒

浇足底墒的作用是调整土壤储水量。平整土地，改进传统的地面灌溉全部湿润方式结合小垄加小畦灌溉，同时结合非充分灌溉和调亏灌溉技术，在习惯大水漫灌或大畦大沟灌溉的地方，推广宽畦改窄畦，长畦改短畦，长沟改短沟，提高灌水劳动效率，使田间土壤水的利用效率得以显著提高，较好地改善作物根区土壤的通透性，促进根系深扎，有利于根系利用深层土壤蓄水，兼具节水和增产双重功能。

五、田间管理

1. 增施有机肥，采用配方施肥，以肥调水

（1）增施有机肥。有机肥含有丰富齐全的营养成分，不仅能提高土壤肥力，改良土壤结构，而且有机肥本身有高吸水特征，能提高土壤的蓄水能力，从而提高作物对土壤水分的利用率。可亩施农家肥2 000～3 000kg，饼肥20kg，此法比只施化肥的土壤含水量均高2%～3%，产量明显提高。

（2）氮、磷、钾、锌肥配合施用，以肥调水。一般可亩施磷酸二铵20kg，尿素20kg或碳酸氢铵50kg，硫酸钾15～20kg，硫酸锌1.5～2kg。

（3）采取一炮轰的方法。有机肥与无机肥配合一次底肥，能培育冬前壮苗，增加年前分蘖，能提高成穗率和增加穗粒数，而且全部肥料在耕作时一次投入方便，土壤调水能力强，增产效果好。

（4）叶面追肥和喷施抗旱剂。叶面喷施速效磷、钾肥、硼肥，以增加细胞质浓度，增强麦株的抗旱能力，后期喷洒0.2%的磷酸二氢钾，既能防止干热风，又能促进穗大、粒大、粒饱。在小麦返青前后喷施抗旱剂能促使小麦叶片气孔关闭，降低作物蒸腾和水分消耗，同时增加小麦植株的水分吸持能力和增加光合作用，对小麦抗旱增产有明显的作用。

2. 及早划锄镇压

划锄具有良好的保墒增温效果。在早春表层土化冻2cm时顶凌划锄，拔节前划锄2遍。土壤化冻后及时镇压，镇压可压碎坷垃，破除板结，密封裂缝，土壤表土沉实，使土壤与根系密接，有利于养分水分的吸收，减少水分蒸发，提墒保墒。镇压和划锄相结合，先压后锄以达到上松下实、提墒保墒的作用。

3. 科学化控

冬前如果降水充沛，气温较高，小麦群体过大，要深耕断根或喷一次矮壮素，以控制水分过多消耗，促壮控旺。

4. 及时防治病虫害

在蚜虫虫口密度达到防治标准时，可用5%吡虫啉乳油2 000～3 000倍液喷雾防治蚜虫，并及时防治锈病和白粉病。

六、适时收获

冬小麦适时收获期是蜡熟末期，此时穗和穗下节间呈金黄色，其下一节间呈微绿色，籽粒全部转黄。

第三节　小麦病虫草害综合防治技术

一、小麦病虫草害发生为害形势

近年来，随着机械联合收割、统一耕种的普及，免耕、秸秆还田等耕作制度的改革，以及气候因素的改变，小麦病虫草害的发生有了新的变化，总的表现为小麦病虫害的发生呈逐年加重的趋势，病虫草害的发生面积逐年扩大，主要病虫偏重发生频率提高，新的病虫草害不断出现，为害程度加重，扩散加快，病虫草害抗药性种群出现。

诸城市小麦病虫主要以纹枯病、白粉病、锈病、麦蚜、麦蜘蛛等为害。随着小麦机收大面积的应用，麦秸高留茬为小麦根病、赤霉病和叶枯病等弱寄生性病害的菌源积累提供了有利条件，使得小麦根病发生日趋严重，特别是纹枯病、全蚀病和根腐病，对高产优质小麦为害严重。

由于多年来除草剂品种（苯磺隆、2,4-D为主）单一且连续使用，原来的多种阔叶杂草被苯磺隆、2,4-D等抑制，麦田草相继发生了变化，播娘蒿、荠菜等阔叶杂草得到了有效控制，但也导致了难以防除的节节麦、野燕麦、日本看麦娘、雀麦等禾本科杂草及猪殃殃、小旋花等上升为麦田的主要恶性杂草。因为多数除草剂对其无效，成了当前生产的棘手问题。

小麦重大病虫害如小麦根病（包括小麦纹枯病），由于缺乏抗病品种，随着小麦单产的提高将越来越重，特别是随着免耕技术的推广应用将会进一步加剧其为害。小麦白粉病因当前推广品种多数抗病，所以在感病品种种植区内在高肥水条件下会造成一定损失。小麦蚜虫仍是小麦成株期的主要害虫，由于化学农药的大量应用，病虫害的抗药性增加，麦蚜对有机磷的抗性明显增加，其大范围、高密度、严重为害的格局将会持续。小麦条锈病是靠气流传播的暴发性、流行性病害。当前推广的小麦品种对条锈病均感病。由于大量连续使用农药，有些病虫草害产生了抗药性，使防治效果下降或无效。

二、小麦病虫草害综合防治技术

小麦主要病虫的发生有明显的阶段性，特别是播种期、返青拔节期和穗期。因此，控制小麦病虫害要坚持"预防为主，综合防治"的植保方针。要大力推广分期治理、混合施药兼治多种病虫草技术，抓好秋播苗期、返青拔节期和穗期"三期"综合治理，全面有效地控制病虫草为害，确保小麦安全优质丰产。一是加强预测预报，及时发布病虫信息，指导有效防治。二是加大抗病虫品种推广力度。推广抗病虫品种是解决多种主要病虫为害最有效的手段之一。当前种植的小麦品种对赤霉病、叶锈病、条锈病等多种病害抗性较弱，要针对当地主要病虫害选择综合抗性较好的品种。三是加强健身栽培，把栽培措施与控制病虫草害有机地结合起来，精耕细作，足墒、精量以及适期播种，平衡施肥，增施有机肥和科学浇水，减轻多种病虫草的发生。

1. 苗期病虫草害防治

苗期是小麦多种病虫草害的初发期，是综合防治的关键时期。主要为害有地下害虫、纹枯病、全蚀病、小麦锈病、白粉病等。近年来，部分地区小麦丛矮病、黄矮病和土蝗发生较重；小麦黑穗病在个别地方也有发生。

（1）选用抗耐病优质小麦良种。当前种植小麦品种对赤霉病、叶枯病、颖枯病、叶锈病、条锈病等多种病害抗性较弱，要针对当地主要病虫害的发生特点推荐选用综合抗性较好的品种。

（2）实行药剂处理种子。药剂处理种子是预防小麦种传、土传病害以及秋苗期白粉病、叶锈病和条锈病和地下害虫发生为害的关键措施，还有兼治农田害鼠，预防小麦病毒病等作用，具有省工、省时、经济有效的特点。根据病虫发生种类做好杀菌剂或杀虫剂拌种或包衣。根茎部病害发生较重的地块，可选用4.8%苯醚·咯菌腈悬浮种衣剂按种子量的0.2%~0.3%拌种，或30g/L的苯醚甲环唑悬浮种衣剂按照种子量的0.3%拌种；地下害虫发生较重的地块，选用40%辛硫磷乳油按种子量的0.2%拌种，或者30%噻虫嗪种子处理悬浮剂按种子量的0.23%~0.46%拌种。病、虫混发地块用杀菌剂+杀虫剂混合拌种，可选32%戊唑·吡虫啉悬浮种衣剂按照种子量的0.5%~0.7%拌种，或用27%的苯醚甲环唑·咯菌腈·噻虫嗪悬浮种衣剂按照种子量的0.5%拌种。

（3）开展药剂喷雾防治。灰飞虱密度大的地区，要注意防治。预防小麦丛矮病和条纹叶枯病，在小麦出苗前，对灰飞虱达到10头/m²的麦田可用10%吡虫啉10~15g/亩喷雾防治，未拌种或包衣且地下害虫重的麦田可用50%辛硫磷40~50ml/亩喷小麦根基部。土蝗发生严重的可用50%辛硫磷1 000倍液喷雾防治，确保麦苗安全生长。

2. 秋苗期化学除草

近年来，麦田杂草发生较重，特别是局部地区的禾本科杂草，难以防除，成为灾害。化学除草具有省工、省时、省力，效果好等优点。秋苗期小麦3叶以后（在11月中旬至12月上旬）是麦田化学除草的最佳时期，这时麦田杂草大部分出土，草小抗药性差，防治效果好，一次施药基本控制全生育期的杂草的为害，且因施药早、施药间隔期长，除草剂残留少，对后茬作物影响小，但温度过低时（日平均气温低于5℃）不易施药防治，否则，防治效果差，要抓住这一有利时机适时开展化学除草。

（1）防除阔叶杂草的除草剂。

二甲四氯：在小麦分蘖期用药，20%二甲四氯水剂用药量为200～250ml/亩。加入化肥有利于提高防效。

苯磺隆：可防除小麦田绝大多数阔叶杂草，但对田旋花、泽漆等防效差。在小麦3叶期至拔节期用药，75%苯磺隆干悬浮剂用量为0.9～1.2g/亩；10%苯磺隆可湿性粉剂用量为8～12g/亩。

溴苯腈（伴地农）：在小麦2叶至拔节前期用药，20%溴苯腈乳油100～120ml/亩。

氯氟吡氧乙酸（使它隆）：在小麦3叶期至拔节期用药，20%使它隆乳油50～60ml/亩。防除猪殃殃等阔叶杂草效果显著，对小麦安全。

禾草松（苯达松）：在小麦3叶期至拔节期用药，48%禾草松水剂用量为120～160ml/亩，对小麦安全性较好。

唑酮草酯（快灭灵）：在小麦3～5叶期（安全施药期为小麦2叶期至拔节前）、阔叶杂草2～4叶期用药。40%快灭灵干悬浮剂的用量为4～5g/亩。为典型的触杀型茎叶处理剂，速效性强。以年前用药为最佳。

上述前6种药剂可互相混用，唑酮草酯可与二甲四氯混用，以扩大杀草范围，提高安全性。

（2）防除禾本科杂草的除草剂。

高噁唑禾草灵（骠马）：在禾本科杂草3～4叶期用药，6.9%骠马乳油60～80ml/亩。主要防治野燕麦、看麦娘、硬草、多花黑麦草。

甲基二磺隆（世玛）：3%世玛乳油对常见的禾本科杂草均具有良好的防效，且对荠菜、婆婆纳等部分阔叶杂草也具有防效，适宜的用药剂量为25～30ml/亩。使用时加专用助剂，以冬前用药为最佳。而甲基二磺隆（世玛）对济麦20等一些硬质（强筋或角质）型小麦品种比较敏感，易产生药害。对上年节节麦发生较重的地块，要及时调换小麦品种，避免种植济麦20等品种。

炔草酸（麦极）：在禾本科杂草2～5叶期用药，15%麦极可湿性粉剂用量为25～30g/亩。主要防治野燕麦、看麦娘、硬草、多花黑麦草。以冬前用药为最佳。

氟唑磺隆（彪虎）：在禾本科杂草2～5叶期用药，70%彪虎水分散剂3～3.5g/亩。主要防除看麦娘、茵草、早熟禾。使用时加专用助剂，以冬前用药为佳。

4种除草剂对4种主要杂草防治谱见表4-1。

表4-1　4种除草剂对4种主要杂草防治谱

通用名	商品名	野燕麦	看麦娘	雀麦	节节麦
高噁唑禾草灵	骠马	√	√		
甲基二磺隆	世玛	√	√	√	√
炔草酸	麦极	√			
氟唑磺隆	彪虎		√	√	

（3）混用。在禾本科杂草与阔叶杂草混生田，可选用阔世玛、麦极+苯磺隆、骠马+苯磺隆等组合混用。恶性阔叶杂草与常见阔叶杂草混生田，可选用苯磺隆+氯氟吡氧乙酸、苯磺隆+乙羧氟草醚、苯磺隆+苄嘧磺隆、苯磺隆+辛酰溴苯腈等组合混用。

化学除草技术性很强，一是严格掌握用药量、施药时期和用水量，喷雾要均匀周到。在土壤墒情不好，未进行过灌溉的麦田，用水量最好不要少于45kg/亩。二是小麦拔节后（进入生殖生长期）对药剂十分敏感，应禁止使用化学除草剂，以防药害。三是极端天气、大风天气、气温过高或寒潮来临时，一般不要用药。四是尽量使用手动喷雾器及扇形雾喷头施药，以保证防效。五是一些残效期长、隐形药害严重的除草剂，例如氯磺隆、甲磺隆以及含有此类有效成分的复配药剂，在土壤中不易降解，持效期长，在春季麦田使用后易对后茬敏感作物如玉米、黄瓜、花生、十字花科作物等造成药害，应禁止使用。

3. 春季病虫害防治

返青拔节期是全蚀病、纹枯病、根腐病等根病和丛矮病、黄矮病等病毒病的又一次浸染扩展高峰期，也是麦蜘蛛、地下害虫和草害的为害盛期；穗期则是麦蚜、吸浆虫、白粉病、锈病、叶枯病、赤霉病和颖枯病等集中发生期。因此，以主要病虫为目标，采取杀虫剂与杀菌剂混合一次施药，可兼治多种病虫，省工省时，效果好。

（1）防治病害。防治小麦白粉病、锈病，在发病始期可每亩用20%粉锈宁乳剂50g或15%可湿性粉剂75g，对水60～70kg；对小麦全蚀病，可每亩用20%粉锈宁乳油100g或15%粉诱宁可湿性粉剂150g，对水50～80kg，在小麦起身期至拔节期顺垄喷浇；防治纹枯病以三唑酮防治效果为最佳，喷洒时期以返青至起身期为防治纹枯病发生的最佳时机，同时拔节期应继续补治，喷药时一般用20%的三唑酮乳油80～100ml/亩，加水量一定要达到60kg/亩以上，才能达到理想的防治效果。喷洒三唑酮还有控制中后期锈病、白粉病发展蔓延的效果。还可用5%井冈霉素每亩150～200ml对水75～100kg喷麦茎基部防治，间隔10～15天再喷一次。

（2）防治麦蚜。每亩可用50%辟蚜雾10～20g或10%吡虫啉可湿性粉剂10～15g、3%啶虫脒乳油15～20g对水50～60kg喷雾。麦田是多种天敌的越冬场所和早春繁殖基地，保护好麦田天敌不仅有利于控制小麦害虫，而且也是后茬作物害虫天敌的主要来源，应注意保护利用。当田间益害比达1∶（80～100）或蚜茧蜂寄生率达30%以上时，可不施药，利用天敌控制蚜害，若益害比失调，也应选用对天敌杀害作用小的药剂防治麦蚜，如辟蚜雾、吡虫啉等灭害保益的药剂。

（3）防治地下害虫。春天主要是金针虫，可用50%辛硫磷每亩40～50ml喷麦茎基部；或50%辛硫磷乳油150～200ml对细沙或细沙土30～40kg撒施地面并划锄，施后浇水防治效果更佳。小麦吸浆虫的防治应贯彻"蛹期和成虫期防治并重，蛹期防治为主"的指导思想。虽是穗期为害的害虫，但防治适期在4月中下旬的蛹期，应在蛹期适时开展防治，提高防治效果，可亩用50%辛硫磷乳油150～200ml对细沙或细沙土30～40kg撒施地面并划锄，施后浇水防治效果更佳；若蛹期未能防治，吸浆虫成虫期防治可在田间小麦70%左右抽穗时或每10网幼虫20头左右，或用手扒开麦垄一眼可见2～3头成虫，即可立即防治，每亩可用50%辛硫磷乳油50～75ml或2.5%敌杀死乳油10～15ml喷雾防治。

（4）防治小麦赤霉病。关键是抓好抽穗扬花期的喷药预防。一是要掌握好防治适期，于10%小麦抽穗至扬花期初期喷第1次药，感病品种或适宜发病年份一周后补喷一次；二是要选用优质防治药剂，每亩用80%多菌灵超微粉50g，或80%多菌灵超微粉30g加15%粉锈宁50g，或40%多菌灵胶悬剂150ml对水40kg；三是掌握好用药方法，喷药时要重点对准小麦穗部均匀喷雾。如果使用粉锈宁防治则不能在小麦盛花期喷药，以避免影响结实。

（5）防治麦蜘蛛。可每亩用1.8%阿维菌素10ml或73%克螨特15～20g对水30～40kg喷雾防治。

以上病虫草害混合发生可采用对路药剂一次混合施药防治。如兼治一代棉铃虫可亩加入300～400mlBt乳剂或50g Bt可湿性粉剂。混合施药技术应根据防治对象和防治指标科学运用，单种病虫发生重而其他发生轻时应进行单施药防治，以免造成浪费和农药污染。

第四节 小麦品种介绍

一、济麦22

1. 审定编号

国审麦2006018。

2. 选育单位

山东省农业科学院作物研究所。

3. 品种来源

935024/935106。

4. 特征特性

半冬性，幼苗半匍匐。两年区域试验平均：亩最大分蘖100.7万个，亩有效穗41.6万穗，分蘖成穗率41.3%，分蘖力强，成穗率高；生育期239天，比鲁麦14号晚熟2天，熟相较好；株高71.6cm，穗粒数36.3粒，千粒重43.6g，容重785.2g/L。株型紧凑，抽穗后茎叶蜡质明显。穗长方形，长芒、白壳、白粒，硬质，籽粒较饱满。较抗倒伏，抗冻性一般。中抗至中感条锈病，中抗白粉病，感叶锈病、赤霉病和纹枯病，中感至感秆锈病。

5. 产量表现

2003—2005年参加山东省小麦中高肥组区域试验中，两年平均亩产537.04kg，比对照鲁麦14号增产10.85%；2005—2006年中高肥组生产试验，平均亩产517.24kg，比对照济麦19增产4.05%。

6. 品质性状

生产试验统一取样经农业部谷物品质监督检验测试中心（泰安）测试，籽粒蛋白质（14%湿基）13.2%、湿面筋（14%湿基）35.2%、沉淀值（14%湿基）30.7ml、出粉率68%、面粉白度73.3、吸水率60.3%、形成时间4.0分钟、稳定时间3.3分钟。

7. 栽培技术要点

在山东省中高肥水地块种植利用。适宜播种期10月10日左右，每亩基本苗12万左右。小雪前后及时浇越冬水，并对苗弱苗稀地带追施适量尿素，浇水适时划锄保墒。冬前适宜群体70万/亩左右。早春划锄保墒，一般地块不灌返青水。及时浇好起身拔节水，结合浇水施起身拔节肥（尿素）10～15kg/亩。扬花后10天左右，浇足灌浆水。适时防治病虫害。熟期稍晚。

8. 适宜区域

适宜在黄淮冬麦区北片的山东、河北南部、山西南部、河南安阳和濮阳的水地种植。

二、烟农24号

1. 审定编号

鲁农审字〔2004〕024。

2. 选育单位

山东省烟台市农业科学研究院。

3. 品种来源

以陕229为母本，安麦1号为父本有性杂交，系统选育而成。

4. 特征特性

半冬性，幼苗半直立，分蘖力强，成穗率较高；株型紧凑，熟相好；穗纺锤形，顶芒、白壳、白粒、粉质，籽粒饱满；较抗倒伏，高抗条锈病，中抗叶锈病，中感白粉病和纹枯病。

5. 产量表现

在2001—2003年山东省小麦高肥甲组区域试验中，两年平均亩产520.14kg，比对照鲁麦14号增产8.45%；2003—2004年进行生产试验，平均亩产503.46kg，比对照鲁麦14号增产7.82%。

6. 栽培要点

该品种适宜在全省中高肥水地块种植，播期9月25日至10月5日，每亩要求基本苗10万～15万株。施足基肥，足墒播种，控制越冬肥、返青肥，重施、巧施拔节肥，浇好拔节水。

7. 适应区域

适宜山东省中高肥水地块推广种植。

三、良星66

1. 审定编号

国审麦2008010。

2. 选育单位

山东良星种业有限公司。

3. 品种来源

济91102为母本，935031为父本杂交，系统选育而成。

4. 特征特性

半冬性，幼苗半直立。两年区域试验结果平均：生育期238天，比潍麦8号早熟2天；株高78.2cm，抗倒性中等，熟相好；亩最大分蘖103.2万个，有效穗45.3万穗，分蘖成穗率43.9%；穗长方形，穗粒数36.7粒，千粒重40.1g，容重791.5g/L；长芒、白壳、白粒，籽粒较饱满、硬质。2008年中国农业科学研究院植物保护研究所抗病性鉴定结果：高抗白粉病，中感赤霉病和纹枯病，慢条锈病，高感叶锈病。2007—2008年生产试验统一取样经农业部谷物品质监督检验测试中心（泰安）测试：籽粒蛋白质含量13.4%、湿面筋35.8%、沉淀值33.9ml、吸水率60.9ml/100g、稳定时间2.8分钟，面粉白度74.5。

5. 产量表现

该品种参加2005—2007年山东省小麦品种高肥组区域试验，两年平均亩产571.42kg，比对照品种潍麦8号增产8.69%；2007—2008年高肥组生产试验，平均亩产565.21kg，比对照品种潍麦8号增产7.24%。

6. 栽培技术要点

适宜播期10月上旬，每亩基本苗10万~12万株。

7. 适宜范围

适宜在黄淮冬麦区北片的山东、河北中南部、山西南部、河南安阳水地种植。

四、淄麦12

1. 审定编号

鲁农审字〔2001〕030号。

2. 选育单位

淄博市农业科学研究所（现淄博市农业科学研究院）。

3. 品种来源

以917065为母本，910292为父本，杂交选育而成。

4. 特征特性

弱冬性，幼苗半匍匐，芽鞘淡绿色，幼苗绿色。株型较紧凑，叶片平展，叶耳紫色，叶色浓绿，后期略有干叶尖。穗层与叶层相接，有施叶叶鞘包被穗基部现象。两年区域试验平均：生育期243天，比对照鲁麦14号晚熟1~2天，熟相中等；株高82cm，亩有效穗数32.3万穗，有效分蘖率29.2%，穗粒数10.8粒，千粒重42.8g，容重794.9g/L。穗长方形、长芒、白壳、白粒、硬质，籽粒较饱满，近椭圆形，具冠毛，腹沟深一般，籽大饱满，角质率高，有黑胚现象。茎秆粗壮，抗倒伏。经抗病性鉴定：感条锈、白粉病，中感叶锈病。粗蛋白含量14.465%，白度75.65，湿面筋33.0%，沉降值49.0ml，吸水率61.85，形成时间6分钟，稳定时间12.0分钟，软化度45Bu，评价值66。面包烘烤品质：重量154g，百克面包体积900cm^3，烘烤评分95.5。

5. 产量表现

1998—2000年参加山东省小麦高肥甲组区域试验，两年平均亩产533.45kg，比对照鲁麦14号增产2.43%。2000—2001年高肥组生产试验，平均亩产541.18kg，比对照鲁麦14号增7.2%。

6. 栽培要点

山东省高肥水条件下作为强筋专用小麦品种推广应用。适宜的群体动态为，基本苗12万~15万株，年前群体90万~100万株，春季最大群体110万~120万株，亩穗数36万~38万穗。播种时，一般地块亩基施优质土杂肥3 000kg，磷酸二铵15~20kg，尿素15~20kg，氯化钾15kg，硫酸锌1~1.5kg。最佳播期为10月1~5日。适时浇好越冬水，起身期前后适时追肥浇水，亩施尿素20kg。5月底至6月初适时浇好灌浆水。及时防治病虫草害。该品种分蘖成穗率较低，注意防治赤霉病。

7. 适宜区域

山东省高产地块种植。

五、济麦44

1. 审定编号

鲁审麦20180018。

2. 选育单位

山东省农业科学院作物研究所。

3. 品种来源

常规品种，系954072与济南17杂交后选育。

4. 特征特性

冬性，幼苗半匍匐，株型半紧凑，叶色浅绿，旗叶上冲，抗倒伏性较好，熟相好。两年区域试验结果平均：生育期233天，比对照济麦22早熟2天；株高80.1cm，亩最大分蘖102.0万个，亩有效穗43.8万穗，分蘖成穗率44.3%；穗长方形，穗粒数35.9粒，千粒重43.4g，容重788.9g/L；长芒、白壳、白粒，籽粒硬质。2017年中国农业科学院植物保护研究所接种鉴定结果：中抗条锈病，中感白粉病，高感叶锈病、赤霉病和纹枯病。越冬抗寒性较好。2016年、2017年区域试验统一取样经农业部谷物品质监督检验测试中心（泰安）测试结果平均：籽粒蛋白质含量15.4%，湿面筋35.1%，沉淀值51.5ml，吸水率63.8ml/100g，稳定时间25.4分钟，面粉白度77.1，属强筋品种。

5. 产量表现

在2015—2017年山东省小麦品种高肥组区域试验中，两年平均亩产603.7kg，比对照品种济麦22增产2.3%；2017—2018年高产组生产试验，平均亩产540.0kg，比对照品种济麦22增产1.2%。

6. 栽培技术要点

适宜播期10月5—15日，每亩基本苗15万～18万株。注意防治叶锈病、赤霉病和纹枯病。其他管理措施同一般大田。

7. 适宜区域

山东省高产地块种植利用。

六、鲁原502

1. 审定编号

国审麦2011016。

2. 选育单位

山东省农业科学院原子能农业应用研究所、中国农业科学院作物科学研究所。

3. 品种来源

采用航天突变系优选材料9940168为亲本选育。

4. 特征特性

半冬性中晚熟品种，成熟期平均比对照石4185晚熟1天左右。幼苗半匍匐，长势壮，分蘖力强。区试田间试验记载冬季抗寒性好。亩成穗数中等，对肥力敏感，高肥水地亩成穗数多，肥力降低，亩成穗数下降明显。株高76cm，株型偏散，旗叶宽大，上冲。茎秆粗壮、蜡质较多，抗倒性较好。穗较长，小穗排列稀，穗层不齐。成熟落黄中等。穗纺锤形，长芒，白壳，白粒，籽粒角质，欠饱满。亩穗数39.6万穗、穗粒数36.8粒、千粒重43.7g。抗寒性较差。高感条锈病、叶锈病、白粉病、赤霉病、纹枯病。2009年、2010年品质测定结果分别为：籽粒容重794g/L、774g/L，硬度指数67.2（2009年），蛋白质含量13.14%、13.01%；面粉湿面筋含量29.9%、28.1%，沉降值28.5ml、27ml，吸水率62.9%、59.6%，稳定时间5分钟、4.2分钟，最大抗延阻力236E.U、296E.U，延伸性106mm、119mm，拉伸面积35m^2、50m^2。

5. 产量表现

2008—2009年参加黄淮冬麦区北片水地组品种区域试验，两年平均亩产558.7kg，比对照石4185增产9.7%；2009—2010年续试，平均亩产537.1kg，比对照石4185增产10.6%。2009—2010年生产试验，平均亩产524.0kg，比对照石4185增产9.2%。

6. 栽培要点

适宜播种期10月上旬，每亩适宜基本苗13万～18万株。加强田间管理，浇好灌浆水。及时防治病虫害。

7. 适宜地区

适宜在黄淮冬麦区北片的山东省、河北省中南部、山西省中南部高水肥地块种植。

第五节　玉米"一增四改"技术

玉米"一增四改"技术，核心内容是合理增加种植密度，改种耐密型品种，改套种为直播，改粗放用肥为配方施肥，改人工种植为机械化作业。

主要技术要点如下。

一、增加种植密度

种植密度要与品种要求相适应，一般耐密紧凑型玉米品种留苗4 200～4 700株/亩，大穗型品种留苗3 200～3 700株/亩。高产田适当增加。

二、改种耐密型品种

加大郑单958、浚单20、伟科702、隆平206等耐密型优质高产良种的推广力度。

三、改套种为直播

加快推广夏玉米抢茬直播技术，推广免耕直播、及时播种、足墒播种、适量播种。

四、改粗放用肥为配方施肥

推广配方施肥技术，一般地块要做到氮、磷、钾等平衡施肥。根据产量指标和地力基础确定施肥量，注意增施磷、钾肥和微肥。氮肥分期施用，轻施苗肥、重施穗肥、补追花粒肥。

五、改人工种植为机械化作业

提高玉米机械化作业水平，玉米播种实现机械化，推广联合收割机收获，推进玉米生产全程机械化。

六、其他配套技术

包括种子包衣技术，免耕或少耕栽培及秸秆还田技术，病虫草无公害综合防治技术，灾情应对技术等。

第六节　夏玉米高产栽培技术

一、品种选择

选用高产潜力较大，抗逆性强的紧凑型优质杂交种。推荐使用郑单958、浚单20、登海605、伟科702等。

二、播种

（一）播前准备

1. 种子质量标准

种子纯度≥98%，发芽率≥85%，净度≥98%，含水量≤13%。

2. 种子处理

禁止使用含有克百威（呋喃丹）、甲拌磷（3911）等高毒高残留杀虫剂的种衣剂，应选择高效低毒无公害，符合主要农作物种子包衣技术条件GB 15671标准的玉米种衣剂。如用5.4%吡·戊玉米种衣剂包衣，以控制苗期灰飞虱、蚜虫、粗缩病、丝黑穗病和纹枯病等；或采用药剂拌种，用戊唑醇、福美双、粉锈宁等药剂拌种，以减轻玉米丝黑穗病的发生，用吡虫啉、辛硫磷、毒死蜱等微胶囊药剂拌种，以防治地老虎、金针虫、蝼蛄、蛴螬等地下害虫。

种衣剂及拌种剂的使用应按照产品说明书进行。

（二）播种技术

1. 播种期

最佳播种时间一般应掌握在6月12—15日，即小麦收获后及时抢茬播种，大蒜、豌豆等早熟经济作物为前茬的地块，可视倒茬时间适当早播。

2. 播种墒情

播种墒情指标要求土壤相对含水量在75%，一般可视降水情况适当将小麦的灌浆水延迟到收获前的10～12天进行，以保证适宜墒情。墒情不足时播种玉米后应及时浇水。

3. 播种量

播种量一般每亩2～3kg，根据品种特性酌情增减。

4. 播种方式

麦收后抢茬夏直播，可采用等行距或大小行机械播种，等行距一般应为50～65cm，大小行时，大行距应为80～90cm，小行距应为30～40cm；播种深度为3～5cm。根据墒情酌情浇水。

三、群体控制

1. 合理密植

紧凑型玉米品种每亩留苗4 500～5 000株，紧凑大穗型品种每亩留苗3 500～4 000株。

2. 苗期控制

叶期间苗，5叶期定苗，及时查苗补苗，及时拔除小弱株，提高群体整齐度，保证植株健壮，改善群体通风透光条件，延长后期群体光合高值持续期。

四、施肥

1. 施肥原则

前茬冬小麦施足有机肥（2 700kg/亩以上）的前提下，夏玉米以施用化肥为主；根据产量确定施肥量，一般高产田按每生产100kg籽粒施用氮（N）3kg，磷（P_2O_5）1kg，钾（K_2O）2kg计算；平衡氮、硫、磷营养，配方施肥；在肥料运筹上，轻施苗肥、重施大口肥、补追花粒肥。

2. 施肥量

实现亩产600kg以上的高产，每亩需施纯氮18～20kg，磷（P_2O_5）6～7kg，钾（K_2O）10～11kg（折合尿素39～42kg，标准过磷酸钙43～48kg，硫酸钾19～21kg），高肥地取低限指标，中肥地取高限。施用复合肥或磷酸二铵等肥料时应按上述N、P、K总量科学计算。另外每亩增施1kg硫酸锌。推荐施用含硫玉米缓（控）释专用肥。

3. 施肥时期及方法

高产夏玉米的施肥一般分为3个时期，即苗肥、穗肥、花粒肥。

（1）苗肥。在玉米拔节前将氮肥总量的30%加全部磷、钾、硫、锌肥，沿幼苗一侧开沟深施（15～20cm），以促根壮苗。

（2）穗肥。在玉米大喇叭口期（叶龄指数55%～60%，第11～12片叶展开）追施总氮量的50%，以促穗大粒多。

（3）花粒肥。在籽粒灌浆期追施总氮量的20%，以提高叶片光合能力，增粒重。选用含硫玉米缓（控）释专用肥时在苗期一次性施入。

五、灌溉

高产夏玉米各生育时期适宜的土壤相对含水量分别为，播种期75%左右，苗期60%～75%，拔节期65%～75%，抽穗期75%～85%，灌浆期67%～75%。除苗期外，各生育时期田间持水量降到60%以下均应及时浇水。灌溉方式以沟灌为主，有条件的可采用渗灌或喷灌，杜绝大水漫灌。

六、中耕

拔节之前结合施肥进行中耕。

七、病虫草害综合防治

（一）防治原则

按照"预防为主，综合防治"的原则，优先采用农业防治、生物防治、物理防治，合理使用化学防治，农药的使用应符合农药安全使用标准的规定。

（二）防治技术

1. 杂草防治

播种后，墒情好时每亩可直接喷施33%二甲戊乐灵（施田补）乳油100ml加72%都尔乳油75ml加50L水进行封闭式喷雾；墒情差时，玉米幼苗3～5叶、杂草2～5叶期喷施4%玉农乐悬浮剂（烟嘧磺隆）100ml，也可在玉米7～8叶期使用灭生性除草剂15%的草铵膦水剂50～80ml定向喷雾处理。

2. 主要病虫害防治

（1）苗期黏虫、蓟马的防治。黏虫可用灭幼脲、辛硫磷乳油等喷雾防治，蓟马可用5%吡虫啉乳油2 000～3 000倍喷雾防治。

（2）玉米螟的防治。在大喇叭口期（第11～12叶展开），每亩用1.5%辛硫磷颗粒剂0.25kg，掺细沙7.5kg，混匀后撒入心叶，每株用量1.5～2g。有条件的地方，当田间百株卵块达3～4块时释放松毛虫赤眼蜂，防治玉米螟幼虫。也可以在玉米螟成虫盛发期用杀虫灯诱杀。

（3）锈病的防治。发病初期用25%粉锈宁可湿性粉剂1 000～1 500倍液，或者用50%多菌灵可湿性粉剂500～1 000倍液喷雾防治。

八、适时收获

玉米成熟期即籽粒乳线基本消失、基部黑层出现时收获，收获后及时晾晒。

九、秸秆处理

玉米收获后，严禁焚烧秸秆，应及时粉碎秸秆还田，以培肥地力。适于青贮的品种可以适时收获，秸秆青贮用作饲料。

十、其他灾害应变措施

1. 涝灾

玉米前期怕涝，高产夏玉米应及时排涝，淹水时间不应超过0.5天。生长后期对涝渍敏感性降低，但淹水时间不应超过1天。

2. 雹灾

拔节前遭遇雹灾，应及时中耕散墒、通气、增温，并追施少量氮肥，亦可喷施叶面肥，促其恢复，减少产量损失。拔节后遭遇雹灾，应及时组织科技人员进行田间诊断，视灾害程度酌情采取相应措施。

3. 风灾

小喇叭口期前遭遇大风，出现倒伏，可不采取措施，靠植株自我调节进行恢复，基本不影响产量。小喇叭口期后遭遇大风而出现的倒伏，应及时扶正，并浅培土，以促根下扎，增强抗倒伏能力，恢复叶片自然分布状态，降低产量损失。

第七节　玉米病虫害综合防治技术

近几年，玉米发生苗枯病、粗缩病、大小叶斑病等病害已成为制约玉米稳产高产的主要病害。

一、玉米苗枯病

玉米苗枯病是新发现的一种病害，从田间调查看，烟单17号玉米发生较重，用适乐时拌种的基本不发病。发现病株后，用99%天达恶霉灵4 000倍与1 000倍天达2116掺混天达有机硅6 000倍液喷雾2次，中间间隔10天后，可基本控制病害。

二、玉米粗缩病和矮花叶病

玉米粗缩病和矮花叶病是病毒性病害，由蚜虫和飞虱传毒。防治措施：在拌种的基础上，在玉米4叶期，用3%天达啶虫脒2 000倍+天达裕丰1 500倍液喷雾，防治效果非常好；病毒病发生的地块，用天达裕丰1 000倍+1 000倍天达2116掺混天达有机硅6 000倍液喷雾，有较好的抑制作用。

三、玉米大、小斑病

玉米大斑病和玉米小斑病主要为害叶片，有时也侵染叶鞘和苞叶，小斑病除为害上述部位外，还可为害果穗。这两种病害统称为玉米叶斑病。

玉米大斑病的典型症状是由小的病斑迅速扩展成长菱形大斑，严重的长达10～30cm，有些长斑甚至超过30cm，有时几个病斑连在一起，形成不规则形大斑。病斑最初水浸状，很快变为青灰色，最后变为褐色枯死斑。空气潮湿时，病斑上可长出黑色霉状物。玉米小斑病的症状特点是病斑小，一般长不超过1cm，宽只限在两个叶脉之间，近椭圆形，病斑边缘色泽较深，为赤褐色，此外，病斑的数量一般比较多。

玉米大、小斑病的病菌都以分生孢子附着在病株残体上越冬，或以菌丝体潜伏于病残组织中越冬，第2年孢子萌发，进行初次侵染，感病后的植株产生大量分生孢子，引起再次侵染。

防治要点：发病初期（8叶期）用20%三唑酮1 500倍+70%代森锰锌600倍液喷雾，或用50%的甲基托布津喷施，连续喷施2～3次，间隔10～15天。或用50%天达腐霉利50～100g于心叶末期至吐丝期喷雾1～2次。

四、玉米病虫害综合防治

选用抗病品种，增施有机肥，实行配方施肥，适期播种，合理密植，培育健株，在此基础上重点抓好一拌两喷。

1. 药剂拌种

2.5%适乐时10g加50%辛硫磷10ml，对水100ml拌种5kg玉米种，晾干后播种。

2. 喷雾

第1次喷雾在玉米4叶期，亩用99%天达恶霉灵5g加3%天达啶虫脒乳油15ml，对水15kg喷雾。第2次喷雾在玉米7叶期，亩用70%代森锰锌50g加20%三唑酮50ml加52.25%农地乐20ml对水30kg，均匀喷雾。

按照上述措施实施后，玉米全生育期基本免受病虫为害，可以达到玉米质量好，增产超过15%的效果。

第八节　玉米品种介绍

一、郑单958

1. 审定编号

国审玉20000009。

2. 选育单位

河南农业科学院粮食作物研究所。

3. 品种来源

郑58X昌7-2。

4. 特征特性

幼苗叶鞘紫色，叶色淡绿，叶片上冲，穗上叶叶尖下披，株型紧凑，耐密性好。夏播生育期103天左右，株高250cm左右，穗位111cm左右，穗长17.3cm，穗行数14~16行，穗粒数565.8粒，千粒重329.1g/L，果穗筒形，穗轴白色，籽粒黄色，偏马齿形。抗大斑病、小斑病和黑粉病，高抗矮花叶病，感茎腐病。籽粒粗蛋白质含量9.33%，粗脂肪3.98%，粗淀粉73.02%，赖氨酸0.25%。

5. 产量表现

一般亩产600kg左右。1998—1999年参加了国家玉米杂交种黄淮海片区域试验，两年产量均居第一，其中山东省4处试点两年平均亩产681.0kg，比对照鲁玉16号增产11.57%；1999年参加山东省玉米杂交种生产试验，7处试点平均亩产691.2kg，比对照掖单4号增产14.8%。

6. 栽培技术要点

5月下旬麦垄点种或6月上旬麦收后足墒直播；适宜密度3 500～4 500株/亩，苗期发育较慢，注意增施磷钾肥提苗，重施拔节肥；大喇叭口期防治玉米螟。

7. 适宜范围

黄淮海夏玉米区。

二、登海605

1. 审定编号

国审玉2010009。

2. 选育单位

山东登海种业股份有限公司。

3. 品种来源

以DH351为母本，DH382为父本选育而成。

4. 特征特性

在黄淮海地区出苗至成熟101天，比郑单958晚1天，需有效积温2 550℃左右。幼苗叶鞘紫色，叶片绿色，叶缘绿带紫色，花药黄绿色，颖壳浅紫色。株型紧凑，株高259cm，穗位高99cm，成株叶片数19～20片。花丝浅紫色，果穗长筒形，穗长18cm，穗行数16～18行，穗轴红色，籽粒黄色、马齿形，百粒重34.4g。经河北省农林科学院植物保护研究所接种鉴定，高抗茎腐病，中抗玉米螟，感大斑病、小斑病、矮花叶病和弯孢菌叶斑病，高感瘤黑粉病、褐斑病和南方锈病。经农业部谷物品质监督检验测试中心（北京）测定，籽粒容重766g/L，粗蛋白含量9.35%，粗脂肪含量3.76%，粗淀粉含量73.40%，赖氨酸含量0.31%。

5. 产量表现

一般亩产600～650kg。

6. 栽培技术要点

在中等肥力以上地块栽培，每亩适宜密度4 000～4 500株，注意防治瘤黑粉病，褐斑病、南方锈病重发区慎用。

7. 适宜地区

适宜在山东、河南、河北中南部、安徽北部、山西运城地区夏播种植。

三、浚单20

1. 审定编号

国审玉2003054。

2. 选育单位

河南省浚县农业科学研究所。

3. 品种来源

自选系9058作母本，浚92-8作父本组配而成的玉米单交种。

4. 特征特性

株型紧凑、清秀，生育期103天左右，株高242cm左右，穗位106cm左右。果穗筒形，穗长16.8cm，穗行数16行，穗轴白色，籽粒黄色，半马齿形，百粒重32g。感大斑病、抗小斑病，感黑粉病，中抗茎腐病，高抗矮花叶病，中抗弯孢菌叶斑病，抗玉米螟。籽粒容重为758g/L，粗蛋白含量10.2%，粗脂肪含量4.69%，粗淀粉含量70.33%，赖氨酸含量0.33%。

5. 产量表现

一般亩产600kg左右。

6. 栽培要点

适宜密度为4 000～4 500株/亩。

7. 适宜地区

适宜在河南、河北中南部、山东、陕西、江苏、安徽、山西运城夏玉米区种植。

四、伟科702

1. 审定编号

国审玉2012010。

2. 选育单位

郑州伟科作物育种科技有限公司、河南金苑种业有限公司。

3. 品种来源

WK858×WK798-2。

4. 特征特性

夏播生育期97～101天。株型紧凑，叶片数20～21片，株高246～269cm，穗位高106～112cm；叶色绿，叶鞘浅紫，第一叶匙形；雄穗分枝6～12个，雄穗颖片绿色，花药黄，花丝浅红；果穗筒形，穗长17.5～18.0cm，穗粗4.9～5.2cm，穗行数14～16行，行粒数33.7～36.4粒，穗轴白色；籽粒黄色，半马齿形，千粒重334.7～335.8g，出籽率89.0%～89.8%。2008年高抗大斑病（1级）、矮花叶病（0.0%），抗小斑病（3级）、弯孢菌叶斑病（3级），中抗茎腐病（16.28%），高感瘤黑粉病（45.71%），中抗玉米螟（6.0级）；2009年高抗大斑病（1级）、矮花叶病（0.0%），抗小斑病（3级），中抗茎腐病（24.4%）、瘤黑粉病（7.7%），高感弯孢菌叶斑病（9级），感玉米螟（7级）。2009年粗蛋白质10.5%，粗脂肪3.99%，粗淀粉74.7%，赖氨酸0.314%，容重741g/L。籽粒品质达到普通玉米1等级国标，淀粉发酵工业用玉米2等级国标，饲料用玉米1等级国标，高淀粉玉米2等级部标。

5. 产量表现

2008年参加省玉米区试（4 000株/亩三组），10点汇总，全部增产，平均亩产611.9kg，比对照郑单958增产4.9%，差异不显著，居17个参试品种第2位；2009年续试（4 000株/亩三组），10点汇总，全部增产，平均亩产605.5kg，比对照郑单958增产11.9%，差异极显著，居19个参试品种第1位。综合两年试验结果：平均亩产608.7kg，比对照郑单958增产8.2%，增产点比率为100%。2010年山东省玉米生产试验（4 000株/亩BI组），13点汇总，全部增产，平均亩产584.2kg，比对照郑单958增产9.6%，居10个参试品种第2位。

6. 适宜地区

山东各地夏播种植。

7. 适宜地区

山东各地夏播种植。

五、隆平206

1. 审定编号

鲁农审2011008号。

2. 选育单位

安徽隆平高科种业有限公司。

3. 品种来源

一代杂交种，组合为L239/L7221。

4. 特征特性

株型半紧凑，全株叶片数19～20片，幼苗叶鞘紫色，花丝粉红色，花药黄色。引种试验结果：夏播生育期108天，株高271cm，穗位113cm，倒伏率0.8%、倒折率3.1%。果穗筒形，穗长15.8cm，穗粗5.3cm，秃顶0.5cm，穗行数平均15.2行，穗粒数532粒，白轴，黄粒、半马齿形，出籽率88.7%，千粒重356g，容重714g/L。2008年经河北省农林科学院植物保护研究所抗病性接种鉴定：抗小斑病，中抗大斑病和弯孢霉叶斑病，感茎腐病，高感瘤黑粉病，高抗矮花叶病。2008—2009年引种试验瘤黑粉病最重发病试点病株率2.6%。2008年经农业部谷物品质监督检验测试中心（泰安）品质分析：粗蛋白含量10.7%，粗脂肪4.4%，赖氨酸0.37%，粗淀粉73.7%。

5. 产量表现

在2008—2009年全省夏玉米品种引种试验中，两年平均亩产633.6kg，比对照郑单958增产4.9%，23处试点20点增产3点减产。

6. 栽培技术要点

适宜密度为每亩3 800～4 000株，其他管理措施同一般大田。

7. 适宜地区

适宜安徽、山东、河南、河北中熟区种植。在瘤黑粉病高发区慎用。

六、青农11

1. 审定编号

鲁农审2015001号。

2. 选育单位

青岛农业大学。

3. 品种来源

一代杂交种，组合为母本L1786，父本J111。

4. 特征特性

株型半紧凑，夏播生育期105天，比郑单958短1天，全株叶片21片，幼苗叶鞘紫色，花丝红色，花药黄色，雄穗分枝8～10个。区域试验结果：株高231cm，穗位90cm。果穗筒形，穗长18.8cm，穗粗4.9cm，秃顶0.1cm，穗行数平均16.3行，穗粒数535粒，红轴，黄粒、马齿形，出籽率91.9%，千粒重365g，容重757g/L。2012年经河北省农林科学院植物保护研究所抗病性接种鉴定：抗小斑病，感大斑病，中抗弯孢叶斑病，感茎腐病和瘤黑粉病，高抗矮花叶病。2012年经农业部谷物品质监督检验测试中心（泰安）品质分析：粗蛋白含量10.4%，粗脂肪4.4%，赖氨酸0.33%，粗淀粉71.4%。

5. 产量表现

在2012—2013年山东省夏玉米品种区域试验中，两年平均亩产636.1kg，比对照郑单958增产7.0%，20处试点20点增产；2014年生产试验平均亩产608.0kg，比对照郑单958增产8.2%。

6. 栽培技术要点

适宜密度为每亩4 500株左右，其他管理措施同一般大田。

7. 适宜范围

在山东省地区作为夏玉米品种种植利用。

第九节　马铃薯早春拱棚覆盖栽培技术

一、选用优质脱毒种薯

研究表明，马铃薯优良品种及其高质量的脱毒种薯，对马铃薯的产量的贡献率可达60%左右。脱毒种薯出苗早、植株健壮、叶片肥大、根系发达、抗逆性强、增产潜力大。因此，在生产中必须全部选用脱毒G2、G3代良种。如荷14、荷15、大西洋、中薯3号、春薯4号、早大白、克新6号等，剔除芽眼坏死、脐部腐烂、皮色暗淡等薯块。

二、精耕细作

选择土壤肥沃、地势平坦、排灌方便、耕作层深厚、土质疏松的沙壤土或壤土。前茬避免是茄科作物，以减轻病害的发生。

前茬作物收获后，及时将病叶、病株带离田间处理，立冬前深耕30cm左右，使土壤冻垡、风化，以接纳雨雪，冻死越冬害虫。播种及时耕耙，达到耕层细碎无坷垃、田面平整无根茬，做到上平下实。播种时土壤干旱影响出苗，是造成减产的主要因素之一。因此，播种前必须造墒，最好是"坐水"播种。

三、催芽播种保全苗

切块催芽每亩需种薯150kg左右。播前20～25天将种薯置于温暖有阳光的地方晒种2～3天，同时剔除病薯、烂薯，然后进行切块。切块时充分利用顶端优势，螺旋式向顶端斜切，最后按顶芽一分为二或一分为四，每块种薯有1～2个芽眼，重量25～30g。晾干刀口后放在温度为18～20℃的室内采用层积法催芽。方法是用两三层砖砌成一个长方形的池子，然后放2cm厚湿润的绵沙土，将切好的薯块摆放一层，再铺放2～3cm厚的湿润绵沙土，反复摆放4～5层后，将上部用草盖住，20天左右马铃薯芽可达1～3cm，这时将茎块扒出，平放在散射光下晾晒，2天后幼芽变成浓绿色即可播种。注意在催芽时经常翻动薯块，发现烂薯马上清除。

四、药剂拌种防虫防病

由于种薯的异地调运，种薯带菌相互传播现象非常严重，目前由于种薯带菌造成苗期黑痣病、干腐病的普遍发生，带病菌的种薯种植后影响出苗。种薯拌种可以减轻这些病害发生。试验证明，使用下列两种配方能够很好地预防苗期病害。

1. 拌种配方一

将50%扑海因悬浮剂50ml与60%高巧悬浮种衣剂20ml混合，加水至1 000ml，摇匀后喷到100kg种薯切块上，晾干后播种。

2. 拌种配方二

70%的安泰生可湿性粉剂100g，加60%的高巧悬浮种衣剂20ml对水1 000ml，均匀喷洒到100kg种薯上，晾干后播种。

利用上述两种配方，可以促进早出苗2～3天，而且确保苗齐苗壮，同时能预防苗期蚜虫以及地下害虫蛴螬、金针虫的为害。

五、拱棚覆盖提前播种

早春马铃薯拱棚覆盖栽培技术，将马铃薯的适播期提前到了2月上旬，使马铃薯块茎膨大期处于白天高温、夜间低温的最佳时期，同时可以延长植株生长期，因而大大提高了马铃薯的产量和质量。

六、宽行大垄栽培

实行一垄双行种植，垄距85～90cm，种双行，小行距20cm左右，株距25～28cm。亩定植5 500～6 000株。开沟深8～10cm，宽25cm，浇水后，斜调角摆种，芽向上，用少量细土盖住芽，然后穴施肥，覆土起垄。要求种块到垄顶12cm。把垄面耧平，喷施施田补等芽前除草剂，喷洒要均匀周到，然后用地膜覆盖。所铺塑料薄膜应选用90~100cm宽，厚度为0.005~0.008mm的超薄膜，每亩用膜4~5kg。铺膜时膜要拉紧，贴紧地面，薄膜边缘要埋入土里10cm左右，并用土埋住压严，用脚踩实。盖膜要掌握"严、紧、平、宽"的要领，即边要压严，膜要盖紧，膜面要平，见光面要宽。当天建好拱棚并上好农膜。

七、测土配方均衡营养

亩施土杂肥5 000kg或商品有机肥150kg、三元复合肥（15、10、20或15、12、18）200kg、硫酸锌1.2kg、硼酸1kg。土杂肥在耕地时撒施，其他肥料均于播种时条施。

八、加强田间管理

1. 及时破膜

播种后20~25天苗将陆续顶膜，选择晴天及时将地膜破孔放苗，并用细土将破膜孔掩盖。

2. 加强温度管理

拱棚内保持白天20~26℃，夜间12~14℃。经常擦拭农膜，保持最大进光量。随外界温度的升高，逐步加大通风量，4月上中旬可撤膜。

3. 适时浇水

要获得马铃薯的较高产量，需要大量的水分。满足不了水分的需要，就难以取得满意的产量。马铃薯既是需要大量水分的作物，又是供水不能间断的作物，特别是在块茎形成和块茎增长阶段，要连续保持土壤湿润状态。一旦水分供应间隔，便会造成块茎停止生长，形成畸形块茎，造成严重减产和品质降低。但马铃薯生育后期又要防涝，因雨涝或湿度过大会造成块茎不耐贮藏或腐烂。因此，生产中要掌握均匀而充足的供给水分，使土壤耕作层始终保持湿润状态。马铃薯生长的适宜土壤湿度以全生育期平均保持在80%左右的土壤含水量为最理想。其中苗期要保持在70%~80%，收获前保持在65%~75%为宜；块茎形成至块茎增长阶段必须保持在80%~85%。

生产中应掌握小水勤灌的原则，每次灌水不漫过垄顶。结合墒情，在齐苗期、现蕾期、开花期、薯块迅速膨大期各浇水1次。在收获前7天左右要停止灌溉，以确保收获的块茎周皮充分老化，以利贮藏。

4. 病虫害综合防治

（1）主要病虫害种类。马铃薯主要病虫害有晚疫病、早疫病、蚜虫、二十八星瓢虫、蛴螬、金针虫等。

（2）制定科学植保方案。选择使用高效、低毒、对环境安全的农药产品，以保证生产出优质、健康、安全的农产品。根据病虫害的发生规律以及良好农业操作规范的要求，在病害防治中应采取保护性杀菌剂和治疗性杀菌剂配合使用的原则。在生长期中进行5次叶面喷药，分别在始花期和盛花期各施药1次安泰生70％可湿性粉剂（100～150g/亩），间隔10天；从块茎膨大期开始，连续3次施用银法利（75～100ml/亩），间隔10天。

对于蚜虫及二十八星瓢虫的防治，除了在拌种期使用高巧拌种控制苗期的蚜虫、二十八星瓢虫外，在马铃薯成株期使用艾美乐70％可湿性粒剂5～10g/亩的剂量叶面喷雾。

（3）保护叶片，延长功能期。国内外研究表明，叶片的光合作用对农作物产量的贡献率在90％以上。因此，保护叶片，延长其功能期可大大提高马铃薯产量。银法利不仅防病，还能延长马铃薯的后期叶片功能期，对增加马铃薯的产量非常关键。也可以在马铃薯开花初期叶面喷施0.2％硼酸，在薯块膨大期叶面喷施3次磷酸二氢钾。

第五章 瓜 菜

第一节 大棚甜瓜生产技术

一、大棚建设

由采光和保温维护结构组成，以塑料薄膜为透明覆盖材料，东西向延长，长度80～120m，脊高4.5m以上，跨度在9～11m，在寒冷季节主要依靠获取和蓄积太阳辐射能进行蔬菜生产的单栋温室。

二、产地环境

要选择地势高燥、排灌方便、地下水位较低、土层深厚疏松的壤土的地块，并符合有机食品设施蔬菜产地环境条件的要求。

三、选用优良品种

春季大棚栽培薄皮甜瓜，宜选用早熟、耐寒、抗病、糖度高、风味好的品种，如日本甜宝、富甜一号、金香玉、白鹤等。

四、培育壮苗

1. 浸种催芽

播种前先晒种两天，然后用55℃温水浸种，并不断搅拌，自然冷却后再浸泡6小时。药液浸种用0.1%高锰酸钾溶液浸泡30分钟，用清水反复冲洗后浸泡4小时，将种子捞出沥干，用干净纱布包裹，放在28～30℃温度下催芽，胚根长至5mm左右（露白）开始播种。

2. 营养土的配置

育苗应在地势高燥、透光良好的日光温室中进行。选用前茬未种过瓜类的无病菌菜园土作为营养土。所用营养土按体积计算，宜用2份过筛细土加1份过筛腐熟马粪等农家肥配制而成，每立方米营养土最好加入捣碎的过磷酸钙1kg或三元复合肥0.5kg，每立方米营养土中加入50%的多菌灵50g或土菌净50g或绿亨1号一袋,再加入适量草木灰混合均匀,用直径8cm×10cm的营养钵装土后,整齐、紧密地摆放于苗床内,也可用50孔的育苗盘育苗。

3. 播种

大棚甜瓜从2月中旬播种,播种前一天将营养钵浇透,播种前把装满土的营养钵淋湿,撒0.5cm厚的翻身土,然后每个营养钵中放1粒发芽的种子,种子平放,胚芽朝下,覆盖1cm厚的营养土,盖地膜和小拱棚。

4. 苗期管理

(1)温度管理。从播种到出苗,白天保持25～30℃,夜间15～18℃。播种3天后,70%破土出苗时应去掉地膜,白天25℃,夜间12～13℃,降温以防徒长。定植前10天通风炼苗,白天可保持在22～25℃,夜间10～12℃。

(2)水分管理。在播种时浇足水的情况下,第1片真叶出现前,一般不宜浇水。苗期可视墒情浇水1～2次,临定植前3～5天可浇1次水。另外,香瓜幼苗出土后,在苗床上撒1遍0.5～1cm厚的潮湿营养土,可填补裂缝和保墒。为防止发生苗期病害,可每隔7天喷施1次甜瓜专用杀菌剂——消菌剑魔,每支对水15kg,苗期要喷一次梅亚甜瓜专用营养液——金刚素,每支对水15kg。

五、定植

1. 推广秸秆生物反应堆技术

在大棚甜瓜上推广秸秆生物反应堆技术的应用,可明显提前甜瓜的授粉期和成熟期,增加甜瓜的糖度和产量。在早春栽培一般可提早成熟10天左右,并可显著提高甜瓜的生长势和抗病性。

2. 整地施肥

3月上旬甜瓜定植前深翻土壤,每1亩施3kg多菌灵和土菌净混合制剂进行土壤消毒。重施基肥,每亩施腐熟有机肥5 000kg,过磷酸钙100kg,硫酸钾复合肥50kg。

3. 做垄

大棚内采用高垄双行种植。高垄双行栽培以梅花三角形栽培,垄面宽70～75cm,株距35～40cm。垄沟宽45～50cm、深20cm。甜瓜定植在垄的两半坡,此时小行(垄上的两行甜瓜间距)50cm,大行(操作行)变为70cm,并在小行覆盖地膜。

4. 定植

定植前5～7天提早覆棚保温暖地,当10cm地温稳定在12℃以上时选择晴天上午定植，不能以人的舒适程度为标准而放大风，尽量不放风或放小风，上午定植完毕，否则次日凌晨会受冻害。用“坐水稳苗”的方法定植，先打孔，后注足水，趁水未渗前将营养钵苗坨栽在穴内，并填土，保持苗坨与垄面相平，然后加盖小拱棚。如果在小拱棚外再加盖一层小草帘，还可再提早7天上市。大拱棚栽培采用四膜二苫覆盖。采用此项措施，能够使山东地区大棚栽培的甜瓜提早到4月上旬上市。

六、田间管理

1. 肥水管理

定植后3天小水浇苗根部，以湿透苗坨为标准，8天再浇一小水，尽量保持地温，5月上旬地温稳定在14℃时可以大水浇。伸蔓期结合浇水追肥一次，以氮肥为主，适当配施磷钾肥，每亩施复合肥20～25kg，尿素20kg。开花期控制浇水，幼瓜坐果膨大后，补充大量肥水，每亩追施三元复合肥20kg，每隔7～10天浇水1次。果实膨大期喷施两次牛奶（2.5kg牛奶对水15kg）对提高品质和抗性作用突出。另外喷施沼液两次（1.5kg对水15kg）能提高糖度1度左右。果实接近成熟时，严格控制浇水。

2. 环境调控

（1）温度。定植后采取多层覆盖保温。白天30～35℃，夜温12℃，4天内大棚尽量不放风或少放风，小拱棚不揭膜，盖草帘的早晨揭开，傍晚盖住。早揭晚盖要持续到吊蔓后不能再盖为止。生长期白天气温31～33℃，夜晚15～17℃，花期白天不超过25～28℃，夜晚13～15℃，尽量通风，促进坐果。

（2）湿度。采用地膜覆盖。选择晴天上午浇水，浇水后及时通风降低空气湿度。

（3）光照。选择保温透光效果好的塑料薄膜。

3. 整枝留瓜

4月中下旬幼苗4片真叶摘心，采用三蔓整枝，选留3条健壮的子蔓。3条子蔓4片真叶再摘心一次，在3条子蔓的其中1条子蔓上选留一个周正的瓜，便于早先抢占市场，其余子蔓上的瓜打掉。此时3条子蔓都要吊蔓，并在3条子蔓的第3叶部位各选留孙蔓3条，其余孙蔓打掉，在3条孙蔓上各留一瓜，孙蔓第1叶没有留住瓜的可留孙蔓上抽枝（孙孙蔓）上留瓜，瓜坐住后瓜前留一叶摘心，以后孙蔓上的侧枝要全部打掉，瓜上部留10～12片叶后摘心。

4. 授粉

花期用梅亚果福一支配水30kg上午整株喷雾，隔3～4天一次，连喷4次，促进坐果，同时要喷施梅亚金刚素。也可在预留节位的雌花开放时，在上午8—10时大棚温度在20℃左右时，用雄花花粉轻轻涂抹在雌花的柱头上。授粉期间如遇到低温、阴雨天气，使用20～50mg/L番茄灵、顶好等生长调节剂向雌花柱头喷雾1次。

七、病虫害防治

在苗期、子蔓抽蔓期、孙蔓抽蔓期和瓜膨大期喷施梅亚专用杀菌剂消菌剑魔4次（一支对水15kg）可有效预防病害的发生。采用农业防治（轮作倒茬）、物理防治（黄板诱杀、防虫网、频振式杀虫灯等）、生物防治（生物肥料、生物农药）为主，化学防治为辅的防治措施。

八、适时采收

根据不同品种甜瓜生育期推算成熟日期，或甜瓜出现本品种固有的成熟特征时采收，一般薄皮甜瓜约九成熟时提前采收。

第二节　优质茄子生产技术

一、品种选择

接穗选用优质、抗病、耐低温弱光的高产品种，如东方长茄10-765、布利塔等品种。砧木选用托鲁巴母、野茄2号、赤茄等。每亩用种量为砧木10~15g，接穗40~50g。

二、播种

（一）种子处理

播种前将种子晾晒1~2天，用55~60℃温水恒温浸种10分钟，并不断搅拌，水温降至30℃后浸泡24小时，反复搓洗，漂去秕籽。

将冲洗干净的种子在阳光下晾晒至松散，或用洗衣机脱水后，用湿布包好放在变温条件下催芽，30℃ 8小时，20℃ 16小时，每24小时用25℃温水漂洗一次，再经脱水处理，继续催芽，待种子有50%的露芽，准备播种。

（二）营养土的配制

床土应选用5年以上没种过茄科蔬菜的肥沃田地，肥料应选用充分腐熟的马粪、圈粪、大粪等，肥料占田地的比例为40%~50%，另加过磷酸钙5kg/m³或二铵1kg/m³，每平方米播种床用多菌灵和甲基托布津1:1，合计8g，与营养土混合后过筛。分苗床土与播种床土要求基本一致，肥料比例应少些。

（三）播种期

嫁接育苗时，砧木要比接穗早播15～25天。不同保护地形式的播期见表5-1。

表5-1　播种期

保护地形式	早春大棚	早春中小棚	深冬茬温室		冬春茬温室	
			自根	嫁接	自根	嫁接
播种期	11月下旬至12月上旬	12月上旬	8月中旬	7月下旬	9月下旬	8月下旬

（四）播种方法

应选择在日光温室或暖窖中育苗。把畦面整平，轻踩一遍，选晴天上午用30℃温水浇透，水渗后撒部分药土，把催好芽的茄子种用沙土搓合后均匀撒播在床面，再盖药土1cm。

三、苗期管理

1. 温度调节

温度调节如表5-2所示。

表5-2　温度调节

时期	白天适温	夜间适温
播种至出苗	28～32℃	20℃
齐苗至分苗前一周	22～30℃	12～18℃
分苗前一周	25～27℃	13～15℃
分苗至缓苗	28～30℃	15～22℃
定植前10天	20～23℃	8～17℃

2. 水分控制

土壤含水量保持在70%～80%，如干旱可适当用喷壶在中午补充水分。

3. 间苗

齐苗后及时拔除过密苗，去掉弱苗、小苗、病苗、杂草。

4. 分苗

一叶一心及时分苗，分苗前用600倍液甲双灵锰锌喷洒小苗一次，砧木分在

8cm×10cm的营养钵中，方法是先在营养钵中装3成营养土，再栽苗填土至6成满，浇足水。接穗可按10cm行株距开沟坐水分在苗床内或分在10cm×10cm营养钵中浇足水。

5. 嫁接

当砧木有4~5片真叶，接穗有3~4片真叶时，用靠（或劈）接法嫁接。砧木切口在第2片和第3片真叶之间，砧木第3片真叶以上的茎叶和以下叶片全部去掉；切口由上向下切，角度30℃，切口长1cm，宽为茎粗约1/2；接穗在和砧木相匹配的部位由下向上切，角度、长度、宽度同砧木；然后接穗的舌形切口插入砧木切口中用嫁接夹固定，最后将接好的苗移栽在营养钵中，马上放入遮阴的小拱棚内及时浇透水。

6. 嫁接后管理

接后的3天内每天要遮阴4~6小时，晴天中午前后在棚内喷水1~2次，保持空气相对湿度90%以上，昼温25~28℃，夜温18~16℃，3天后逐步恢复正常管理。10天后对接穗进行断根，转入正常管理。

7. 壮苗标准

株高20cm，茎苗部粗0.8cm，展叶7~9片，叶色深绿，根系发达鲜白色，花蕾0.5cm大小为宜。

四、整地施肥

每亩施有机肥5 000~6 000kg，过磷酸钙100kg或二铵30~40kg，硫酸钾20kg，机耕20cm深。

南北方向做高畦，大行距80~120cm，小行距50~80cm，畦高10cm，定植前3天覆盖地膜，按株距40~50cm用打孔器打孔，每亩1 300~2 500株。

五、定植

1. 定植方法

先稳苗，深度以不露营养坨为宜；点水，量以洇透土方为宜，再覆土。

2. 定植后的前期管理

（1）温度管理。缓苗前白天温度控制在25~30℃，夜间18~22℃，缓苗后白天温度控制在22~28℃，夜间15~20℃。

（2）湿度管理。定植后7天，根据土壤墒情选晴天上午浇一次缓苗水再蹲苗15天，日光温室可做成膜下暗沟，浇暗水，用于整个生育期追肥浇水，或用滴灌、渗灌。

3. 中后期管理

（1）整枝打杈。门茄开花前，将门茄下边的杈子、老叶打掉。双秆整枝，及时去掉腋芽，摘除下部老叶、病叶和黄叶。

（2）温度管理。白天掌握25～30℃，夜间15～18℃，随气温回升通过放风来调节棚内温度，防止32℃以上高温。

（3）湿度管理。控制在60%～65%。

（4）水肥管理。当门茄瞪眼，对茄坐果后营养生长和生殖生长并进时开始追肥浇水，人粪尿1 000kg/亩，尿素20kg/亩；间隔10～15天浇水一次，随气温回升生长加快，肥水间隔可适当缩短，隔一水，追肥一次，化肥和有机肥交替使用。

（5）保花保果。门茄开花用2,4-D植物生长调节剂20～30mg/L溶液蘸花，在药液中加入0.1%的农利灵可有效防治茄子灰霉病。

六、病虫害防治

1. 病毒病、蚜虫

10%吡虫啉1 000倍液或20%速灭杀丁1 000倍液防治蚜虫，15天一次；20%病毒A 600倍液在定植缓苗后10天一次，共喷3次；高锰酸钾1 000倍液，10天一次，喷2～3次。

2. 灰霉病

20%速克灵烟剂；50%多菌灵和70%甲托1：1 800倍液；50%农利灵600倍液；50%的利霉康可湿性粉剂800～1 500倍液喷雾。

3. 黄萎病

发现中心病株及时拔除，周围植株用50%多菌灵和70%甲托1：1混合800倍液灌根，每株灌0.25kg，10天一次，共3次；或用50%甲羟翁800倍液+40%杜邦福星7 500倍液喷雾防治，7天一次，连喷2～3次。

4. 绵疫病、褐纹病

64%杀毒矾500倍液或80%代森锰锌500倍液，或77%可杀得400～500倍液，每5～7天喷一次，连喷2～3次。

5. 地下害虫

结合中耕每亩用辛硫磷1kg，拌炉渣50kg撒施，或在中期用辛硫磷灌根。

6. 棉铃虫

辛硫磷加功夫1：1 800倍液7天一次，喷3次。

7. 红蜘蛛

20％复方浏阳霉素1 000倍液，73％克螨特1 000倍液，天王星1 000倍液，7天一次，连喷2～3次。

8. 白粉虱

定植前用25％阿克泰2 500倍液喷1次，定植后用25％扑虱灵2 500倍液，或2.5％功夫3 000倍液喷雾。

第三节　露地有机番茄生产技术

一、种植

1. 品种选择

应选择适宜当地的土壤和气候特点，对病虫害具有抗性的优良品种。禁止使用经禁用物质和方法处理的种子和种苗。

选用的杂交种纯度不低于95％，净度不低于98％，发芽率为90％以上。

2. 晒种

播前15天，晒种2～3天。

3. 育苗

壮苗标准：苗龄期55～60天，叶片宽大平展，叶色深绿，节间短，粗细均匀，花芽分化早，数量多，叶片数在5～8片，株高15～20cm。

（1）秧苗田选择。秧苗田选择无污染，地势平坦，背风向阳，排水良好、土质中性的园地做育苗田，人工消灭杂草、虫卵及病残体。

（2）整地做床。育苗床全部采用地上床，一般在秋天整地，春天做床，床面要比地面高10cm，用备好的苗床土做床，苗床土必须经高温灭菌杀死虫卵及草籽。

（3）浸种。把种子放在55℃温水浸泡25分钟，捞出立即放凉水中急速降温，使附着在种子表面的病菌因高温突遇低温而死亡，处理后的种子用温水浸泡8～12小时。

（4）播种。

①播期。在日平均气温稳定通过5～6℃时育苗床播种，即从4月5—10日播种，播种前一次性浇透苗床水。

②播量。坚持精量播种，发芽率在90％以上，播种量每平方米播10～15g。

③覆膜。播完种子以后覆土厚度1.0cm，马上进行苗床封闭，扣棚覆膜。

（5）苗期管理。

①温度管理。播种至出苗时温度控制在28～30℃。出苗2叶期以后温度不能超过28℃，高于28℃时应在棚的一头开始小通风。随着外界气温的逐渐升高要适当加大通风口，控制棚内的温度在20～25℃，严防烧苗。白天达到30℃时可揭膜炼苗，晚上盖膜防冻。突遇寒流可加盖防寒物保温。

②水分管理。苗期少浇水，保持棚内湿润即可。若苗床出现干裂缺水时，适量补水。苗期控制供水，可促进根系发育。

③苗床除草。当幼苗通风炼苗后，苗床要及时进行人工除草。

④防病治病。番茄苗期易发生猝倒病。应严格控制温度及湿度，以控制此病的发生与为害。

二、选茬、整地

1. 地块选择

选择耕层深厚、肥力较高，保水保肥及排水良好的地块。

2. 选茬

前茬选择符合有机产品要求的作物。

3. 轮作

番茄种植一般要进行5～6年以上的轮作，保证番茄生长良好。

4. 整地

大田整地实行秋翻秋起垄，翻深15～20cm。也可进行旋耕，翻旋结合，整平耙细起垄。

5. 施肥

每亩施经无害化处理的优质农家肥料2 000～3 000kg，矿物肥料、磷矿粉每亩30kg，结合整地一次性施入。

三、定植

1. 定植时间

日平均气温稳定通过10～13℃，5月中下旬开始定植，干旱时可坐水定植。

2. 移栽密度

番茄采用大垄单行栽培，株行距为（30～40）cm×（65～70）cm，亩保苗2 000～3 500株。

四、大田管理

1. 查田补栽

移栽后检查田间缺苗，应及时补栽以保证苗全。

2. 铲除除草

番茄在生长期及时进行铲糊，促进不定根的形成，同时进行人工除草。

3. 整枝打杈

一般以留果双干半整枝，及时除掉其余侧枝，每株留7穗果。

4. 排水灌水

当番茄旺盛生长时，如果田间发生干旱应及时灌水，灌水要选择晴天上午进行，灌水方法为隔一行灌一行。盛果期应加大灌水量。如遇连雨天，及时排水。

5. 追肥

第1穗果开始膨大时，结合浇水开沟追肥。应使用符合有机农产品要求的肥料。第2穗果坐住后结合浇水追有机肥。

五、病虫草害防治

1. 种类

常见的番茄病害有晚疫病、早疫病、病毒病、灰霉病和蚜虫。

2. 防治技术

病虫草害防治的基本原则是综合运用农业防治、物理防治、生物防治等各种措施，创造不利于病虫草害滋生和有利于各类天敌繁衍的环境条件。可采用抗病抗虫品种、大垄高畦、适当稀植、平衡施肥、合理整枝打杈留果、及时排水等农业措施，增强番茄植株的抗逆性；采用机械或人工清除杂草及病株病叶，人工捕杀叶部害虫；设置防虫网、色板、糖麸食饵及黑光灯诱杀害虫；也可引进食芽瘿蚊、小花蝽等天敌昆虫捕食蚜虫、蓟马、叶螨、粉虱等害虫。

以上方法不能有效控制病虫草害时，应使用符合要求的药剂，如可用葱蒜混合液稀释30～50倍，均匀喷洒防治病害。

六、采收

果实达到商品成熟时即可采收，采收后，要求整果全红、无斑、无裂痕、果实大小要均匀，采收过程中所用的工具清洁卫生、无污染，包装物要整洁、牢固、透气、无污染、无异味，以便净菜上市。小果要单独收获，以免影响品质。

七、其他

对有机食品番茄生产过程，要建立田间技术档案，做好整个生产过程的全面记录，并妥善保存，以备查阅。

第四节 有机黄瓜生产技术

一、春茬棚室栽培

（一）品种选择

根据市场需求，选择适应当地生态条件且经审定推广的优质、抗逆性强、耐热、低雌蕊、节位低的高产品种。

（二）育苗

1. 育苗方式

温室内营养钵育苗。

2. 播种期

根据当地生态条件，春茬日光节能温室12月上中旬播种，大棚多层覆盖2月上旬播种。

3. 播种方式

催芽、育苗移栽。

4. 播种密度

每亩播种量为140～150g。

5. 播种前准备

（1）育苗盘。规格为50cm×35cm×5cm或（60～70cm）×40cm×5cm。育苗盘育子苗用干净河沙。

（2）营养土的配制。40%葱蒜茬土，40%陈草炭土，20%细炉渣或腐熟有机肥混拌均匀，每立方米混合土再加10kg腐熟大粪或腐熟鸡粪。

（3）营养钵。高10cm，直径8cm，移苗前装入营养土备用。

（4）种子处理。播种前用55℃热水烫种10～15分钟消毒，待水温降到25℃时，浸种8～10小时，搓洗，清水投净。

（5）催芽。种子捞出后用干净毛巾或湿布包好，催芽保持25～28℃，12小时后种子已萌动，放置在0～2℃的低温条件下锻炼一周，从而提高秧苗抗寒力。

6.播种

（1）沙箱播种育子苗。用80℃热水浇透水，待冷却后撒播，覆沙1.5～2cm，子叶展平嫁接。

（2）嫁接育苗。砧木黑籽南瓜，插接或靠接，嫁接后遮光保湿3～4天，成活后逐渐去掉覆盖物。

（3）架床或土壤电热线育苗。

7.苗期温湿度管理

（1）温度管理。温度管理如表5-3所示。

表5-3　苗期温度管理

时期		温度（℃）				
项目		播后到出苗前	出苗后到嫁接前	嫁接后成活前	成苗期	定植前7～10天
白天		25～28	20～25	25～26	22～28	18～23
夜间	前半夜	18～20	16～18	16～18	15～17	10～12
	后半夜	16～18	12～14	12～14	12～15	7～10
土温		20～22	15～17	18～20	15～20	15

（2）水分管理：缓苗后，苗床保持湿润，表土见干时喷水，湿度60%～70%。阴天不浇水，晴天上午10点前浇水。

8.壮苗指标

日历苗龄45～50天，生理苗龄4～5片真叶展开，茎粗节间短，叶片肥厚，有80%以上现蕾。

（三）定植前的准备

1.扣棚时间

大棚用抗老化膜在上年秋季封冻前扣棚。每亩用0.12mm厚的耐低温抗老化聚乙烯复合膜150kg，温室用日光温室专用膜。

2. 整地

及时整地，翻地晒土后施肥、起垄。垄宽：大棚50～60cm，温室80～100cm。

3. 施用基肥

结合整地，亩施腐熟优质农家肥3 000～4 000kg。

（四）定植

1. 定植安全期

当棚内最低气温稳定通过10℃，10cm土温稳定通过10℃时，选晴天上午定植。

2. 定植时间

根据当地生态条件，适期定植。大棚多层覆盖在3月下旬至4月上、中旬。单层棚在4月下旬。温室在2月上旬至2月下旬。

3. 定植方式与密度

垄作，株距30～35cm，大棚行距50～60cm。温室采用大垄双行，株距30～35cm，行距80～100cm。

4. 保温措施

大棚用多层覆盖，一般为3～4层，采用地膜、格栅、无纺布、二层幕、草帘子等。

（五）棚、室环境管理

1. 温度

缓苗期白天24～30℃，夜间12～15℃；生长期白天20～25℃，夜间12～17℃。缓苗后结合生态防治棚、室进行4段变温管理（表5-4）。

表5-4 棚、室春茬4段变温管理

生态条件	时间段			
	7—13时	13—18时	18—24时	24时至第二日7时
温度（℃）	28～32	20～25	13～15	11～13
空气相对湿度（%）	60～70	60	80～90	90

2. 放风管理

上午温度不超过30℃不放风。外界最低气温达10℃以后，日落后放风（表5-5）。

表5-5 不同温度下放风管理

外界最低气温（℃）	日落后放风时间（小时）	参考季节
10	1	5月上、中旬
11	2	5月中旬
12	3	5月下旬
13	昼夜放风	6月上旬

3. 二氧化碳（CO_2）施肥

定植后通风前进行CO_2气体施肥，需连续进行一个月，浓度1 500～2 000mg/kg，并配合肥水管理。

4. 追肥灌水

肥料的使用应符合有机农产品要求，结合灌水施经无害化处理的大粪稀15 000kg，结瓜期保持土壤湿润，最好采用大垄双行膜下滴灌技术。

5. 植株调整

定植后10～15天，用聚丙烯绳绑蔓，摘除病叶、老叶、卷须，以及部分雄花等。

6. 病虫草害防治

（1）种类。常见的黄瓜病害有霜霉病、角斑、炭疽病，虫害有白粉虱、蚜虫、红蜘蛛。

（2）防治技术。病虫草害防治的基本原则是综合运用各种防治措施，创造不利于病虫草害滋生和有利于各类天敌繁衍的环境条件。优先采用农业措施，提高选用抗病抗虫品种，非化学药剂种子处理，加强栽培管理，轮作等措施起到防治病虫草害的作用。适时配合机械、人工和物理措施，防治病虫草害，机械和人工除草。

以上方法不能有效控制病虫草害时，应使用符合要求的物质。

7. 采收

达到商品成熟时及时采收，根瓜早收。做到单收、单运、单放。

二、棚室秋季延后栽培

1. 品种选择

根据市场需求，选择适应当地生态条件且经审定推广的优质、抗逆性强、耐热、低雌蕊、节位低的高产品种。

2. 整地、消毒、施肥

前茬结束后立即清除残株，深翻10~15cm。高温闷棚杀菌消毒：灌透水，覆膜、闷棚日晒5~7天。每亩施无害化处理的农家肥1 600~2 000kg等符合GB/T 19630要求的肥料。

3. 播种方式

6月下旬至7月上旬，采用遮阴的中棚或苗畦内营养钵育苗，每钵播2粒种，大棚7月上中旬，温室7月下旬至8月上旬定植，日历苗龄20天左右，两叶一心时定植。温室采用大垄双行膜下滴灌技术，用银灰色反光地膜覆盖。

4. 定苗补苗

适时定苗、补苗，2片真叶放开时定苗、补苗，每亩3 800株左右。

5. 温度管理

前期大通风，放底风，使白天棚内温度不超32℃，加大昼夜温差。进入9月防寒保温，夜间室内温度低于15℃时停止放夜风，白天保持25~30℃。

6. 湿度管理

适当控制浇水，每次灌水后加大放风量，排湿。

7. 采收与产品要求

8月下旬到9月上旬为始收期，达到商品成熟时及时采收。大棚10月上旬、温室11月中下旬，棚、室内最低温度降到5℃时拉秧。

第五节　菜豆生产技术

一、保护设施

菜豆生产上采用的保护设施包括日光温室、塑料棚、温床以及多层覆盖保温材料等。

二、栽培季节

1. 春提早栽培

终霜前30天左右定植，初夏上市的茬口。

2. 秋延后栽培

夏末初秋定植，9月末10月初上市的茬口。

3. 春夏栽培

晚霜结束后定植，夏季上市的茬口。

4. 夏秋栽培

夏季育苗定植，秋季上市的茬口。

5. 秋冬栽培

秋季定植，初冬上市的茬口。

三、品种选择

选择抗病、优质、高产、商品性好、符合目标市场消费习惯的品种。

四、育苗（适用于棚室栽培）

1. 育苗前的准备

（1）育苗设施。根据季节不同，选用温室、大棚、温床等设施育苗。

（2）营养土要求。pH值5.5～7.5，有机质2.5%～3%，有效磷20～40mg/kg，速效钾100～140mg/kg，碱解氮120～150mg/kg，养分全面。孔隙度约60%，土壤疏松，保肥保水性能良好。配制好的营养土均匀铺于播种床上，厚度10cm。

（3）种子质量。菜豆种子质量指标应达到：纯度≥97%、净度≥98%、发芽率≥95%，水分≤12%。

（4）用种量。每亩栽培面积的用种量为蔓生种2.5～3kg，矮生种4～5kg。

（5）种子处理。菜豆种子播前应进行晾晒。育苗移栽的菜豆应进行温汤浸种。晾晒后的种子用55℃水浸泡15分钟，不断搅拌；使水温降至30℃继续浸种4～5小时捞出待播。

（6）育苗设施消毒。菜豆育苗设施应在育苗前进行消毒处理。

2. 播种

（1）育苗移栽。将浸泡后的种子点播于营养钵（袋）中，每钵（袋）2～3粒。

（2）露地直播。按确定的栽培方式和密度，穴播3～4粒干种子。

3. 苗期管理

（1）温度。播种至齐苗，白天控制在20～25℃，夜间控制在12～15℃。齐苗至炼苗前，白天控制在18～22℃，夜间控制在10～13℃。炼苗期，白天控制在16～18℃，夜间控制在6～10℃。

（2）水分。视栽培季节和墒情适当浇水。

（3）炼苗。育苗移栽菜豆，于定植前5天降温、通风、控水炼苗。

4. 壮苗标准

子叶完好，第1片复叶初展，无病虫害。

五、定植（播种）前的准备

1. 地块选择

应选择地势高，排灌方便，地下水位较低，土层深厚疏松、肥沃，3年以上未种植过豆科作物的地块。

2. 整地施基肥

根据土壤肥力和目标确定施肥总量。磷肥全部作基肥，钾肥2/3作基肥，氮肥1/3作基肥。基肥以优质农家肥为主，2/3撒施，1/3沟施，按照当地种植习惯做畦。

六、定植

1. 定植时期

10cm最低土温稳定在12℃以上为春提早菜豆栽培的适宜定植期，此期也是春夏露地菜豆栽培的适宜播种期。

2. 定植密度

矮生种每亩4 500～5 000穴，每穴2～3株。蔓生种露地栽培，每亩2 300～3 000穴，每穴3～4株；大型设施栽培每穴2株。

七、田间管理

1. 棚室温度

缓苗期，白天20～25℃，夜间18～12℃。开花结果期，白天25℃左右，夜间不低于15℃。

2. 湿度管理

菜豆生长期间空气相对湿度保持65%～75%，适宜的土壤相对湿度为60%～70%。

3. 二氧化碳管理

设施栽培可增施二氧化碳，浓度800～1 000mg/kg。

4. 肥水管理

根据菜豆长相和生育期长短，按照平衡施肥要求施肥，应适时多次追施氮肥和钾肥。同时，还应有针对性地喷施微量元素肥料和叶面肥。在生产中不应使用未经无害化处理和重金属元素含量超标的城市垃圾、污泥和有机肥。

5. 植株调整

插架或吊蔓，保护地宜吊蔓栽培，露地可采用人字架栽培。

6. 中耕

未覆盖地膜栽培的应及时中耕锄草。

7. 采收

按照无公害食品菜豆（NY 5080—2002）中同一品种或相似品种，长短和粗细基本均匀，新鲜且无明显缺陷（包括机械伤、霉烂、异味、冻害和病虫害）的要求采收上市。

8. 清理田园

及时将菜豆田间的残枝、病叶、老化叶和杂草清理干净，集中进行无害化处理，保持田间清洁。

八、病虫害防治

1. 主要病虫害

主要病害有锈病、枯萎病、白粉病、叶斑病、炭疽病、灰霉病、细菌性疫病。主要害虫有蚜虫、豆野螟、红蜘蛛、茶黄螨、潜叶蝇。

2. 防治原则

按照"预防为主，综合防治"的植保方针，坚持"农业防治、物理防治、生物防治为主，化学防治为辅"的无害化治理原则。

3. 农业防治

（1）针对当地主要病虫控制对象，选用高抗多抗的抗病品种。

（2）与非豆科作物进行3年以上轮作，高畦栽培，地膜覆盖，培育壮苗，及时拔除病株、摘除病叶和病荚，田园清洁。

（3）严格进行种子消毒，减少种子带菌传病。

（4）培育无病虫苗。

（5）增施腐熟有机肥。

（6）创造适宜的生育环境，控制好温度和空气湿度，适宜的肥水，充足的光照和二氧化碳，通过放风和辅助加温，调节不同生育时期的适宜温度，避免低温和高温障害。

4. 物理防治

（1）设施防护。大型设施的放风口用防虫网封闭，夏季覆盖塑料薄膜、防虫网和遮阳网，进行避雨、遮阳、防虫栽培，减轻病虫害的发生。

（2）诱杀与驱避。保护地栽培运用黄板诱杀蚜虫、美洲斑潜蝇，每亩悬挂30～40块黄板（25cm×40cm）。露地栽培铺银灰地膜或悬挂银灰膜条驱避蚜虫，每30～45亩设置一盏频振式杀虫灯诱杀害虫。

5. 生物防治

积极保护利用天敌，利用生物药剂，防治病虫害。

6. 药剂防治

药剂防治应符合农药安全使用标准和农药合理使用准则的要求。禁止使用国家禁用和限用的66种农药。

（1）锈病。在发病初期，病斑未散出夏孢子前，选用25%粉锈宁可湿性粉剂2 000倍液，或12.5%速保利喷可湿性粉剂4 000倍液喷施；或用70%代森锰锌可湿性粉剂1 000倍液加15%三唑酮可湿性粉剂2 000倍液防治。以上药液交替使用，每7～10天喷1次，连喷2～3次。

（2）枯萎病。发病初期可用50%多菌灵可湿性粉剂或50%甲基托布津可湿性粉剂400倍液灌根，每株用药液0.3～0.5L。或百菌清500倍稀释液淋施。保护地还可用50%速克灵可湿性粉剂1 500倍液，或50%扑海因可湿性粉剂1 000～1 300倍液喷施或灌根，灌根每株用药0.3L，每隔7～10天施药1次，连续2～3次。

（3）炭疽病。发病初期可选用75%百菌清可湿性粉剂600倍液，或50%多菌灵可湿性粉剂500倍液，或65%代森锌可湿性粉剂500倍液，或1∶1∶240的波尔多液，每7～10天喷药1次，连喷2～3次。保护地栽培可在菜豆播种或定植前用45%百菌清烟剂熏烟，每亩用药250g。

（4）蚜虫。最好选择同时具有触杀、内吸、熏蒸3种作用的新农药。如50%抗蚜威可湿性粉剂2 000倍液，或70%灭蚜松可湿性粉剂1 000倍液，或20%杀灭毙乳油3 000～4 000倍液。以上各种农药要交替使用。

（5）豆荚螟。幼虫蛀果前及时用药防治，可选用50%敌敌畏乳油800倍液，或用10%氯氰菊酯5 000倍液，从现蕾开始，每隔10天喷1次，连喷2～3次。喷药的重点部位是花蕾、花朵和嫩荚。

（6）白粉虱。在白粉虱低密度时及早喷药是药剂防治成功的关键。可选用25%扑虱灵可湿性粉剂1 500～2 500倍液，或2.5%溴氰菊酯乳剂2 000～3 000倍液，或2.5%除虫菊酯乳剂2 000～3 000倍液。每隔7～10天喷1次，连喷3次。

（7）潜叶蝇。可用2.5%溴氰菊酯3 000倍液或50%辛硫磷乳油1 000倍液在成虫产卵期喷雾2~3次,也可用虫螨克2 500倍液、乐斯本1 000~1 500倍液防治。

第六节　优质生姜生产技术规程

一、产地环境

姜田应选择地势高燥,排水良好,土层深厚,有机质丰富的中性或微酸性的肥沃壤土。前茬作物为番茄、茄子、辣椒、马铃薯等茄科植物的地块以及偏碱性土壤和黏重的涝洼地不宜作为姜田。姜田轮作周期应在两年以上。

二、生产技术

（一）施肥原则

有条件的地区建议采取测土平衡施肥。无条件的,每亩施优质有机肥4 000~5 000kg,氮肥（N）20~30kg,磷肥（P_2O_5）10~15kg,钾肥（K_2O）25~35kg,硫酸锌2kg,硼砂1kg。中、低肥力土壤施肥量取高限,高肥力土壤施肥量取低限。

1. 基肥

将有机肥总用量的60%、氮肥（N）的30%、磷肥（P_2O_5）的90%、钾肥（K_2O）的60%以及全部微肥做基肥。

2. 种肥

将剩余的有机肥和总量10%的氮肥（N）、磷肥（P_2O_5）、钾肥（K_2O）做种肥,开沟施用。

3. 追肥

于幼苗期追氮肥（N）总量的30%;三杈期追氮肥（N）总量的20%、钾肥（K_2O）总量的20%;根茎膨大期追氮肥（N）总量的10%、钾肥（K_2O）总量的10%。在姜苗一侧15cm处开沟或穴施,施肥深度达10cm以上。

（二）姜田整理

耕地前,将基肥均匀撒于地表,然后翻耕25cm以上。按照当地种植习惯做畦,南方一般采用高畦栽培,北方一般采用沟栽方式。

1. 姜种的选择和处理

（1）姜种选择。各地应根据栽培目的和市场要求选择优质、丰产、抗逆性强、耐贮运的优良品种。选姜块肥大饱满、皮色光亮、不干裂、不腐烂、未受冻、质地硬、无病虫为害和无机械损伤的姜块留种。

（2）姜种处理。

①晒姜。播种前20～30天，将姜种平摊在背风向阳的平地上或草席上，晾晒1～2天。傍晚收进室内或进行遮盖，以防夜间受冻；中午若日光强烈，应适当遮阴防暴晒。

②困姜。姜种晾晒1～2天，将姜种堆于室内并盖上草帘，保持11～16℃，堆放2～3天。剔除瘦弱干瘪、质软变褐的劣质姜种。

③催芽。北方在4月10日左右进行，南方在3月25日左右进行。在相对湿度80%～85%、温度22～28℃条件下变温催芽。即前期23℃左右，中期26℃左右，后期24℃左右。当幼芽长度达1cm左右用于播种。

④掰姜种（切姜种）。将姜瓣（或用刀切）成35～75g重的姜块，每块姜种上保留一个壮芽（少数姜块也可保留两个壮芽），其余幼芽全部掰除。

⑤浸种。采用1%波尔多液浸种20分钟，或用草木灰浸出液浸种20分钟，或用1%石灰水浸种30分钟后，取出晾干备播。

2. 播种

（1）播种期。在5cm地温稳定在16℃以上时播种。山东一般在4月。

（2）播种密度。高肥水田每亩种植5 000～5 500株（行距60cm，株距20～22cm）；中肥水田每亩种植5 500～6 000株（行距60cm，株距18～20cm）；低肥水田每亩种植6 000～7 500株（行距55cm，株距16～18cm）。同等肥力条件下，大块姜种稀植，小块姜种密植。

（3）播种方法。按行距开种植沟，在种植沟一侧10cm处开施肥沟，施种肥后，肥土混匀后耧平。将种植沟浇足底水，水渗下后，将姜种水平排放在沟内，东西向的行，姜芽一律向南；南北向的行，则姜芽一律向西。覆土4～5cm。

3. 田间管理

（1）遮阴。当生姜出苗率达50%时，及时进行姜田遮阴。南、北方均可采用水泥柱、竹竿等材料搭成2m高的拱棚架，扣上遮光率为30%的遮阳网。北方也可用网障遮阴，将宽幅60～65cm、遮光率为40%的遮阳网，东西延长立式设置成网障固定于竹、木桩上。若用柴草作遮阴物，要提前进行药剂消毒处理。北方8月上旬、南方8月下旬及时拆除遮阴物。

（2）中耕与除草。生姜出苗后，结合浇水、除草，中耕1～2次。或用72%异丙甲草胺乳油或33%二甲戊灵乳油进行化学除草。

（3）培土。植株进入旺盛生长期，结合追肥、浇水进行培土。以后每隔15～20

天培土一次，共培土3~4次。

（4）水、肥管理。

①出苗期。出苗80%时浇一次水。降雨过多的地区，做好排水，防止田间积水。浇水和雨后及时划锄。

②幼苗期。土壤湿度应保持在田间最大持水量的75%左右为宜，及时排灌，浇水和雨后及时划锄。于姜苗高30cm左右，并具有1~2个小分枝时，进行第1次追肥。

③旺盛生长期。土壤湿度应保持在田间最大持水量的80%为宜，视墒情每4~6天浇一次水，做好排水防涝。三杈期前后进行第2次追肥，根茎膨大期进行第3次追肥。

（5）扣棚保护。北方地区可进行扣棚保护延迟栽培。具体做法为，初霜前在姜田搭起拱棚，扣上棚膜，使生姜生长期延长30天左右。

三、病虫害防治

（一）防治原则

按照"预防为主，综合防治"的原则，优先采用农业防治、生物防治、物理防治，合理使用化学防治，不准使用国家明令禁止的高毒、高残留农药。

（二）农业防治

实行两年以上轮作；避免连作或前茬为茄科植物；选择地势高燥、排水良好的壤质土；精选无病害姜种；平衡施肥；采收后及时清除病株残体，并集中烧毁，保证田间清洁。

（三）生物防治

1. 保护利用自然天敌

应用化学防治时，尽量使用对害虫选择性强的药剂，避免或减轻对天敌的杀伤作用。

2. 释放天敌

在姜螟或姜弄蝶产卵始盛期和盛期释放赤眼蜂，或卵孵盛期前后喷洒Bt制剂（孢子含量大于100亿/ml）2~3次，每次间隔5~7天。

3. 选用生物源药剂

可用1.8%阿维菌素乳油2 000~3 000倍液喷雾，或灌根防治姜蛆。利用硫酸链霉素、新植霉素或卡那霉素500mg/L浸种防治姜瘟病。

（四）物理防治

采取杀虫灯、黑光灯杀虫；1：1：3：0.1的糖：醋：水：90%敌百虫晶体溶液等方法诱杀害虫；使用防虫网；人工扑杀害虫。

（五）化学防治

1. 农药使用的原则和要求

使用农药时，应执行农药安全使用标准和农药合理使用准则。严禁使用国家禁用和限用的66种农药。

2. 病害防治

（1）姜腐烂病的防治。掰姜前用1∶1∶100的波尔多液浸种20分钟，或新植霉素浸种48小时。发现病株及时拔除，并在病株周围用5%漂白粉或硫酸链霉素3 000～4 000倍液灌根，每穴灌0.5～1L。发病初期，叶面喷施20%叶枯唑可湿性粉剂1 300倍液，或1∶1∶100波尔多液，或50%琥胶肥酸铜可湿性粉剂500倍液，每亩喷75～100L，10～15天喷一次，连喷2～3次；或用3%克菌康可湿性粉剂600～800倍液喷雾或灌根，7天喷一次，连用2～3次。

（2）姜斑点病。发病初期喷施70%甲基硫菌灵可湿性粉剂1 000倍液，或64%恶霜·锰锌可湿性粉剂500～800倍液，7～10天喷一次，连续喷2～3次。

（3）姜炭疽病。炭疽病多发期到来前，用75%百菌清可湿性粉剂1 000倍液叶面喷施；发病初期用64%恶霜·锰锌可湿性粉剂500倍液；或50%苯菌灵可湿性粉剂1 000倍液；或70%甲基硫菌灵可湿性粉剂1 000倍液；或甲基托布津乳剂1 000倍液，5～7天喷一次，连续喷2～3次。

3. 虫害防治

（1）姜螟。叶面喷施5%氯氰菊酯乳油2 000～3 000倍液；或50%辛硫磷乳油1 000倍液；或50%杀螟丹可湿性粉剂800～1 000倍液；或80%敌敌畏乳油800～1 000倍液，7～10天喷一次，共喷2次。

（2）小地老虎。在1～3龄幼虫期，用2.5%氯氰菊酯乳油3 000倍液，或50%辛硫磷乳油800～1 000倍液叶面喷杀；或50%辛硫磷乳油500～600倍液灌根，兼治姜蛆、蝼蛄等地下害虫。

（3）异形眼蕈蚊。生姜入窖前彻底清扫姜窖，然后用80%敌敌畏乳油1 000倍液喷窖；或鲜姜放入窖内后，将盛有敌敌畏原液的小瓶数个，开口放入窖内；或将80%敌敌畏乳油撒在锯末上点燃（或用敌敌畏制成的烟雾剂）熏蒸姜窖。用80%敌敌畏乳油1 000倍液，或1.8%阿维菌素乳油5 000倍液，浸泡姜种5～10分钟。

（4）姜弄蝶。幼虫期用25%除虫脲可湿性粉剂2 000倍液，或20%甲氰菊酯乳油3 000倍液叶面喷施。

四、采收

（一）采收时间

北方在霜降前后采收，南方在立冬后初霜前采收，采用秋延迟栽培的可延后一个月采收。用于加工的嫩姜，在旺盛生长期收获。

（二）采收方法

收获前，先浇小水使土壤充分湿润，将姜株拔出或刨出，轻轻抖掉泥土，然后从地上茎基部以上2cm处削去茎秆，摘除根须后，即可入窖（无须晾晒）或出售。

五、生产档案的建立和记录

在生产过程中应建立生产技术档案，并记录产地环境、生产技术、病虫害防治和采收等相关内容。

第七节　黑木耳地栽技术

黑木耳属木耳科，木耳属，为药食兼用胶质真菌。黑木耳呈叶状或近林状，边缘波状，薄，宽2～6cm，厚2mm左右。初期为柔软的胶质，干后强烈收缩为黑色硬而脆的角质至近革质。紫褐色至暗青灰色，疏生短茸毛。黑木耳蛋白质、维生素和铁的含量很高，其蛋白质中含有多种氨基酸，尤以赖氨酸和亮氨酸的含量最为丰富，是一种较为理想的保健食品。

地栽黑木耳是把黑木耳的菌袋摆放在室外的田块上进行出耳管理的一种技术。该技术以木屑、秸秆为原料，采取地栽，极大地扩宽了黑木耳栽培原料与栽培区域，大大缩短了生产周期，提高了生物转化率和产品商品性，经济效益高，有利于规模化、机械化、标准化生产，发展前景广阔。

一、季节安排和场地选择

1.季节安排

地栽黑木耳也称为塑料袋地栽黑木耳，在7月初采收的叫春耳，7—8月采收的叫伏耳，9月采收的叫秋耳。以春耳种植为主，春耳耳片肥厚，颜色深黑，品质好，实际上秋耳比春耳质量好。采取地栽，结合冷凉的气候特点，合理安排生产，一般情况下从12份开始制棒，第2年5月下旬到6月上旬催耳，7—8月出耳。

2. 场地选择

黑木耳喜欢光线较暗、潮湿的生长环境，最好是林荫地，耳场要建在靠近水源、水质良好、清洁卫生、远离污染源、通风良好、空气新鲜的平缓地方。以前发生过恶性杂菌污染，如发生过链孢霉的场地、垃圾场地等都应当远离。另外要能够及时排泄降雨造成的积水。选择的场地一年只使用春、秋两季。

二、产前准备

1. 原材料准备

黑木耳生产以阔叶硬杂树为主，如柞木、桦木、苹果树、梨树等，麦麸、豆粉要求新鲜无霉变，最好是大片麦麸，木屑要提前过筛，筛除掉较大的木块，可以有效防止破袋的发生，石灰、石膏、菌袋、消毒药剂等都要提前准备。

2. 菌种选择

木屑袋料栽培黑木耳，首先应选择优良菌种，主要表现在菌丝活力旺盛，抗杂菌能力及抗逆性强，耳片生长速度快，耳片肥大，单片，成熟期在15～20天内，耐旱或耐淋。目前栽培一般选择黑花一号、鲁黑10号、双黑1号、宜研一号等品种。

（1）黑花一号。系从东北段木上分离获得的菌株，中高温型菌株。菌丝体生长温度范围5～36℃，以23～28℃为最适宜，菌丝耐老化，抗性高。子实体适应15～32℃的温度范围，20～34℃出耳，25℃左右耳芽密集，出耳整齐，耳片多而大，朵形大，产量高，质量好。

在小孔木耳栽培中，表现良好。该菌株可适应木屑、棉籽壳、玉米芯等基质栽培，抗性和适应性较强，生物学效率一般可达12%左右，高者可超过15%，商品率95%左右，为近两年北方地区主栽种之一。

（2）鲁黑10号。系从榆树上分离获得的菌株。表现稳定，生物学效率一般可达12%左右，高者可超过15%，商品率90%左右，适应山东等北方地区主栽。

（3）双黑1号。系从黑龙江的野生状态的黑木耳段木上进行菇木分离而得的菌株，故名"双黑"。该菌株的抗性较高，适应性较强，产量亦很稳定，典型特性就是耳片厚、色泽黑，受到消费者追捧。该菌株的生物学特性与黑花一号基本相似，没有根本性的区别。

三、菌袋配方和制袋

1. 配方

常用配方有如下几种。

（1）杂木屑78%、麸皮20%、石灰1%、石膏1%。

（2）棉籽皮93%、麸皮5%、蔗糖1%、石膏1%。

（3）杂木屑93%、麸皮5%、豆饼粉1%、营养素0.5%、生石灰0.5%。

2. 拌料

培养料最好用拌料机拌料，如果人工拌料，至少要保证辅料先拌3遍，主料和辅料混合拌3遍；或者先把辅料混合拌匀后，一层主料，一层辅料，混合后正反方向各拌2～3次就可以了。培养料加水拌匀后，要闷堆2小时，让其水分浸润湿透，以免影响灭菌效果。使含水量达63%～65%（一般用手抓拌好的培养料指缝间有水迹，但不往下滴为宜），即可装袋。

3. 装袋

采用机械装袋，可使装袋打孔一次完成，既节省人力，又保证了质量。袋一定要选用聚乙烯袋，因聚乙烯袋在低温时不易破损，质地柔软，易收缩，开口出耳时保湿性能好，喷水时不易使菌袋内积水，减少了出耳的后期污染。装袋时一定要压紧整平，一般填料高度为19～20cm，每袋重约1.2kg，装料后套上颈圈，压上盖，盖和料面应保持3～5cm空间高度。

4. 灭菌

装完料的栽培袋应及时进行灭菌，不能放置过久，防止料变酸。一般多采用常压蒸汽灭菌。灭菌要做到"攻头、保尾、控中间"，即大火攻头，点火后6～8小时要使温度升至100℃，中间保持100℃ 10～12小时，然后再焖锅1～2小时，待锅内温度降到60℃以下时趁热出锅。出锅时应仔细检查破损料袋，发现后及时用胶布贴好，雨天出锅应采取防雨措施。

5. 接种

将灭菌好的菌袋温度降至25～28℃时放入接种箱，接种时要进行严格的无菌操作。将准备接菌的菌袋、手套、菌种和接种工具等也放入接种箱，用高锰酸钾和甲醛进行消毒30分钟，接种前先用75%的酒精擦洗手及接种工具，接种时拔出菌棒接入菌种，然后用灭过菌的棉花堵上孔口。这种办法不但发菌快，还可缩短菌龄，防止菌袋上部因菌龄长而老化，耳长不大，影响产量。

6. 养菌

养菌要确保培养室内空气清新、环境清洁，黑木耳在5～30℃菌丝均能生长，但是温度低于15℃，菌丝生长缓慢，高于28℃菌丝纤弱，下地后易出红黄水，进而造成杂菌污染。养菌期间，菌室温度一定要控制在22～26℃，防止高温过高。前期预防低温，接种后的前10～15天，室内温度保持26℃，有利于菌种萌发和菌丝封面；中后期防高温，当菌丝全部封面料表面时，要逐渐降温至22℃，可采取在室内设置通风设备，每7~10天倒架一次，互换位置等办法降温，以免形成高温菌，造成老化，抗逆性差，划口后不出耳等问题。另外要及时拣出被杂菌污染的菌袋，保持暗光养菌。菌袋长满后，如果不能立即出摆，要及时下架，放在0~5℃的室内储存，或将养菌室温度降至0~5℃，否则，菌在适温下继续长，将会老化，划口后木耳长不大就烂，会造成减产，严重时甚至绝收。

四、科学地摆

1. 选地做床

要选择宽阔、平坦、无杂菌的场地，最好是没摆过木耳的林荫地，另外所选场地要具备良好的水源，通风向阳，排水良好；并要考虑不能被洪水冲走，尽量避开沙地。做床时，要求南北向或顺地坡做畦，长不限，宽1.3~1.6m，深3~3.5cm，畦间留0.5m宽的作业道（雨季可作排水沟），摆菌棒前，床面撒一层白灰，浇一遍透水，然后喷500倍甲基托布津和敌百虫，最后在床面铺上编织袋以免浇水、下雨、接帘时耳片溅上泥沙。

2. 割口摆袋

（1）割口前先用甲基托布津或来苏尔等消毒溶液对菌袋表面进行消毒，割口时"口"离菌袋底部（贴地的一头）4cm，距顶部2cm，用刀片或手术刀割"V"形口，划口角度为45°~55°，角的余线长度为1.8~2cm，深度0.8cm，每袋割3层，每层4个，口与口之间呈"品"字形排列。

（2）将划完口的菌袋摆在潮湿的床面上"摆袋之前如果床面干燥，一定要喷一遍水"。 畦内袋与袋的间距均为20cm。

五、出耳管理

1. 催芽期（7~20天）

即由划口至原基形成（出黑线）。为了保持温度，这期间塑料不要掀开，也没必要通风。但要注意3点：一是防止高温，床内温度不得超过32℃，遇到高温天要采取加盖草帘或遮阳网等措施；二是如果上面盖的是草帘，需要在划口后的前一周内，早晚掀开草帘3次，让散射光照射菌袋，使划口处重新生长的菌丝尖端接受光线刺激，形成耳芽，盖遮阳网的，不用掀开；三是要严禁往菌袋上喷水。

2. 耳芽生长期（20~25天）

从原基形成至耳芽长到1~2cm（形状核桃状）。这阶段，要加大湿度，使刚刚形成的耳芽始终保持湿润生长状态，为此要做到如下几点。

（1）盖草帘的，要去掉塑料布，昼夜盖着草帘，往草帘上喷水，使草帘始终保持湿润。

（2）盖遮阳网的，要将塑料布掀开，往菌袋上喷一遍水，再立即盖上压严，给床内增加湿度，以便使耳芽出的更齐，长得更快。

（3）要继续防止高温。

3. 子实体分化生长期（7~10天）

从核桃状至成熟。这阶段可以将草帘、遮阳网、塑料布全部收起，使子实体在全光的条件下分化成长。集中催芽的要进行分床，床面设铺编织袋，在分床后的菌袋间撒一些碎稻草或树叶等，以防止喷水或下暴雨时，将泥沙溅在耳片上。大湿度、大通风是黑木耳迅速成长的关键，但是喷水过量，由于营养供应不足，耳片虽然伸展较快，耳片薄，容易产生流耳。在水分管理上，要遵循"干长菌丝，湿长耳"的规律，采用"干干湿湿，干湿交替"的管理方法；早晚往菌袋、耳片上直接喷水，要喷透，白天气温高时不喷，喷3天，停1天，这样耳片厚且颜色深。出耳旺盛期，相对湿度要求85%~100%，阴雨天少喷，晴燥天多喷，耳片膨胀、湿润、新鲜为水分适宜，如耳片积水，说明耳片吸水能力减弱，水分过大。

六、采收

当黑木耳耳片即将展平、边缘变薄、耳根收缩、八分成熟时采收最合适，此时的耳片品质佳、重量大。如果拖延采收，孢子弹射，既保证不了质量，耳片无弹性、又会造成减产和流耳。采收前应停止浇水。要采大留小，小的可留着下茬采收。另外，刚下过雨或喷过水后，不要马上采耳，让子实体在菌袋上晾晒半天，半干后采收，可避免出现蜷耳。采摘下来的黑木耳应剪去耳根，撕成片晾晒或者烘烤，烘干后的木耳，应及时装于密封的塑料袋中保藏或上市出售。

第八节　大棚草莓生产技术

一、定植

（一）栽前准备

1. 地块选择

应选择地势稍高，地面平整，排灌方便，光照良好，有机质丰富，保水力强，通气性良好，pH值呈弱酸性或中性的肥沃土地作为大棚草莓的生产田。前茬作物以蔬菜、豆类、瓜类等较好，且要求多年没有种过草莓。

2. 基肥施用

大田施足有机基肥，定植前一个月左右，一般每亩施土杂肥5 000kg或商品化有机肥1 500～2 000kg或500kg微生物菌剂作底肥，并多次耕耙。

3. 做畦

定植前10天左右选择晴好天气，在土壤可耕性较好的情况下做畦。之前亩施硫酸钾100kg和磷酸二铵100kg作底肥，并每亩施辛硫磷颗粒剂10kg，用以防治蛴螬等地下害虫。畦为南北向，中间畦面宽度为40～45cm，每畦定植2行；旁边畦面宽度为15～20cm，垄高度为30～35cm，畦垄沟深度为30～35cm，每畦定植1行。

（二）定植

1. 定植期

9月中旬为适期，最迟不能超过10月初。

2. 起苗

在挖苗前一天育苗圃绕一次透水，以有利于带好土团，尽量减少伤根，依秧苗大小进行分棚定植，若采用营养钵育苗，则种植时随手脱去塑料钵，则成活率较高。

3. 定植密度

大棚栽培株距20cm左右，一般每亩6 000～7 000株。

4. 定植深度

定植深度必须适度。新茎基部必须入土，以利于发生新根，但苗子心部（外叶托叶梢部分）不能埋入土中，特别要注意弱小的秧苗种植不能成活，容易造成死苗现象。

二、定植后管理

草莓苗定植后立即浇水稳根，10天左右成活，结合除草在株间进行松土，培根，且经常摘除枯、老、病叶，及时做好补苗工作。

（一）铺设黑地膜

铺设黑地膜可以保持土壤水分，抑制杂草滋生，还可降低大棚内的空气温度，隔绝草莓果实与土壤的接触，减少病害，保持果实色泽鲜艳、清洁卫生。黑地膜的铺设时间一般为10月中下旬，此时草莓已基本上全部活棵，且已初步完成除草松土及培根、补苗工作。铺设方法为将黑地膜覆在垄面植株上，摸到苗株地方将地膜撕开一小孔，然后小心地掏出叶片，注意一定要把苗株的中心叶片露出，四周老叶在地膜上压住地膜孔的边缘，使其紧贴地面。

（二）薄膜覆盖

大棚覆盖塑料薄膜后为保温开始，一般在10月底至11月初开始覆膜保温。当气温继续下降至夜间低于5℃时，在大棚内应加扣套棚。当夜间最低气温进一步降低至0℃以下时，应在草莓垄上加盖小环棚。

（三）温度、湿度调控

1.温度

草莓生长发育各时期对气温有不同的要求，大棚增温后应尽可能予以满足。由于大棚栽培草莓开花结果连续不断、交叉进行，故在显蕾后一般白天保持24~28℃，夜间6~8℃，高于30℃或低于5℃都不利于草莓的开花结果。

草莓果实发育的适宜温度为15~18℃，力争棚内白天温度达到25~28℃，夜间5℃以上，最低温度0℃以上。如出现32℃以上高温时，要及时通风降温。棚内相对湿度以保持70%~80%为宜，过大过小均会影响草莓根系活力和果实正常的生长发育。

2.湿度

大棚内气温高，土壤水分蒸发量大，应及时灌水。前期外界气温高，灌水应在傍晚进行；后期内外气温均较低，灌水在上午进行。灌水后先提高室温，而后加大放风量，降低湿度。浇水不能过勤，每次应灌透。开花前1周左右要停止浇水，开花后15天左右结合施肥浇水1次。

清晨至上午或阴雨天气，大棚内空气相对湿度可达95%~100%，有碍开花授粉，容易滋生病害，灰霉病烂果严重，故除垄畦覆盖黑地膜外，在垄沟底还应加铺稻草，用以阻止水分蒸发。晴天9时左右应进行背风向单面裙带通风，使棚内湿度下降至75%以下。具体温度可参照如下。

（1）现蕾前。白天25~30℃，晚上15℃，相对湿度80%。

（2）现蕾至开花期间。白天22~28℃，晚上10℃，相对湿度70%。

（3）开花后。白天20~25℃，晚上5℃，相对湿度70%。

（4）结果后。白天15~25℃，晚上3~8℃，相对湿度80%。

（四）光照管理

光照的强弱、时间长短，对大棚草莓的产量和质量有很大影响，因此除了需要经常擦洗大棚膜外，还要尽量延长光照时间，在不影响温度的前提下，草苫等覆盖物要尽量早揭晚盖。如果遇到阴雪天气，要在大棚内采取增光措施，如安装电灯等来补充光照。

（五）二氧化碳的使用

在大棚内施放二氧化碳，可有效提高光合作用，此项措施可使草莓提前8～10天采收，提高草莓果实品质，产量可增10%以上，达到增产增收效果。具体办法：用小苏打对成水溶液，加入同等量的磷酸二氢钾，小苏打与磷酸二氢钾在水溶液中反应，产生二氧化碳。

（六）植株整理

大棚草莓保温后植株生长加速，萌发大量分蘖及匍匐茎，要及时摘除，可增大主茎叶面积，促进顶花芽及时萌发、抽生健壮的顶花序，开花早结果良好。一般一株草莓最多保留1～2个较健壮的分蘖。及时摘除老、衰、病叶。

（七）激素使用

一般在大棚覆盖薄膜后7天左右（天气晴好情况下）进行。喷洒赤霉素等激素，主要是解决草莓植株生长势较弱，呈匍匐状、矮化，叶较小、叶柄短、花序梗短等现象。浓度一般掌握在7mg/L左右，用药量为每亩用15～18kg溶液，喷洒时应选择晴好天气进行，如果喷施后植株生长状况尚得不到明显改善，可在显蕾期再喷施一次。

（八）疏蕾、疏花

草莓为繁伞花序，花很多，这些花的发育、开放过程会消耗很多养分，尤其是级次较高的花，即使坐果，也是果小质差，无经济价值，故应尽早疏蕾、疏花。一般这项工作在开花后即可进行。以留下1级、2级、3级花为主，先疏去4级、5级花蕾、黑花（受冻花）及畸形严重的果。一般每株草莓的顶花序留果6～7个，以后各花序的留果量视生长及采收情况而定。总之前后大小果实同时着生不宜超过15个。结合疏蕾、疏花工作随时摘除老叶及收摘完的花序梗。

（九）追肥

大棚草莓追肥一般在定植活棵后至覆盖黑地膜前后施2～3次。大棚草莓结果期长，为防止脱叶早衰，要重施基肥，中后期多次喷肥，以满足其营养要求。在施肥品种上要掌握适氮增磷、钾。追肥采取"少量多次"的原则，从上棚至现蕾，可10天左右冲施1次大量元素水溶肥料，浇1次水；开花前1周左右，要停止浇水；开花后，可15天左右冲施1次大量元素水溶肥料，浇1次水。开花结果期可叶面喷施磷酸二氢钾或硼酸水溶液，以提高授粉坐果率。中后期结合喷药，叶面喷施水溶肥料或磷酸二氢钾，以提高果重及含糖量，使果味更鲜美，商品价值高。

（十）防止黑花

草莓受低温冻害后会形成黑花。如在开花前7～8天的花蕾遇-2℃低温雄蕊即能受害，开花前3天至花后一周的雌蕊遇-2℃低温也会受冻形成黑花。因此在严寒来临之前要准备好内层套棚及小环棚，加强保温工作。夜间棚内最低气温保持在3～5℃，能有效地减少黑花的形成。

（十一）防止畸形果

1. 大棚草莓畸形果的成因

草莓畸形果形成的主要原因是授粉不良，但其轻重程度与以下因素有关。

（1）品种。品种本身育性不高，雄蕊发育不良，雌雄器官育性不一致，导致授粉不完全而产生畸形果。如达娜等品种，易出现雄蕊短、雌蕊长现象，花粉粒少而小，发芽力差，因而易发生畸形果。

（2）访花昆虫。保护地内蜜蜂等访花昆虫少，或由于环境影响，花朵中花蜜的糖分含量低，不能吸引昆虫传粉，授粉不佳。

（3）温、湿度。高温、低温或高湿都可引起畸形果。开花授粉期，温度过低花粉发育不良，温度过高可导致花托变黑，高湿则影响花药开裂，且易形成水滴冲刷柱头。

（4）花期喷药。花期喷药能冲刷柱头，特别是当天开的花更严重，不但妨碍授粉，而且还会妨碍昆虫传播花粉，导致畸形果率提高。

2. 预防草莓畸形果

（1）选用相应品种。在甜宝、丽红、春香、宝交早生、红衣等品种中，以宝交早生最好。授粉品种可选择花粉量丰富的春香等与主栽品种混栽。

（2）棚内养蜂。保护地栽培的草莓花期早，前期自然出现的访花昆虫少，因而最好在棚内放养蜜蜂。每标准棚5 000只左右，可使授粉率达100%。放蜂时间为上午8—9时和下午3—4时。

（3）控制温、湿度。开花坐果期应经常通风排湿、降温。白天温度一般保持在20～28℃，夜间保持在6～7℃，相对湿度控制在90%以下。采用无滴膜扣棚，防止水滴冲刷柱头。

（4）疏花、蔬果。疏除次花和畸形小果，可明显降低畸形果率，且有利于集中养分，提高单果重或果实品质。

（5）减少用药。采用无病毒苗，地膜覆盖等农业措施，尽量不用药或减少用药。病虫严重时应在花前或花后用药，开花期严禁喷药，必要时可将蜂箱搬出用烟剂处理。

（十二）病虫害防治

1. 炭疽病

主要由种苗带菌和土壤残留病菌侵入引起，是草莓苗期的主要病害之一。发病初期在叶片、叶柄上散生暗红色小病斑，以后逐步扩大蔓延，一旦病菌侵入茎基部后，不久草莓苗白天开始萎蔫，傍晚恢复，3～5天全株枯死，此时病株茎内呈暗红色。主要发病时期在7—9月，尤其在气温28℃以上，湿度在80%以上条件下，病菌传播蔓延迅速，可在短时期内造成毁灭性损失，连作田、氮肥过量、通风透光差的苗地发病重。防治方法如下。

（1）选用抗病品种。

（2）育苗要严格进行土壤消毒，避免连作，尽可能实行水旱轮作。

（3）加强管理，合理施肥，避雨育苗，及时清除病叶、病株，集中销毁。

（4）药剂防治。如25%福·福锌可湿性粉剂1 000～1 500倍液，或25%咪鲜胺乳油1 000倍液，或10%世高水分散粒剂1 000～1 200倍液，或30%爱苗乳油3 500～4 000倍液。发病初期开始用药，隔7天左右1次，连续2～3次。

2. 白粉病

草莓白粉病菌为专性寄生病菌，仅在活苗上生存。在草莓整个生长季节均可发生，苗期染病造成秧苗素质下降，果实染病影响品质，主要发生期在10—11月及第2年3—4月。移栽后草莓白粉病预防的程度，是影响发病轻重的关键。10月上旬草莓活棵后是进行药剂预防的关键时期，药剂可选用50%翠贝干悬浮剂3 500倍液，或10%福星悬浮剂8 000倍液，或30%爱苗乳油3 500～4 000倍液。发病中心及周围重点喷施，隔7～10天喷1次，连续2～3次。阴雨天或湿度太大时可选用45%百菌清烟剂或20%一熏灵烟剂在傍晚闭棚后熏蒸防治。

3. 灰霉病

该病为低温高湿型病害，发生频率高，暴发性强、为害重。此病始见期在12月上旬，1—3月为发病高峰，4月开始病情逐渐下降。开花时，先侵害花萼与花瓣的交界处，然后侵染花托，最后沿果柄蔓延至花序，使整个花序干腐枯死。坐果后，与湿土接触的果面也易发病，发病果实初呈水渍状淡褐色斑块，后变暗褐色，导致组织软腐，香气和风味消失。在潮湿条件下，果面腐烂处覆盖一层灰霉，并传染健果。2—3月，随着分生孢子的大量扩散，茎、叶开始受感染发病，最后整株腐烂枯死。

防治时要坚持"预防为主，全程控制"原则，防治方法如下。

（1）从苗期抓起，在草莓匍匐茎分株繁苗期及时拔除弱苗、病苗，并用药预防2～3次。

（2）定植时合理密植，深沟高畦，地膜覆盖。

113

（3）定植后以预防为主，可选用安全、高效、低毒药剂防治，如50%秀安可湿性粉剂1 000倍液，或50%农利灵干悬浮剂1 000倍液，或40%施佳乐悬浮剂1 000倍液，或50%扑海因悬浮剂800倍液，或45%百菌清烟剂。药剂要交替使用，防治草莓灰霉病都有较好的效果，药后10天防治效果均达到70%以上，且对草莓安全。

4. 线虫

草莓根结线虫是大棚草莓的重要病害，严重发生时可减产40%以上。线虫为害根系，造成地上部植株长势弱，叶片发黄，心叶丛生状，并变畸形，不会抽花茎，一般在多年栽培区发病重。主要防治方法如下。

（1）实行水旱轮作。

（2）种植前用石灰氮或用80%氯化苦消毒土壤。

（3）发病初期选用90%晶体敌百虫1 000倍液，或40%新农宝乳油1 000倍液，或52.25%农地乐乳油1 200倍液等灌根，每穴灌药液250～300ml。

5. 蚜虫

主要有桃蚜、棉蚜等，为害叶片和叶柄。蚜虫不仅自身可对草莓造成为害，更重要的是它可以传播草莓病毒病，因此生产上必须严加防治。蚜虫在高温干燥条件下发生严重。药剂可用3%啶虫脒乳油3 000倍液，或70%艾美乐水分散粒剂20 000倍液，或10%吡虫啉可湿性粉剂2 500倍液喷雾防治。棚内也可挂黄板诱蚜。

6. 叶螨

为害草莓的叶螨有多种，常见的有二斑叶螨、朱砂叶螨。叶螨体型很小，喜欢在幼叶上或叶背面吸取汁液。高温下加速繁殖，为害猖獗。受害叶片呈红褐色，卷缩干枯，植株生长发育显著受阻。特别是二斑叶螨，食谱广泛，抗药力强，必须引起高度重视。开花后，为保护蜜蜂，必须改用对蜜蜂十分安全的杀虫剂，目前可用5%卡死克乳油1 000～1 500倍液喷雾防治，隔7～10天再喷一次。

三、草莓采收

成熟的草莓浆果自然保鲜期只有1～3天，极易腐烂变质，要延长草莓的保鲜期，必须做到科学采收、分级包装和精心贮藏。

1. 科学采收

不同的草莓果实成熟度不一致，所以要做到每天或隔天采摘1次，每次都要把成熟的草莓果实全部采完，以免其因过熟而腐烂并波及其他草莓果实。采收草莓果实的适宜时间是清晨、上午10点前和傍晚，其他时间不能采收。草莓果实的果皮极薄，采收时必须轻拿、轻摘、轻放，连同果柄一同采下，用指甲掐断果柄即可，摘一个放一个。鲜食果果面有70%以上着色时即可采收，这种果实品质好，果型美，相对耐贮运；用于加工果酱、果汁和果冻等的草莓果实，宜在果实充分成熟时采收，这种果实糖分含量高，汁液多，香气浓；制罐头等用的果实要求大小一致，着色70%~80%，果肉较硬，着色颜色较鲜艳为好。

2. 分级包装

为了保证采下的草莓不被挤压和碰伤，采收容器应用纸箱或塑料箱、竹编箱等，箱内要垫放柔软物，一般每箱装2.5~5kg草莓为宜。采收时最好边采边分级，将畸形果、过熟果、烂果、病虫果剔除。果实分级标准如下：单果重20g以上为大果，10~20g为中果，5~10g为小果。刚采下的草莓应放在阴凉处或预贮室散热。运输时最好用透明小塑料盒装载草莓果实，单盒装果0.25~0.5kg，然后装入装载量不超过5kg的大箱。运输时要选择最佳线路，尽量减少震动，缩短运输时间。可以通过下列方法来提高草莓硬度。

（1）选用耐贮藏、硬度高的草莓品种。

（2）用于贮藏和运输的草莓在果实表面3/4变红时采收。

（3）进行适量补钙。

四、草莓蜜蜂传粉技术

大棚草莓栽培正值冬季和早春，温度低，湿度低，日照短，昆虫少，影响花药开裂及花粉飞散，授粉不良，易产生各种畸形果，严重影响产量和品质。创造良好的授粉条件，除注意通风换气、降低空气湿度外，主要的还是利用蜜蜂进行辅助授粉。研究表明，采用蜜蜂传粉的大棚草莓，坐果率明显提高，果实增产30%~50%，畸形果数只有无蜂区的20%。

在放蜂前5~10天，棚室内彻底防治1次病虫害，尤其是虫害。蜂箱放进后，一般不能再施农药，尤其禁施杀虫剂。在草莓开花前1周，将蜂箱移入棚室内，一般按1株草莓1只蜜蜂的比例放养。蜜蜂箱放在棚室中间部位光照好的地方，离地面15cm，蜂箱出口应避开光线直射，以免蜜蜂飞出时迎光造成碰棚而增加死亡率。放置时间宜在早晨或黄昏。蜜蜂在气温5~35℃出巢活动，生活最适温度为15~25℃，蜜蜂活动的温度与草莓花药裂开的最适温度（13~20℃）一致。气温长期在10℃以下时，蜜蜂减少或停止出巢活动，要创造蜜蜂授粉的良好环境，温度不能太低。但气温超过30℃时，应及时放风。

在生产上应了解蜜蜂的生活习性，尽量减少死亡。实际操作中应注意以下几点。

一是降低大棚内的湿度，尤其在长期阴雨天气后棚内湿度大，棚膜上聚集的水滴多，晴天蜜蜂外出活动时飞行困难容易被水打落死亡。因此，阴天骤晴要加大通风散湿，蜂箱内可放置石灰瓶等干燥剂降湿。

二是大棚内采取多种覆盖时，揭中、小棚膜要放到两边底下，不能揭一半留一半。否则，蜜蜂在到处飞行时钻到薄膜夹缝中被夹死。

三是防治病虫害要选择对蜜蜂无毒或毒性小的农药，且打药或使用烟熏剂时，要关闭好蜂箱孔，或将蜂箱搬至室外，隔3～4天再搬进大棚，防止蜜蜂中毒死亡。

四是冬季及早春蜜源少，要加强饲养。饲养量以饲养后蜜蜂能正常传粉为准。否则，会出现饲料过量，蜜蜂不传粉，或饲料过少，蜜蜂无力飞行，造成蜜蜂传粉失败。选择白砂糖与清水以1∶1的比例熬制，冷却后饲喂，水分不能太多，防止蜜蜂生病。每板蜂（2 500只）白砂糖用量1kg，在1月份前喂完，也可以按白砂糖与清水比例2∶1熬制成糊状灌满蜂槽，一次性投喂，同时增加花粉喂养量。

五是放蜂时为防止蜂群从放风口流失，应在放风口加一层防逃网。

六是放蜂时间为草莓第1次顶花序开花至第2年3月。

第六章 果 树

第一节 果园生草覆盖技术

果园生草覆盖技术就是人工全园种草或果树行间带状种草，也可以是除去不适宜种类杂草的自然生草，生草地不再有除刈割以外的耕作，是一项先进、实用、高效的土壤管理方法。但果园生草后要加强管理，技术到位，才能发挥果园生草的综合效益，达到果园生草的目的。

一、果园生草覆盖的作用

果园生草法是一项先进、实用、高效的土壤管理方法，在欧美、日本等国已实施多年，应用十分普遍，其主要作用如下。

1. 增加土壤有机质含量

长期以来，果园内化肥的大量连年使用，造成土壤板结、酸碱失衡、肥力下降，这是果品品质下降的主要原因。绿色作物根系强大，地上部分生长旺盛，含有大量丰富的有机质，翻压后能改善土壤理化性状，提高土壤肥力，据试验，覆盖层下5~10cm土壤有机质比生草条件下提高1%。

最好的草类应该是耐阴的豆科草，如三叶草、草木樨、毛叶苕子、小冠花等，是固氮力强，又易分解，生长旺盛的绿肥作物。

2. 保持土壤墒情

绿色作物对土壤墒情的保持，主要是通过活植物体减少行间土壤水分蒸发，吸收、调节降雨中地表水的供应平衡，生长旺盛时刈割覆盖树盘形成覆草保墒来实现的。据试验，在覆盖的条件下，土壤水分损失仅为清耕的1/3，覆盖5年后，土壤水分平均比清耕多70%。

3. 延长果树根系活动时间

果园生草在春天能够提高地温，促使根系较清耕园进入生长期提早15~30天。在炎热的夏季降低地表温度，保证果树根系旺盛生长。进入晚秋后，增加土壤温度，延长根系活动1个月左右，对增加树体贮存养分，充实花芽有十分良好的作用。冬季草被覆盖在地表，可以减轻冻土层的厚度，提高地温，减轻和预防根系的冻害。

4. 改善果园小气候

由于绿色作物对土壤理化性状的改良，土壤中的水、肥、气、热表现协调，提高果园空气湿度，夏季高温时节果园比较凉爽，对果树生长发育十分有益，并有利于减轻日灼病的发生。

5. 生草具有疏松土壤的良好效果

生草覆盖和果园清耕比较，土壤物理性状好，土壤疏松易碎，通气良好，透水性好，能保持土壤结构稳定，防止水土流失，有利于蚯蚓繁殖，促进土壤水稳性固粒结构的形成。

6. 减轻劳动强度，提高效益

据试验，果园生草、刈割和清耕相比，可以减少锄草用工60%左右，并大大减轻了劳动强度。另外，由于覆盖改善了土壤物理性状，提高了土壤肥力，增加了土壤有机质含量，可减少商品肥料和农家肥的施用量，并提高肥料的利用率，所有这些都降低了生产成本。

7. 提高果品质量

生草果园由于空气湿度和昼夜温差增加，使果实着色率提高，含糖量大，果实硬度及耐贮性也有明显改善。尤其套袋果园，果实摘袋后最易受高温和干燥的影响，果面容易发生日灼和干裂纹，果园生草能有效地避免和防止以上现象发生，提高果实外观品质。

二、果园生草覆盖方式

从草种选择上看，可分为自然生草、人工种草两种方式；从草体管理上看，又可分为全园生草、行间生草两种方式。采用哪种生草方式，要结合生产实际，灵活运用。全园生草一般用于成龄果园，多采用人工种草方式，在土壤肥水条件较好的地区较为适宜；幼龄果园一般应用"行间生草、株间清耕覆盖"方式为好。

三、果园生草品种选择

1. 选择草种应遵循的原则

（1）对气候、土壤条件等适应性强，尤其要适应当地气候逆境特征（如冬季寒冷、夏季高温、土壤盐碱等）。

（2）对果树生长无不良影响，不滋生果园病虫害，固地性强、覆盖性好，植株矮小，鲜草产量高、富含养分，易腐烂。

（3）选择的草种容易管理，易繁殖，覆盖期长，与果园杂草竞争优势较强，减少去杂用工，耐割、耐践踏，再生能力强，便于人工、机械管理。

2. 适宜的草种

禾本科的有黑麦草、百喜草、剪股草、野牛筋、燕麦草等；豆科的有三叶草、紫花苜蓿、扁豆黄芪、田菁、匍匐箭筈豌豆、绿豆、紫云英、苕子等。目前果园常用鼠茅草、苕子、白三叶、苜蓿、黑麦草等。

四、果园生草覆盖存在的误区

实行果园生草覆盖，代替清耕法，这是耕作制度上的一场大变革，实行果园生草法是一项新技术，多数果农还一知半解，因此在其栽培中还存在着一些误区。

1. 没有因地制宜选用草种

好多地方都引种白三叶，但白三叶耐旱性差，旱地果园种白三叶，一般死苗率达30%以上，因此应因地制宜选用草种。灌区可选用耐阴湿的白三叶种植；旱地选用比较抗旱的百脉根和扁茎黄芪种植。

2. 没有实行规格播种

一些果农将果园地面全部种成了草，这样树盘上种的草和树根发生了争水、争肥和争呼吸的矛盾，不利于果树正常生长。一般幼园只能在树行间种草，其草带应距树盘外缘40cm左右，作为施肥营养带，而成龄果园，可在行间和株间种草，但在树盘下不能种草。

3. 不重视苗期管理

好多果农种草后，就放任自流，有的断条缺苗很严重，有的苗挤苗已形成了高脚苗，有的杂草丛生旺长，已压住了种下的草苗等。一般种草后遇到雨天，就应及时松土，并进行逐行查苗补苗，达到苗全，对于稠苗应及时间苗定苗，可适当多留苗，还可结合中耕彻底清除杂草，以利种下的草苗壮生长。幼树在株行间也可种植花生等，能改良土壤，降低果园表土温度。

4. 不加强水肥管理

一些果农会有错误的想法，认为种草可以保水增肥，因此就放松了水肥管理，对种下的草一不施肥，二不灌水。一般来说，除了播种前施足底肥外，在苗期，还应施提苗肥尿素4~5kg，施肥可结合灌水施，也可趁下雨天撒施或叶面喷施。当果园天旱缺墒时，就要及时灌水。

5. 种下的草长期不刈割

有些果农在果园里种下草，即使草长的很高也不刈割。一般来说，多数生草，播种后的头一年，因苗弱根系小，不宜刈割，可从第2年开始，每年刈割3~5次，当草长到40cm左右时，就要刈割，并将刈割下的杂草覆盖在树盘上，以利保墒。多年生草，一般5年后已老化，就可进行秋翻压，使其闲置1~2年后，再重新播种生草。

五、果园生草注意事项

果园生草可提高土壤中有机质含量，减少水土流失，改善土壤结构，增进地力。但部分果农误解了果园生草的真正含义，让果园杂草放任生长，不注意控草，结果带来了较多问题。

1. 自然生草果园的控草

一般采用灭生性除草剂，主要是草铵膦。山地果园地势较高、坡度较大，为防水土流失，可选择草铵膦除草；果园需要保留小草，保持果园小生态，也可选用草铵膦除草，以后有利于新草长出。具体使用方法：用20%草铵膦水剂每亩150~200mL喷施于杂草上，选择相对湿度较高的阴天或晴天进行叶面喷雾，喷药时要注意防止药液漂移到果树叶片上。

2. 人工种草果园的控草

应当控制草的长势，适时进行刈割（用镰刀或机械割草），以缓和春、夏季草与果树争夺肥水矛盾，还可增加年内草的产量，提高土壤中有机质的含量。人工种草最初几个月不要割，当草根扎深、营养体显著增加后，才开始刈割。一般1年刈割2~4次，灌溉条件好的可多刈割1次。具体来说，豆科草要留茬15cm以上，禾本科留茬10cm左右；全园生草的，刈割下来的草覆盖于树盘。

六、几种常见果园生草种类

（一）鼠茅草

1. 形态特征

鼠茅草根系一般深达30cm，最深达60cm；地上部呈丛生的线状针叶生长，自然倒伏匍匐生长，针叶长达60~70cm，在生长旺季，在地面编织成20~30cm厚。由于土壤中根生密集，在生长期及根系枯死腐烂后，既保持了土壤渗透性，防止了地面积水，也保持了通气性，增强果树的抗涝能力。

2. 主要价值

（1）鼠茅草是优质绿肥草种，干物重600~700kg/亩，有防止土壤流失，补充土壤中有机质，抑制杂草的效果。

（2）鼠茅草根系纤细，腐烂后有代替人工深耕的效果，有效保持土壤稳定性，保水保湿效果显著。

（3）夏季抵抗阳光对裸露的土壤直接暴晒，雨季减少涝灾的发生，冬季起到保温的作用。

（4）一次种植，4~5年不用除草，节省人工除草成本。

3. 栽培

鼠茅草是一种耐严寒而不耐高温的草本植物。播种时间以9月下旬至10月上旬最为适宜，播种时需要保证土壤湿润，亩播种量1.5kg左右。

幼苗越过寒冬，翌年3—5月为旺长期，6月中、下旬连同根系一并枯死（散落的种子秋后萌芽出土），枯草厚度达7cm左右，此后即进入雨季，经雨水的侵蚀和人们的踩踏，厚度逐渐分解变薄，地面形成如同针叶编织的草毯。

（二）苕子

1. 形态特征

茎蔓长达2~3m，匍匐或半匍匐生长，自然高度40~60cm，茎方形中空，基部有3~5个分枝节，每个分枝节产生分枝3~4个；叶片偶数羽状复叶，每个复叶上有小叶5~10对，小叶椭圆形，复叶顶端有卷须3~5个；蓝花苕子叶色较淡，光叶苕子茎叶长有稀而短的茸毛，毛叶苕子叶色较深，叶片较大，茎叶有浓密的茸毛；总状花序，由叶腋间长出花梗，每梗上开小花10~30朵为一个花序，单株花序数达200个左右。荚果短矩形，长2~3cm，宽0.6~1cm，每荚有种子2~5粒，种子圆形，多为黑褐色；主根明显，侧根多，主要密集在30cm左右的表土层，根部着生根瘤。

2. 栽培

（1）湿度要求。苕子耐旱不耐渍，光叶苕子在耕层土壤含水量低于10%时出苗困难，达到20%时出苗迅速，30%时生长良好，大于40%时出现渍害。土壤水分保持在最大持水量的60%~70%时对苕子生长最为有利，达到80%~90%则根系发黑而植株枯萎。

（2）土壤要求。苕子对土壤的要求不高，沙土、壤土、黏土都可以种植，适宜的土壤酸碱度在pH值5~8.5、土壤全盐含量0.15%时生长良好。耐瘠性很强，在较瘠薄的土壤上一般也有很好的鲜草和种子产量，适应性较广，是改良南方红壤、北方花碱土、西北沙土的良好种类。苕子对磷肥反应敏感，在比较瘠薄的土壤上施用氮肥也有良好的效果，南方地区施用钾肥效果明显。

（3）种植品种。南方温暖多雨，以生育期短的光叶苕子、蓝花苕子为好；华北、西北地区严寒少雨，以生育期较长、抗逆性强的毛叶苕子为主。

（4）播种。苕子以秋播为主，适宜的发芽温度为20℃左右，华北、西北地区秋播在8月，淮河一带在8—9月，江南、西南地区在9—10月比较适宜，播种量3~5kg/亩。苕子出苗后10~15天根部形成根瘤。秋播苕子在早春气温2~3℃时返青。播种时最好施用过磷酸钙作基施，每亩10~20kg，可大幅度提高鲜草产量。

（三）苜蓿

1. 形态特征

一年生或多年生草本，无香草气味。羽状复叶，互生，托叶部分与叶柄合生，全缘或齿裂，小叶3，边缘通常具锯齿，侧脉直伸至齿尖。总状花序腋生，花小，一般具花梗；苞片小或无；萼钟形或筒形，萼齿5，等长；花冠黄色，紫苜蓿及其他杂交种常为紫色、堇青色、褐色等，旗瓣倒卵形至长圆形，基部窄，常反折，翼瓣长圆形，一侧有齿尖凸起与龙骨瓣的耳状体互相钩住，授粉后脱开，龙骨瓣钝头；雄蕊两体，花丝顶端不膨大，花药同型；花柱短，锥形或线形，两侧略扁，无毛，柱头顶生，子房线形，无柄或具短柄，胚珠1至多数。荚果螺旋形转曲、肾形、镰形或近于挺直，比萼长，背缝常具棱或刺；有种子1至多数。种子小，通常平滑，呈肾形，无种阜。

2. 应用价值

苜蓿是多年生草本植物，以"牧草之王"著称，不仅产量高，草质优良，还能改良土壤。

3. 栽培管理

（1）选地、整地。苜蓿适应性广，可以在各种地形、土壤中生长，但最适宜的条件是土质松软的沙质壤土，pH值要求6.5~7.5，不宜在低洼及易积水地里种植。苜蓿种子小，苗期生长慢，易受杂草的为害，播前一定要精细整地，深翻、深耙，达到播种要求。

（2）选种。目前国内品种表现较好的有保定苜蓿、甘农1号杂花苜蓿、新疆大叶苜蓿、敖汉苜蓿、中苜1号耐盐苜蓿等。国外引进的有美国的皇后、WL323、WL320、安斯塔、百绿及日本的立若叶和北若叶苜蓿。

（3）种子处理。杂质较多的种子一定要清选，使净度90%以上，发芽率85%以上，纯度98%以上。播前种子最好进行丸衣化处理，按种子500kg+包衣材料150kg+黏合剂1.5kg+水75kg+钼酸铵1.5kg的配方进行，使种子在苗期不受病虫害、杂草等的为害，健壮生长。

（4）播种。一般采用秋播，播种期为8月10日至9月10日，太晚影响正常越冬。

播种以条播为主，行距30cm，最佳深度为0.5~1cm，播种量一般为1kg/亩左右，采种田要少些，盐碱地可适当多些。

（5）田间管理。

①除草。一是在幼苗期，二是在夏季收割后，由于这两个时期苜蓿生长势较弱，受杂草为害较为严重，一定要及时防范杂草。

②灌水排水。苜蓿耗水量大，每生产1kg干物质需水800L。在冬前、返青后、干旱时要浇水；低洼地要注意雨季排水，水淹24小时苜蓿会死亡。

③防治病虫。一般用杀螟松等喷雾，防治害虫；如发生锈病、褐斑病、霜霉病，用多菌灵、甲基托布津等药剂防治。

（四）黑麦草

1. 形态特征

多年生，具细弱根状茎。秆丛生，高30~90cm，具3~4节，质软，基部节上生根。叶舌长约2mm；叶片线形，长5~20cm，宽3~6mm，柔软，具微毛，有时具叶耳。穗状花序直立或稍弯，长10~20cm，宽5~8mm；小穗轴节间长约1mm，平滑无毛；颖披针形，为其小穗长的1/3，具5脉，边缘狭膜质；外稃长圆形，草质，长5~9mm，具5脉，平滑，基盘明显，顶端无芒，或上部小穗具短芒，第1外稃长约7mm；内稃与外稃等长，两脊生短纤毛。颖果长约为宽的3倍。花果期5—7月。

2. 生长习性

黑麦草喜温凉湿润气候，宜于夏季凉爽、冬季不太寒冷地区生长。10℃左右能较好生长，27℃以下为生长适宜温度，35℃生长不良。光照强、日照短、温度较低对分蘖有利，温度过高则分蘖停止或中途死亡。黑麦草耐寒耐热性均差，不耐阴。对土壤要求比较严格，喜肥不耐瘠。略能耐酸，适宜的土壤pH值为6~7。在适宜条件下可生长2年以上。

3. 栽培技术

（1）选地耕作。选择土质疏松、地势较为平坦、排灌方便的果园进行种植。播种前对土地进行全面翻耕，并保持犁深到表土层下20~30cm，精细重耙，使土壤颗粒细匀，孔隙度适宜。

（2）播种。一般以条播为主，辅以点播和撒播。条播：行距20~30cm，播幅5cm，按每亩1.2~1.5kg的播种量进行播种，覆土1cm左右，浇透水即可。

（3）管理。在幼苗期要及时清除杂草，播种后40~50天后即可刈割，这样可促分蘖。第1次刈割留茬不能低于一寸（1寸≈3.33cm），以后看草的长势情况刈割，留茬不能低于一寸。

第二节　苹果树栽植与管理技术

一、苹果树建园

（一）选择优质无毒壮苗

目前，市场上出售的传统品种苹果苗，绝大多数是携带病毒的苗木。为此，选购苗木一定要选择有信誉、有实力、有品牌的教学和科研机构，合乎国家标准的优质无毒苗木。

（二）栽植前处理

在起苗过程中要保证剪口新鲜平滑，再放置在清水中浸泡一昼夜，使之充分吸水。将浸泡过的苗木根系蘸上用黏土（10份）、牛粪（5份）、过磷酸钙（1份）加水调成的泥浆，可在这种泥浆中加入适量生根粉，以保证根系与土壤密接，及早成活并加速生长。

（三）提高栽植质量

待春季土壤化冻时（清明节后），将已经用泥浆浸泡过根系的苹果苗定植在已挖好的定植穴中，让根系均匀分布在穴内馒头形土堆上，一人手持树苗对齐横竖位置，另一人用锹将挖出的土覆盖根系，覆一层土用脚踏实。埋好后使苹果苗的嫁接口高出地表5cm左右。栽完树在定植穴范围内修好树盘，浇透水后覆盖一块1m²的黑色地膜。地膜周边用土压实，然后在距地面70～80cm处定干。

二、苹果树春季管理

惊蛰前后，果树根系开始活动，并促使树液流动，使其根系和枝干中贮藏的营养物质向枝芽运输，因而枝条变软，芽子膨大。在此期间，消耗的养分几乎全是上年贮藏的，因此春季管理至关重要。

（一）查治腐烂病

果树翘皮常常隐藏着多种病虫害，如山楂红蜘蛛、星毛虫、小卷叶虫、腐烂病等。冬剪结束后，从2月中旬起重点检查主干、枝杈、剪锯口有无腐烂病，发现后用毛刷涂波美10度石硫合剂，半月后再涂一次。再用护树将军乳液100倍液（50kg）全园喷涂树干和树枝消毒，可阻碍腐烂病毒繁衍。

（二）施肥灌水，覆膜保墒

上年秋冬没有施基肥的果园，应在解冻后随即施入。施肥后浇水一次，并及时浅锄保墒。旱地果园应采取顶凌耙保墒，而后施肥，再将园地整平拍光保墒。幼、弱树采取"带状"覆膜，增温保墒，促使树体健壮生长。

1. 施肥方法

在树冠投影下开挖宽、深各50cm的"环状沟"或"井字沟"，施入秋备基肥的全部，并与土搅匀；再于树盘内撒施春备追肥的全部（多元复合肥、尿素等），然后翻入土内，耙平拍实。

2. 施肥要求

一是尽量不伤直径0.5cm以上的根；二是树盘追肥部位应与主干保留20～30cm，以免伤害主干。

（三）刻芽、抠芽

缓放枝常常为"光腿枝"。为促使需枝部位萌芽抽枝，减少光腿，应于3月底至4月初，在需萌芽部位上方（中心主枝）或前方（斜生主枝及辅养枝）0.5cm处用利刀或小锯条伤及木质部，深度为1/4～1/3，然后将中心主枝的竞争（枝）、芽、主枝和辅养枝的背上（枝）芽抠除，以免萌发抽枝，浪费营养，扰乱树形。

（四）熬制、喷布石硫合剂

石硫合剂目前仍然是一种广谱、高效、残效期较长，且成本低的杀菌、杀螨、杀虫剂，过了立春，尤其是果树萌芽前后喷布较高浓度的石硫合剂，对降低多种病虫基数、减少全年用药、降低成本，效果十分显著。

石硫合剂的熬制：硫黄粉10份，生石灰7份，水60份。先将水加热，取少量热水将硫黄粉调成糊状倒入锅内烧开，再慢慢投入生石灰，增大火力，并不停地搅拌直至投完石灰块再熬45分钟（前15分钟用大火，后30分钟用温火）熬至液体呈酱油色时熄火冷凉。冷后用波美比重计量出准确浓度。一般要求3年生以上苹果树于萌芽期喷波美3度石硫合剂清园消毒，不但杀菌，防治各种红蜘蛛、介壳虫及越冬虫卵，还可刺激果树苏醒。4月上旬喷生物农药防治蚜虫、顶梢卷叶虫，4月上旬（萌芽后），用0.3%的尿素溶液和磷酸二氢钾溶液，间隔7～10天交替喷施1～2次，以利于枝梢叶片强壮，促进新根发生，逐渐恢复树势，保证长期精神饱满。

（五）复剪、疏蕾、环割

1. 复剪

（1）对于适龄不结果的过旺树，可将冬剪延迟到发芽后，以缓和树势。

（2）较旺的树除骨干枝冬剪外，其他枝条推迟到发芽后再剪，以缓和枝势。

（3）进入结果期，如花量过多，可短截一部分中长花枝、缩剪串花枝，或疏掉弱短花枝，以减少花枝量，增加预备枝。

2. 疏蕾

苹果树尽早疏蕾，能节省营养，利于坐大果；同时，增强树势，促使春梢生长，弥补冬剪不足。推广"以花定果"技术，即于4月中下旬，花序露红伸出至花序分离（中心花含苞待放）时，按花丛间距20～28cm选留母枝两侧和背下为主，除保留中心花和1个侧花外，多余花全疏除，但需保留"簇叶"。

3. 环割

5月下旬至6月上旬，苹果树新梢长出10～20cm时使用第1次；待10～20天后再第2次。用钝刀刃在树干光滑处环割深达木质部，再用毛刷浸蘸促花王2号乳液在刀口处涂抹，使药剂充分进入割口缝隙。有效引导光合作用产物从营养生长代谢向生殖代谢转化，促进孕育产生大量的优质花芽，为来年丰产增收奠定基础。

（六）喷肥、放蜂

进入初花期（5%中心花开放），应及时喷一次0.3%硼砂+0.1%尿素+1%蔗糖水溶液，或在花期后和幼果期喷0.3%～0.5%的尿素+瓜果壮蒂灵，对提高坐果率和膨大果实效果都很明显；进入盛花期再喷一次0.3%硼砂+1%蜂蜜水溶液+瓜果壮蒂灵，以利于授粉坐果。

花期距果园500m以内放置一箱蜜蜂可保证授粉10亩左右，可提高坐果率30%～50%。

三、苹果树夏季管理

夏季是苹果的主要生育期，做好肥水管理和夏季修剪是夏季管理的精髓，更是苹果获得丰收的关键。

（一）施肥

1. 追肥

（1）追肥次数。取决于气候、土壤、树龄和结果状况。一般高温多雨的沙土地，施肥量宜少量多次；反之，可酌量减少。结果树、高产树追肥次数宜多，一般每年2～3次。

（2）追肥期。花前期、花后期、果实膨大期、花芽分化期、果实生长后期等。

（3）追肥量。幼树每株次施硫酸铵0.2～0.5kg；盛果期树每株次施硫酸铵1～1.5kg。至于氮、磷、钾的比例，因果园条件不同，差异较大。如棕黄壤土，苹果幼苗期的氮、磷、钾适宜配比为2：2：1或1：2：1，结果期为2：1：2。对盐碱土壤，其适宜配比为1：1：1。

（4）施肥方法。土壤施肥有环状沟施、放射沟施、全园撒施。速效性肥料易于迅速被土壤吸收，可以浅施；磷肥在土壤中移动性小，应深施到根系分布层。

2. 根外施肥

喷布适期为萌芽开花期至幼果期：间隔5～7天，连喷氮肥3～5次，有利于扩大叶面积，加深叶色，增强光合作用和果实膨大；果实膨大至采收期：多次喷布氮磷肥可使果实膨大和增色，促进花芽分化加速根系生长和树体营养的积累。根外追肥可与喷药结合，一举两得。

3. 微量元素施用

微量元素使用因果树缺素情况不同而增减次数，如幼树在后期应结合喷药，或单喷磷钾肥及微量元素3～5次。结果树从花期开始，直到秋季，可结合喷药根外追微量元素2～5次。

（二）水分管理

苹果树对水分最敏感的时期为5—6月新梢迅速生长期，在春旱和伏旱区应在以下关键时期灌水：萌芽时期、花期、春梢生长期、果实膨大期和后期罐水。灌水方法有树盘灌水、条沟灌水、滴灌、喷灌、穴灌等。

（三）夏季修剪

夏季修剪主要是弥补冬剪不足，利用生长季树体营养及内源激素的合成、输导、积累与消耗的规律来调整生长和结果的关系。

1. 疏果

公认苹果的叶、果比为（30～40）：1。疏果在花后一周开始到6月上中旬结束。

（1）因树定产，看枝疏果。如富士一般生长枝与结果枝比为（3～4）：1，壮树可适当多留果。

（2）因树定产，看副梢疏果。多量树（坐果花序数远远超过树体负担量）一个副梢留单果，强壮副梢留双果，两个副梢留双果，个别副梢留3果，无副梢的一般不留果，如空间大枝条强也可以留1个果。中量树（坐果花序基本和树势负担量相适应）一个副梢的留双果，副梢细短留单果，两个副梢的留两果，无副梢一般不留果，空间小枝条弱的不留果。少量树（坐果花序数少不能达到丰产要求的树）没有副梢的不留果，一个副梢的留单果，一个壮梢留双果，以恢复树势为主。

2. 夏截

在6月上中旬当幼树枝头生长到40~45cm时，进行夏截，剪去5~10cm，并将剪口下1~3片叶摘除，促发二次枝提早结果。但生长弱的幼树或弱枝不易夏剪。对生长过旺当年生内膛枝，在5—8月可连续夏剪2~3次控制生长，促进增加短枝，有利于形成花芽。

3. 抹芽

开张角度大的枝干，易于萌发徒长枝，使树冠郁闭，消耗养分，应在其萌发时及早抹去。6月，对过密的新梢，去直立、留平斜，去弱留壮。可以改善通风条件，充实后步的叶芽，形成花芽。

4. 摘心

在树冠有空间的地方，可暂时保留培养枝组的徒长枝，在新梢长45~50cm时，把新梢尖掐去5~10cm，使新梢留下正常大小叶片15~16片。其作用是暂时削弱新梢的旺长，有利于养分积累，促使发生短枝，有利于形成花芽。

5. 扭梢

在新梢生长停止期（5月下旬至6月上旬）将直立新梢在枝条基部以上2~3cm处，用手捏住枝条向下旋转180°，使其向下，削弱生长势以利于形成花芽。

6. 环剥

为了促进花芽分化，可在5月至6月上中旬，对内膛较旺的枝或辅养枝进行环剥。为了提高坐果率，减少生理落果，应在开花末期进行环剥。剥皮宽度一般为3~5mm（枝条直径的1/10）。

7. 拿枝

对连续生长两年的直立强枝，在6月上中旬，从基部10cm左右处，向下弯压，枝条内有清脆响声但不能折断才算是恰到好处。同样在20~30cm处弯压，使枝条平斜倒下，不在恢复直立。或在当年新梢的秋梢长出一段后（7—8月）拿枝，有利于形成腋花芽。

（四）病虫害综合防治

1. 腐烂病

在病害迅速发展的4—5月巡回检查刮治，并以腐必清或843康复剂等连续涂刷病疤2~3次（时间1个月左右），预防重犯。

2. 白粉病和害螨

白粉病较重或白粉病和害螨都有的苹果园，在开花前和落花后喷洒50%硫悬浮剂

200倍液2次；7月中旬以前平均每片叶上有活动螨4~5头，或7月下旬以后，平均每片叶上有活动螨7~8头时，喷洒三苯锡或克螨特。

3. 桃小食心虫

当幼虫突然增多时，作为第1次施药日期的根据，以后每经10~15天再施药一次。施药范围扩及整个树盘，使用药剂为25%辛硫磷微胶囊剂，或50%辛硫磷乳油300~400倍液。

4. 轮纹病和早期落叶病

第1次在轮纹病病原菌大量繁殖前，喷洒多菌灵600倍液或克菌丹500倍液，之后经20~30天结合早期落叶病防治，继续2~3次喷布石灰多量式1：3：300波尔多液。

四、苹果树秋季管理

做好秋季苹果树管理，不仅能有效地提高当年的果品产量和质量，还能通过维持苹果树的光合性能，防止早期落叶，增加苹果树的贮藏营养，健壮树势，为翌年的开花结果奠定良好基础。

（一）病虫害防治

1. 早期落叶病防治

对发病严重的单株、点片进行重点防治，以防扩大蔓延。9月喷药1~2次，有效药剂为0.15%梧拧霉素400倍液、50%扑海因1 000倍液、10%多氧霉素1 000倍液等。

2. 防病保果

预防红色斑点病、轮纹病侵染果实，在除袋后5天开始进行全树喷药，可用70%的甲基托布津1 000倍液或80%的多菌灵纯粉1 000倍液。

3. 虫害防治

主要防治金纹细蛾、梨花网蝽、棉蚜、舟形毛虫等害虫，可用灭幼脲3号1 500倍液+乐斯本1 500倍液进行防治；如食叶害虫发生严重，可用菊酯类药剂加以除治。9月上旬可在树干上绑草把诱集红白蜘蛛、卷叶蛾等害虫。

4. 晚秋防治腐烂病

为了减轻翌年春季苹果树枝干腐烂病发生，应该在苹果采收后，刮除树皮的表层溃疡，并在11月上旬对主干、主枝再刷一次10%果康宝5倍液或0.15%梧拧霉素5倍液。

（二）肥水管理

1. 追肥

9月上旬对红富士等晚熟品种追施一次速效性磷钾肥，每亩施入50~75kg，采用多点穴状施肥法，施肥后及时浇水。

2. 叶面喷肥

进入9月，对红富士等晚熟品种每隔10~15天喷一遍300倍液的磷酸二氢钾液，连喷3次，促进果实着色，提高果品质量。果实采收后喷200倍液的尿素、200倍液的磷酸二氢钾液，连喷2~3次，每次间隔5~7天。

3. 秋施基肥

提倡早秋施基肥。8月下旬到9月下旬是秋施基肥的最佳时期，红富士等晚熟品种采收前进行。每亩施入腐熟的有机肥（鸡粪、牲口粪、圈肥等）3~5m³，同时施入速效性化肥，用量占全年施肥量的60%以上。

（三）秋季修剪

科学合理地做好秋季苹果树修剪，可达到树冠通风透光，促进果实着色，调节树势，控制果园郁闭的效果。

1. 清理树膛

适当剪除膛内直立徒长梢、密挤枝梢，清除影响果实着色的过密枝梢。

2. 疏缩外围枝梢

对于株间、行间交接的郁闭园，于10月中旬剪除树冠外围新梢，缩小树冠冠幅，并于果实采收后对株间、行间的大枝、密生枝进行缩剪，保持行间作业道在1m以上。

3. 疏大枝

有树体改造任务的树，为克服冬剪时的修剪反应，于秋季疏除影响树体结构的大枝。此种秋剪方法仅适合生长旺的树，而且不可过重，也不可连年进行，否则会削弱树势。

4. 拉枝

对于成形前的苹果幼树，9月是最适宜的拉枝时期。通过拉枝达到"拉出层次、拉出平衡、拉出树形、拉出水平"的效果。

（四）果实增色

秋季是红富士等晚熟苹果品种的果实着色期，在做好肥水管理、秋季修剪等工作的同时，应积极采取果实增色技术，可有效地提高果品质量，增加果园经济效益。

1. 摘袋

套有纸袋的果实，一般在9月末至10月上旬、果实采收前20～25天摘袋为宜。

2. 摘叶

从10月初开始，摘除果实周围5～10cm内的叶片，摘叶时保留叶柄，注意多摘衰老叶，少摘新梢中、上部的功能叶。摘叶量在全树叶片总量的30%以下。

3. 转果

摘袋后经5～6个晴天，当果实阳面着色较好时，用手轻轻托住果实，同一方向转果，使果实阴面转为阳面，7～10天后再反方向转果，使果实复原。

4. 铺反光膜

有条件的果园可于9月下旬树下铺反光膜，促使果实萼洼部位着色，可生产全红果。

5. 适时采摘

适当晚采有利于果实增糖增色，提高果品质量。一般红富士苹果适宜采收期为10月下旬至11月上旬。

（五）控梢促花

1. 戴帽修剪

幼树到初果期树，8月中旬至9月中旬，对较旺的直立枝、内向枝、辅养枝的1年枝在春秋梢交界处戴帽修剪，可促发短枝，形成花芽。一般旺枝戴活帽，弱枝不戴帽，旺树多戴帽，弱树少戴帽，这种方法对红富士、国光品种效果明显。

2. 断根促花

幼旺树结合秋施基肥，深翻土壤进行断根，可减弱根系生长优势，调节树体生长开花坐果的矛盾，提高地上部营养积累，使较多的营养用于花芽分化。

3. 调控肥水促花

在秋分前后或果实采收后至落叶前，对果树施入长效性肥料，如人粪尿或过磷酸钙等。干旱不严重时只进行冬灌和春灌，后期雨水多时要及时排水。

4. 开张角度

最宜时间是8月中旬，也可延长至9月底，这时正值秋梢缓慢生长期。适时开角能使所有芽发育均衡，有利于促发短枝成花。短枝型密植园对各层枝可拉成90°，保持中干直立。

5. 叶面喷肥

苹果幼龄至初果树于9月上中旬各喷一次300倍磷酸二氢钾，可促进枝条成熟，提高叶片光合强度，促进形成花芽。

五、苹果采后管理

此期间管理的关键是维护好叶片的同化功能，预防早期落叶。

1. 追施速效肥

采果后应尽快追施速效性肥料，促其恢复树势，增强叶片制造碳水化合物的功能，保证有充足的营养供花芽分化和树体营养的贮藏，提高抗旱、抗寒和抗病的能力，一般株施三元复合肥1～1.3kg。

2. 及时抹芽、摘心或扭梢

树冠内的新梢长至20～30cm时，应摘心或扭梢。当第2次梢长30cm时再摘心或扭梢，促进枝梢早日老化。对丛生枝、过密枝、细弱枝、下垂枝、徒长枝、病虫害枝则应选择部分或全部剪除。

3. 防治病虫害

（1）除剪除病虫害的枝条外，可将80%的敌敌畏乳油加水100倍液浸透的棉花或拌成的浓泥浆塞入虫道口，可杀死天牛等多种幼虫。

（2）清除园内枯枝、落叶，刮除树干的粗皮，并集中烧毁。用石硫合剂刷白树干，杀死虫卵。

4. 浅耕盖草

采果后在树冠下浅锄10～15cm，近树干处只锄7～10cm，并覆盖稻草、秸秆或青草，然后盖些碎土，防止被风吹走。既可以使土壤疏松通气，又可以保湿抗旱和保温抗寒，草料腐烂后还可为园地增肥。

5. 深翻土壤，施足基肥

10—11月，对未进行农果间作的果园进行一次全面的深翻（不含根盘），深度20～25cm，并单株施入人畜粪肥、堆肥、沤青、污沟泥、碎稻草40～50kg，于树冠垂直滴水线外开环行沟施入并覆土。

六、苹果树冬季修剪

（一）技术方法

1. 拉枝调相

通过采用撑、拉、别、垂、压、吊等方法，改变枝条生长极性，减少枝条上顶端优势的差异，促进近基部新梢生长均匀，形成中短枝，有利于结果，防止内膛光秃；同时，骨干枝开张角度后，可以扩大树冠，改善光照，有利于促进树体健旺生长，达到早果早丰、整形结果两不误。一般通过拉枝开角，可使幼树提早结果，大树易于丰产优质。

一般对旺树、旺枝以及树冠比较直立的品种要加大拉枝角度，特别是对易于旺长的乔砧树（包括临时性的辅养枝），其枝条角度要力求更大；而对矮化砧以及短枝型品种，或易于衰弱的山区旱薄地果园，开张角度应适当小些。

2. 造伤

利用修剪工具人为地锯（或剪）伤所处理枝条的上、下生长点或其基部的初皮部至木质部，在伤口愈合之前起阻碍或减缓养分和水分上下输导的作用，借以人为地调节枝长势，促进成花。另外通过锯伤骨干枝背下部位，则可以加大开张角度，可抑制生长势（旺枝），促进结果，并增大光能利用空间。

3. 破芽

在幼树整形（尤其是骨干枝的）修剪中，为了防止竞争枝特别是背上竞争枝对树体结构的扰乱，一般在冬季修剪时，利用枝剪扣去芽体或损伤芽体先端1/3部分，使其不再萌发，以便拉开剪口枝梢与下部第3芽枝条之间的生长势，有利于主从关系的调整。尤其是在纺锤形、矮化砧及短枝型树体结构的中心干延长头修剪上应用最多。另外，在选择芽向定位发枝时也常采用同样的办法。

对幼旺树无花的中短枝的顶部大叶芽进行破顶芽，能够控制单轴延长生长，并使下部芽眼萌发短枝，有利于形成花芽。对花多的大树，为了减少花芽留量，保持预备枝有一定比例，并使小枝交替结果、轮流更新，一般对中长果枝和有花芽的果台枝，进行破顶修剪。

（二）注意事项

1. 因树制宜，综合调控

（1）树势生长过旺时，枝生长占优势，不利于花芽形成。修剪时，要以"缓"为主，加大主枝分枝角度，疏除背上枝组，多留侧、下枝组，延长枝长放。对骨干枝采用环割等措施，控制养分的运送，促进成花。

（2）当树体生长过弱时，可在肥水管理基础上，实行重剪，刺激旺长，延长枝应剪在中部饱满芽处，以强枝带头，逐步抬高延长角度，少留背下枝组，多留背上及两侧的枝组。

（3）偏冠树由于果树一面枝大、一面枝小，要在枝下部疏枝，在小枝上部疏花，拉大大枝角度，抬高小枝角度，大枝多留果，小枝少留果，大枝方向要少施肥，小枝方向多施肥，严禁用大砍大割的办法改造树形。

（4）连年不剪的枝，常单轴延伸，很少发枝，形成大段光秃。修剪时，若有空间，应对之实行环割，刺激芽萌发，或及时回缩，刺激发枝，培养良好枝组。若无空间，应立即疏除，以改善树体通风透光条件。

（5）上强下弱的树，下部枝可用竞争枝带头保持小角度延伸，促进下部枝生长，中上部枝加大延伸角度，选留背下枝作延伸枝，以平衡树势。上弱下强树的下部枝大角延伸，背后枝带头，削弱生长势，上部枝小角延伸，背上枝带头，促旺生长。

（6）幼树及初果期树，在修剪时应以弱枝带头，以控制树体的营养生长，增加树体养分积累，促进成花。也可在辅养枝实行环割等截流措施促花。

（7）盛果期树，由于大量结果，树势极易衰弱，修剪时应多采用短截、回缩的手法，以加强营养生长，防止树势衰弱；树体内交叉枝采用回缩一枝，长放一枝。行间交叉时，应两行都回缩，以便留出作业道，改善通风透光条件。

（8）对内膛过密结果枝组，要疏除过密和紊乱枝，回缩过高和细弱的下垂枝，使枝组分布均匀紧凑。对挡光的一年生、二年生辅养枝，可疏除。对单条直立的徒长枝，有空间可通过别、拉、捋枝，缓和顶端优势，无空间可从基部疏除。对生长中庸的水平下垂枝，可少量"带活帽"集中营养。对剪锯口处的萌条，有空去直留斜，无空可全部疏掉。

（9）当果树花芽过多时，要多采取破花修剪，多留顶花芽，对成串花芽最多留2个，控制花芽总量和花、叶芽比例。对于花芽少的树，要尽可能多留花芽，对没有花芽的枝组，则要重剪更新，为翌年结果打好基础。

2. 修剪后要封闭伤口

对苹果树进行修剪时会形成很多伤口，对这些伤口一定要采取有效措施加以保护，促进伤口愈合。直径在1cm以上的伤口要立即涂上保护剂，不能让伤口暴露在空气中，以免造成干裂。

3. 认准花芽，精细修剪

修剪枝条时，修剪口一定要平滑，以利愈合；疏除大枝用手锯锯除时，锯口要平，不要留桩，锯除后的枝条伤口，要用锋利的刀子削平、削光，否则容易造成伤口木质部枯死或者腐烂。严禁用斧子砍大枝。

对已经进入盛果初期的大树，必须连年进行枝组修剪，这样不仅可以提高产量、促进品质，而且还可以通过控制花芽留量使其与树势和计划产量相适应。其效果比疏花、疏果更为明显。另外，由于留足了预备枝芽，能够在结果的同时，又形成充足的花芽，为防止并消除"大小年"现象有着极其重要的作用。

七、苹果树施肥

1. 施肥时期

施肥一般分作基肥和追肥两种。一般情况下，全年分4次施肥为宜。

（1）花前肥或萌芽肥。一般4月上旬追施。

（2）花后肥。一般5月中旬追施。

前两次肥能有效地促进萌芽、开花并及时防止因开花消耗大量养分而产生脱肥，提高坐果率，促进新枝生长。

（3）花芽分化和幼果膨大肥。5月底至6月上旬追施，为了满足果实膨大、枝叶生长和花芽分化的需要，以钾肥为主。

（4）基肥。9月上中旬施入为宜。以农家肥为主时，磷素按全年总量全部施入，为了充分发挥肥效，磷肥要先与有机肥一起堆积腐熟，然后拌匀施用。作用是保证采收后到落叶前果树光合作用，提高营养积累，为翌年果树生长发育打好基础。

2. 施肥部位

有机肥料分解较慢，供肥期较长，宜深施肥；化肥移动性较大，可浅施。如施有机肥，苹果树施用深度为40～60cm。同时，施肥时应以树冠投影边缘和稍远地方为主，这样才能最大限度地发挥肥效。

3. 根外施肥

采取根外施肥，可以弥补根系吸肥不足，省工、省力见效快。花期喷可提高坐果率，叶片、果实生长期喷，可促进果实膨大。

（1）肥料种类。在果树生长的初期或前期，为促进生长发育，喷施的肥料主要有硫酸锌、硫酸亚铁、硫酸钙、氯化钾、生长素、激素类、营养类的肥料。在果树生长的中期或后期，为改善果树的营养状况，叶面喷施的肥料主要有尿素、磷酸二氢钾、过磷酸钙、硫酸钾、草木灰、硝酸铵、硫酸铵及一些微量元素。

（2）喷施浓度。通常各种微肥溶液的适宜喷施浓度为：尿素0.3%～0.5%、硝酸铵0.1%～0.3%、磷酸二氢钾0.2%～0.5%、草木灰3%～5%的浸出液、腐熟人粪尿1%～3%、硼酸或硼砂0.2%～0.3%、硫酸锌0.1%～0.4%、硫酸亚铁0.1%～0.4%、硝酸钙0.3%～0.4%、氯化钾0.3%，如果确需要高浓度，以不超过规定浓度的20%为限。

（3）喷施时期。一般根外施肥在生长季节喷施，草木灰在果实膨大期施为好，硫酸锌为防治小叶病在萌芽前喷施，硼酸、硼砂为提高坐果率在开花期喷施。最好选择在阴天喷施，晴天则选择在下午至傍晚无风时喷洒，以尽可能延长肥料溶液在果树枝叶上的湿润时间，增强植株的吸肥效果。若喷后3小时遇雨，待晴天时补喷一次，但浓度要适当减低。

（4）喷施次数。一般每年喷2~4次，每次喷洒，间隔期至少在1周以上。对土壤中微量元素缺乏、严重缺肥果树，宜多次喷施，并注意与土壤施肥相互结合。至于在果树体内移动性小或不移动的养分（如铁、硼、钙、磷等），更应注意适当增加喷洒次数。

（5）喷施部位。根外叶面施肥要求雾滴细小，喷时要做到均匀、细致、周到，尤其要注意喷洒在生长旺盛的上部叶片和叶的背面，以利吸收。

（6）合理混合喷施。微肥之间混合喷施，或与其他肥料或农药混喷，需要注意弄清肥料和农药的理化性质，应先做试验，防止发生化学反应，降低肥效或引起肥害、药害。

各种微肥都不可与碱性肥料混喷，如各种微肥均不能与草木灰、石灰等碱性肥料混合喷施，锌肥不可与磷酸二氢钾溶液混喷。配制混合喷施的溶液时，一般先把一种微肥配制成水溶液，然后再把其他药、肥按用量直接加入预先配制好的微肥溶液中，混合溶液宜随配随喷。

八、果实管理

秋季是苹果果实发育的季节，也是叶片与花芽积累营养的重要时期。为了促进树体的生长与果实发育，秋冬季管理中既要重视果实管理，也要重视培肥土壤、病虫害防治等工作。

（一）苹果套袋技术

1. 套袋优点

（1）着色艳丽。套袋可明显提高果实着色，可达全红果，果面光洁美观，无果锈，外观好，试验证明果面着色大于75%的比例占86.7%。

（2）防病虫。套袋后，果实与外界隔离，病菌、害虫不能入侵，可有效防治轮纹病、斑点落叶病、桃小食心虫等病虫的为害。

（3）减轻冰雹伤害。幼果期发生冰雹时，果子尚小，悬于袋中，冰雹落到膨胀的袋子上，减缓了它的机械冲力，可使果实免受其害或受害较轻。

（4）有利于生产绿色食品。套袋后，果实不直接接触农药，同时可减少打药次数。不套袋果园一年需打8次农药，套袋果园打4~5次即可。可以有效地减少农药的残留量，有利于生产无公害绿色食品。

（5）经济效益高。套袋可使果园商品率提高到90%左右，同时果面细嫩光洁，着色艳丽，外观极佳、农药残留低，售价高、易销售、价格高。

2. 苹果袋的种类与规格

外袋纸质要求能经得起风吹日晒雨淋，透气性好、不渗水、遮光性强。内袋要求不褪色，蜡层均匀，日晒后不易蜡化，在制作工艺上要求果袋有透气孔，袋口有扎丝，内外袋相互分离。目前我国生产应用的果袋有进口袋和国产袋两大类，分单层和双层两种。进口袋优于国产双层袋，双层袋优于单层报纸内黑（内面用油墨刷成黑色）袋，报纸内黑袋好于乳白单层袋。

不同品种用不同袋子，一般红色品种用双层袋，黄色品种用单层袋，现在生产上主要给价值较高的红富士套袋，所以应以双层袋为主，纸袋规格以大小而定，一般内袋为155～135mm（直径86mm），要求套袋果最好为80果、85果，外袋180～140mm，外袋口粘有40mm的扎口丝，纸袋下部两角有5mm的通气孔。广大果农最好选用质量可靠的国产袋。

3. 套袋技术

（1）套袋果园应具备的条件。一是需具备较高的土肥水管理水平，应控氮，增钾，多施有机肥增加叶面喷肥+瓜果壮蒂灵，有条件的果园可进行生草或覆草，努力提高果园土壤有机质含量，改大水漫灌为滴灌、喷灌或渗灌。二是合理修剪，树冠必须通风透光，树体结构良好，枝组强壮，配备合理，负载适中。三是疏花疏果，为确保套袋果能长大、长好，必须进行疏花疏果。红富士苹果进行套袋时必须疏成单果，留中心果，强壮枝上的果、下垂枝果。四是病虫害防治。苹果套袋后，果品不再接触药肥，易造成病虫为害和缺素症，因此加强套袋之前的病虫防治和叶面喷肥非常重要，在这一时期至少喷2次杀虫杀菌剂以及微肥+瓜果壮蒂灵，以保证果实免受病虫为害以及对钙、硼、铁、锌等微量元素的吸收。

（2）套袋的时期和方法。套袋宜在6月下旬进行，7月初完成，这样6月落果已经结束，果实优劣表现明显，果柄木质程度和果皮老化程度都增高，不易损伤果子。同时暴露时间长，病虫防治时间拉长，病虫为害和缺素症少。套袋方法：将袋子下部两角横向捏扁向袋内吹气，撑开袋子，袋口扎丝置于左手，纵向开口朝下，果柄置于纵向开口基部，将果子悬于袋中（不要让果子和袋子摩擦，勿将枝叶套入袋内）再将袋口横向折叠，最后用袋口处的扎丝夹住折叠袋口即可。

4. 摘袋的时间与方法

（1）时间。在采前30天左右摘袋。如果太早，果子暴露时间长，日灼和轮纹病易发生，且着色差；如果太晚含糖量低，风味淡，且采收后易褪色。如果单从着色考虑可稍晚一些（采前20天）摘袋。

（2）方法。先摘外袋，再摘内袋。最好在阴天摘除外袋，一般在袋内外温差较小时摘袋，即上午10时至下午4时摘除外袋，经5～7个晴天后开始摘除内袋，摘内袋时应于上午10—12时摘树冠东、北方向的，下午2—4时摘树冠西、南方向的，这样可以减少日灼发生，摘袋时应一手托果子，另一手解袋口扎丝，然后从上到下撕烂外袋，这样可以防止果子坠落。

5. 套袋应注意的问题

（1）套前防病虫。虽然套袋有预防病虫的功效，但有些病虫在套前已侵染果实，如果不做好病虫防治，套袋后果子不直接接触农药，病虫就会在袋内继续为害果子，失去套袋的意义。因此，在早春要刮粗老树皮，萌芽前要喷石硫合剂+瓜果壮蒂灵。花期到套袋前是果实染病的敏感时期，轮纹病、霉心病易在此期侵入果内，潜而不发（8月以后，果实内糖度增大，酸度、钙浓度以及酸类物质含量下降，轮纹病就会发生），此期又是钙、硼等多种元素吸收的高峰期，还是康氏粉蚧、蚜虫、红蜘蛛、潜叶蛾等多种害虫的并发期，而且是果实纵径增长的关键时期，这时注意喷药和喷肥对病虫防治，提高坐果率，增加单果重，防止缺素症有很大作用。

（2）疏花疏果。疏去弱花、晚茬花、腋花、梢部花，定果时20～25cm留一个果，留中心果、果柄长的果，将小果、扁果、畸形果、肉质柄果、朝天果、病虫果、有伤果疏去。

（3）选择适当的果袋，注意纸质和制作工艺。

（4）套袋顺序应先上后下，先内后外，逐枝逐果整株成片进行，以便管理，套时不要将铁丝扎在果柄上。

（5）适当晚采。推迟到立冬前后采收，这样可提高含糖量，增加着色面。风味变浓。

6. 苹果树生产中存在的问题及解决方法

（1）落果严重。受精不好，营养不良，套袋太早，伤及果柄所至；应注意花期喷肥+瓜果壮蒂灵，疏花疏果，加强肥水，延迟套袋。

（2）日灼。与袋纸的透光性，果袋有无透气孔，套袋时果子是否悬于果袋之中，以及高温有关；应注意选择质量高的果袋，套袋时不要让果子贴在纸壁上，将果子放中间，高温天气注意果园喷水，剪大透气孔。

（3）果实有斑点。主要是土壤黏重，通风透光不好，轮纹病菌侵染，康氏粉蚧为害，苦痘病发生；应注意合理修剪，增施有机肥，套袋前喷药喷肥。

（4）果实失水。主要是高温干旱，蒸腾加剧，叶片枝条内汁液浓度升高，果实内水分、养分倒流于枝叶中引起；应注意给果园少量多次灌水，如有喷灌、滴灌设施最好。

（二）摘袋后的管理

为促进果实着色与风味品质发育，红色品种，如红富士苹果，通常需要进行采前摘叶、转果、脱袋等工作。

1. 采前摘叶

采前摘叶通常分2~3次进行。第1次摘叶在采前20~25天，以摘除贴果叶为主。第2次摘叶，在采前7~10天进行，主要摘除近果叶。第3次摘叶可在采前3~5天进行，可摘除果实周围10cm左右的遮阴叶片。

2. 采前转果

采前转果时期与摘叶相似，通常分为单向转果、双向转果、连续转果等方法。应该注意的是，采前转果应在阴天或下午4时之后进行，以避免强光造成果面日灼伤。

3. 脱袋管理

脱袋时期与用途有关。采后贮藏的苹果，通常在规定的采收期之前7~10天脱袋。而采后直接鲜食的苹果，通常在采前20~30天脱袋，以促进果面充分着色，也有利于果实的风味发育。

九、果树防冻

果树冻害往往发生在主干、中干、主枝和侧枝的向阳面。树皮受冻，在被害的早期不易发现，随着气温的回升，树液流动加强，受冻症状才日渐明显，4—5月冻伤处干缩、稍微下陷，与健康部分分裂开，易诱发腐烂病。

冻害发生内因：果树在结果大年，如不疏花疏果，结果多，消耗养分过多，会导致树势衰弱，使枝干生长发育不充实，越冬则易受冻。

冻害发生外因：如果冬天气温低，来春仍长时间持续低温，就会使果树受冻害。秋季若过早发生气温骤降，树木未经逐渐降温的抗寒锻炼，被迫进入休眠，适应不了冬天严寒气候，也会发生冻害。春季气候若忽冷忽热，温差变化大，也会使果树枝干受伤受冻。

（一）冬季果树防冻御寒方法

每年的冬、春两季气温较低，在果树的管理上必须注意防御冻害。其方法大致有物理法、生态法和化学法3种。

1. 物理法

在冬、春季节对果树直接进行包裹防御冻害。

（1）果园覆草。在果树行间覆盖作物秸秆、树叶等，既可保墒，又能提高地温。

（2）覆膜。在果树周围1m的直径范围内铺设地膜。

（3）壅土。在入冬前，结合冬耕对果树进行培土15cm。

（4）包裹。在大冻到来前，用稻草绳缠绕主干、主枝，或用草捆好主干。

（5）合理修剪。春、夏要疏花疏果，使其适量结果；修剪时，防止树势衰弱。

（6）树干刷白。入冬时树干、主枝要刷白防寒，主干涂白在10月下旬进行，涂白剂的配制方法是生石灰10份、硫黄粉1份、食盐1份、植物油0.1份、清水20份，混均匀后涂刷主干和骨干枝分叉处，预防气温骤变而发生冻害。

2. 生态法

通过一定的措施改善果树的生态环境，防御低温冻害。

（1）灌水。在封冻前土壤"夜冻昼化"时对果树进行灌水，既可做到冬水春用，防止春旱，促进果树生长发育，又可以水蓄温，使寒冬期间地温保持相对稳定，从而减轻冻害。

（2）熏烟。该法宜在冬季最寒冷的夜间采用。燃料以锯末、糠壳、碎秸秆为好。在午夜12时左右点燃，注意控制火势，以暗火浓烟为宜。一般每亩果园设3~4个燃火点，使烟雾全覆果园，可使气温提高3~4℃。

（3）营造防风林。利用防风林，改善果园的小气候，减弱风速，抑制干旱，可减轻冻害。

3. 化学法

在低温冻害之前人工喷洒具有一定功能的化学制剂，延迟果树花期、提高树体汁液浓度等，从而增强抗寒性。如在早春喷施萘乙酸液，可延迟果树开花期5天以上，从而躲过冻害。

（二）春季花芽防冻方法

近年来，"倒春寒"现象时有发生，果园常受到冻害的威胁。果树萌芽后，芽体抗寒力较低，很容易发生冻芽冻花现象，直接影响坐果率的提高。

1. 果园浇水

在果树萌芽前浇灌果园，能明显降低土温，延伸果树发芽期。也可在果树萌芽后浇灌果园，这样能推迟开花期3~5天。

2. 果园熏烟

在寒冷或霜冻的凌晨，点燃稻草、杂草、锯末等烟堆，一般每亩果园应燃放4~6个烟堆，每个烟堆不高于1m，重量不低于20kg。用闷火熏烧，产生浓密的烟雾，布满整个果园，从而减轻冻害。

3. 喷施药剂

在果树萌芽前，将低浓度的乙烯利或萘乙酸、青鲜素等水溶液喷在果树上，也可喷施叶面肥增加树势和抵抗力，从而减轻寒冻的危害。对正在开花的果树喷0.3%~0.6%的磷酸二氢钾加0.5%的白砂糖，连喷2~3次。

第三节　温室大樱桃栽培技术

大樱桃又称樱珠、车厘子，属于蔷薇科落叶乔木果树。大樱桃成熟时颜色鲜红，玲珑剔透，味美形娇，营养丰富，果实风味独特，近年来越来越受到人们的青睐。

一、温室设计

1. 场地选择

建造大棚的用地要选择背风向阳、地势平坦、土壤肥沃、通透性好、旱能灌、涝能排的地理环境。

2. 温室方位

为了有利采光和保温，以南偏西或偏东5°～10°为好，温室坐北向南，东西走向。

3. 温室类型

有3种，即一斜一立式、半圆拱式、半圆形棚架结构。一般分有支柱和无支柱，棚跨度9～10m，后墙高3m，中脊高4.5m，后坡长1.7～1.8m，后屋面仰面角65°～70°，前屋面呈半拱形，与地面水平角度70°～75°。后坡墙防寒土2.5～3.0m厚，也可不堆防寒土，直接起墙50～60cm，外挂泡沫板保温。温室前低角挖防寒沟宽70cm、深60cm，沟内填满稻草、树叶、稻壳等保温材料，也可利用此沟做秸秆生物反应堆。其主要目的是阻断棚外界寒气侵入，使棚内前后温度相同，花期整齐一致，一般温室长度为80～100m。

建议有条件的园区建造连栋拱棚。对于单体拱棚，连栋拱棚的土地利用率更高，高度更高，内部空间大，适合规模化生产，但造价也较高。

二、品种及砧木选择

1. 大樱桃品种

（1）美早。果实为宽心脏形，平均单果重11.5g；果实鲜红，充分成熟时为紫红色至紫黑色，具有明亮光泽，艳丽美观；肉质脆，肥厚多汁，风味酸甜可口；果柄短粗，半离核，果实生育期40～43天。

（2）红灯。果实为肾形，初成熟期为鲜红色，外观美丽，挂在树上宛若红灯，后逐渐变成紫色，有鲜艳的光亮。平均单果重12.2g，果肉肥厚多汁，酸甜可口，果汁红色。半离核，果柄短粗，果实生育期35～40天。

（3）布鲁克斯。为美国品种，父母本为伦尼×早紫。果顶平，稍凹陷，平均单果重9.4g，最大单果重13.0g；果皮浓红，底色淡黄，油亮光泽。果柄短粗，平均长3.1cm，果肉紫红，肉厚核小，肉质脆硬，含糖量17%，含酸量0.97%，糖酸比17.5，果实发育期39天。

（4）沙蜜豆。加拿大品种，由先锋、萨姆杂交育成。果实个头大，平均单果重13g，果实为长心脏形，果皮紫红色，果形及色泽美观光亮，果肉较脆，口味酸甜，风味浓，品质上等，商品性较好，果皮韧度较高，抗裂果，果实生育期50～55天。

（5）明珠。果实为心脏形，平均果重12.3g，底色浅黄，阳面呈鲜红色，外观色泽艳丽。肥厚多汁，品质极佳，果实生育期30～35天。

（6）庄园红。为红灯芽变品种，果实心脏形，果实生育期30～33天，平均单果重13g，成熟时有鲜红色的光亮，果柄短粗，果肉肥厚，多汁，酸甜可口。

2. 砧木

（1）大青叶。产自山东烟台，亲和性好，生长速度快，丰产，耐涝，抗寒性差。

（2）吉塞拉。德国研究所育成，矮化砧木，目前5号、6号为生产中选用，抗寒性强，早产丰产性好。

（3）马哈利。原产于欧洲，生长速度快，早产丰产性好。

（4）山樱。原产辽宁本溪，亲合性一般，生长缓慢，耐瘠薄，抗寒力强，根癌重。

（5）樱砧王。从日本引进，可以用硬枝扦插，成活率高，亲合力强，根系发达，生长势强，抗流胶。

三、栽植

棚内一般为双行或3行栽植，株行距为4m×4m或3m×4m，树冠较大的可以单行栽植。温室大棚樱桃栽植，一般都是4～7年生大树移栽。

为保证移栽的成活率，必须保证有足够长的生长根系，大樱桃移栽前要将伤根剪平，去掉根瘤，并做一次杀菌处理，栽植后要灌透水。在发芽前及展叶后淋施2～3次海精灵生物刺激剂根施型300倍液，展叶后配合喷施2～3次海精灵生物刺激剂叶面型，提升树体营养，增强其适应能力。

四、肥水管理

1. 肥料管理

（1）基肥。一般于8月中下旬施用，以腐熟有机肥为主，配合使用菌肥，放射状沟或环状沟施入。

（2）萌芽肥、花前肥。以速效性氮肥为主，配合淋施海精灵生物刺激剂根施型。以提升营养水平，提高坐果率，促进幼果膨大。

（3）膨果肥。以磷、钾肥为主，促进幼果膨大，提升果实品质。

（4）采果肥。追施平衡型复合肥，恢复树势的同时保证大樱桃花芽分化所需营养。

（5）叶面追肥。在花前、花后、硬核、膨大、着色等关键期注意进行叶面追肥，如磷钾源库、红库、海精灵生物刺激剂叶面型等。

2. 水分管理

温室大樱桃灌水有7个时期，分别为升温前灌透水，促进萌芽；开花前灌水，促进开花坐果；落花后灌水，促进幼果膨大；硬核期灌水，促进果实生长；果实膨大期灌水，促进果实生长；采前灌水，促进果肉生长；采收后灌水，促进花芽分化。

灌水应在晴天进行，注意放风降低湿度，果实成熟期灌水应在膜下进行。同时灌水时不能用井水，防止灌水后降低地温，影响根系生长。要在棚内修蓄水池或在棚内前部用塑料桶装水晒水，用温水灌。

五、整形修剪

1. 疏散分形

树冠高度3.0～3.5m，全树分生5～6个主枝，第1层主枝至第2层主枝层间距为80～100cm，背上留有中小型结果枝组，副养枝留单头，以小型结果枝组为主。

2. 纺锤形

树冠高度2.5～3.0m，全树分生16～20个主枝，主枝分生以螺旋式攀升，主枝以跑单头生长，主枝上分中小型结果枝组。

3. 开心形

树冠高度2.5～3.0m，全树分生3～4个主枝，呈三角形或"十"字形生长。

温室大樱桃整形修剪主要在生长季进行，休眠期轻剪或不剪。升温初树液流动后和采果后，拉枝开角，调整主侧枝方位，改善光照，缓和树势，促发短枝，有利成花。花后半月始，对旺梢留8～10片叶掐嫩尖，背上直立梢留5cm摘心；采果后，旺长梢留20～30cm摘心，直立梢留5cm摘心，幼龄树连摘2～3次，促发短枝，提早结果。采果后还要调整树体结构，疏竞争枝、交叉枝、重叠枝和多余大枝，冗长枝回缩复壮，结合拉枝调整树形。疏枝不留桩，伤口要平，以利愈合，还要涂铅油保护。

六、温、湿度管理

1. 休眠期

大樱桃一般温度达到2.4～7.2℃休眠，不同品种需冷休眠期为600～1 200小时。为了让大樱桃及早进入休眠，可在10月上中旬喷施7%～10%尿素液，促进叶片及早脱落，同时也增加树体养分积累；用草帘或棉被盖棚，白天将覆盖物遮盖上，晚上拉起，当棚内温度达到所需要低冷休眠温度时，停止拉放。11月上中旬时将塑料膜盖上等待升温，注意此时期要保持土壤水分，如棚内干燥，应及时灌水。

为了打破芽的休眠，达到芽萌发的一致性，在温室升温头天下午喷施50%单氰胺60~70倍液（与石硫合剂间隔7~10天），第2天开始拉帘升温。

2. 发芽前

初升温时期1周内气温应控制在白天不超过15℃，夜间控制在0~5℃。发芽前，白天气温控制为18~20℃，最高不超过25℃，夜间不低于5~7℃，地温保持10℃，湿度保持80%。注意棚内湿度过低时要对树干或地面喷水增加湿度，只有保持一定湿度，开花才能整齐。

3. 花期

当棚内大樱桃见到第1朵花时，喷施15%的多效唑（PP333）500~1 000倍液（视树势强弱）。白天温度控制为16~18℃（花粉发芽温度为15℃），最高不超过20℃，夜间温度控制为8~10℃，地温15~17℃，湿度40%~50%（湿度过大易发生花腐病）。当大樱桃花蕾露白时可放蜂授粉，花开30%时可进行人工授粉，当美早、沙蜜豆花开50%~60%可进行喷施植物生长调节剂，促进坐果。红灯落花时方可喷施（花瓣脱落），间隔15天后再喷1次，也可多次喷施。注意喷施时要避免喷到叶片和新梢上，温度过高或过多次使用会出现徒长、畸形果、叶片肥大甚至出现结果大小年现象。喷施时间最好选择在傍晚，气温不宜过高，否则药液中的水分会很快蒸发，导致过量未被吸收的药液沉积于叶表面对植物有害。傍晚喷施后第2天早上的露水有助于药液的吸收。

4. 果实膨大期

白天气温控制在23~25℃，最高不超过28℃，夜间温度控制在15℃，地温不超过20~22℃，湿度控制在60%左右。

5. 果实成熟期

白天气温控制在25~26℃，夜间温度控制在17℃左右，地温不超过20~22℃，湿度不超过50%。

6. 采收后

白天气温保持在20~25℃，夜间18~20℃，湿度60%。

七、花果管理

1.辅助授粉

授粉树与主栽品种比例为1∶4，当大樱桃树开花时可利用蜜蜂或壁蜂授粉，也可以采取人工授粉。

2.疏花疏果

花芽膨大期疏花芽，疏瘦弱花、过密花，花量大时采用花前复剪方法调节。疏果一般在花后3周进行，疏密生果、双肩果、畸形果、枝下小果等，合理负载，减少营养消耗，以利幼果生长和花芽分化。

3.喷布生长调节剂与微量元素

初花期始喷硼肥+海精灵生物刺激剂800倍液1～2次，盛花期相隔10天连喷2次50mg/kg赤霉素+磷钾源库600倍液，有助于提高坐果率。采前25天喷12mg/L赤霉素+钙肥，隔5～6天一次，可大量减少裂果。

八、病虫害防治

病害主要有流胶病、灰霉病、炭疽病、干腐病、根癌病、穿孔病、褐腐病、斑点落叶病；虫害主要有桑白蚧、叶螨绿盲蝽、梨花网蝽、毛虫、潜叶蛾等，要注意综合防控，科学用药。

第四节　秋月梨"V"形密植简化栽培技术

秋月梨是引进自日本的杂交梨类品种，品质上等，耐贮藏，长期贮藏后无异味。果实近圆形，果实较大，平均单果重450g，最大可达1 000g。果实整齐度极高，商品果率高。果形为扁圆形，果形指数0.8左右。果皮黄红褐色，果色纯正；果肉白色，肉质酥脆，石细胞极少，口感清香，可溶性固形物含量14.5%左右。

秋月梨生长势强，树姿较开张，一年生枝灰褐色，枝条粗壮，叶片卵圆形或长圆形。幼枝生长势强，萌芽率低，成枝力较高，易形成短果枝，一年生枝条甩放后可形成腋花芽。在胶东地区，秋月梨一般3月下旬花芽萌动，4月15日初花期，4月20—25日盛花期，花期10天左右。叶芽4月中旬萌动，4月下旬开始萌发。果实于9月中下旬成熟，比丰水晚10天，比新高早10天，生长期150天左右。秋月梨适应性较强，抗寒力强，耐干旱；较抗黑星、黑斑病。主要缺点是萼片宿存；树姿较直立，4～5年生骨干枝容易出现下部光秃。

一、建园

选择有水浇条件、土壤肥沃的地块建园。建园时，秋季开挖宽0.8m、深0.8m的植树沟，每亩施发酵好的鸡粪、牛粪等土杂肥2~3m³，复合肥100kg，进行填土、打畦、灌沟，覆膜保墒。丘陵山地需清出砾石。春季定植高80cm以上1年生秋月梨壮苗。

栽植密度：肥沃平原地一般前期采用株行距1m×4m，167株/亩，后期（8~9年后）改为2m×4m；丘陵山地前期宜采用0.75m×4m，后期改为1.5m×4m。授粉树品种可选南水、喜水、圆黄等经济价值较高的品种，授粉树配置比例（5~8）：1。

二、简易"V"形架建立

在秋月梨定植第2年，为便于机械作业，适应老龄化栽培需要，建立简易"V"形架。利用水泥柱每隔8~10m相对栽植2根，水泥柱高3.2m，埋入土中深度约60cm，分别与地面成60°角，形成简易"V"形，在每一行梨树地头埋石桩固定拉紧铁丝，从距离地面40cm开始每隔60cm左右拉一道铁丝，共拉4道铁丝，建立简易"V"形架可适当调整架杆角度，保证梨园行间要留足1m以上的作业道。

三、土肥水管理

1. 生草与覆草

采用生草与覆草的方式。在行间套种紫花苜蓿、毛叶苕子等绿肥作物，待绿肥作物高至30~40cm时刈割，每年刈割2~4次，每次留茬高10cm，刈割下的生草覆于树盘。生草播种分春播和秋播，春播一般在3—4月，秋播一般在8—9月。播种量一般在1.5~3kg，播种方式分条播或撒播，播种深度一般在1~2cm，株行距20~30cm。每年选用麦秸、麦糠、玉米秸、稻草、田间杂草以及刈割下的生草等覆盖材料，覆于树盘，覆盖厚度15~20cm，上面零星压土。覆盖3~5年后，结合深翻开沟埋草，提高土壤肥力和蓄水能力。

2. 基肥

据地力确定施肥量，以有机肥为主，并混入适量的氮、磷、钾肥和生物菌肥，实施配方施肥。按照无公害梨的生产要求，基肥以经高温发酵或沤制过的有机肥为主，混加少量氮素化肥。初果期按1kg梨施用1.5~2.5kg优质农家肥；盛果期梨园按3 000kg/亩施肥。其中，幼树施肥量掌握在施2 000~4 000kg/亩。施肥方法采用沟施和撒施，其中沟施是指每年在定植沟外挖平行沟，沟宽50cm，沟深60cm。将表土混以有机肥和作物秸秆后施入中下部，底土覆在上层，然后充分灌水。撒施则是指将肥料均匀撒在树冠下，然后翻耕20cm，把肥料翻入土中，然后充分灌水。

为了提高果实品质和预防生理性病害，按每株树150g硼砂（隔年施用）、200g硝酸钙、粉碎的花生壳（或稻壳）1~1.5kg、EM菌发酵液100倍0.5~1.0L、草炭土0.25~0.3kg、硫酸镁8~10g，充分搅拌后施入。提倡浅施肥，一般以土下10~20cm为宜。

3. 追肥

秋月梨属于砂梨，对肥水要求较为严格，喜欢大肥、大水。按照梨树的生长结果习性，每年追肥3次。第1次在萌芽前后，以氮肥为主，第2次在花后至花芽分化前，以氮、磷肥为主，氮、磷、钾混合使用，第3次在果实膨大期施磷肥和钾肥，以钾肥为主。施肥方法采用机械施肥枪，把肥料用水稀释后注入地下30~40cm根系分布区。叶面喷肥在整个生长季节均可施用，以生长前期为宜，全年4~5次。一般生长前期2次，以氮肥为主，后期2~3次，以磷、钾肥为主，也可根据树体情况喷施果树生长发育所需的微量元素。常用肥料浓度为尿素0.2%~0.3%，磷酸二氢钾0.2%~0.3%，硼砂0.2%~0.5%，氨基酸锌0.05%~0.1%，氨基酸铁0.03%。叶面喷肥应在早晨或傍晚进行，喷洒部位以叶背面为主。

4. 灌水和排水

追肥后及时浇水。根据土壤墒情，确定适宜的灌水时间和次数，大雨时及时将积水排出。

四、整形修剪

春季萌芽前定干，定干高度以0.5~0.6m为宜。选留东西两方向的主枝，作为"V"字形树形两大骨干枝，用布条分别绑缚于相邻两个屋脊架的斜面上。当年冬季修剪时对每个主枝进行轻短截。第2年春，即当地柳树发芽时进行除顶端20cm以外两侧所有芽进行锯条刻芽促生分枝。"V"形架建立后，春季将主枝引缚于两侧铁丝上均匀绑缚于屋脊架的斜面上。7月之前将刻芽所出小分枝用布条均匀牵引绑缚在主枝两侧；休眠期修剪采取长放中庸结果枝、疏剪过长过旺枝调节生长与结果的关系，改善光照条件，建立骨架结构；生长期修剪采取摘心、扭梢、拿枝等手段促进营养生长向生殖生长的快速转变。第3年树体骨架基本建立，根据空间将结果枝组均匀引缚于两侧铁丝上加以固定，根据"V"面枝条数量疏除回缩多余结果枝，第4年成形后修剪以疏枝和回缩为主，成形后"V"形双干分别为2.8m左右，垂直树高2.2m左右，冬剪后保留枝量约3.5万条/亩，结果枝连续结果3年后回缩更新，用下部强旺发育枝拉倒用作结果枝。

五、花果管理

秋月梨坐果率较高，但仍需配栽授粉树，初花期将蜂箱放入梨园内，蜂箱应均匀分散，1 000~2 000m²放2箱，放蜂期间禁止喷杀虫农药。花期也可进行人工授粉，在梨花开放25%时开始授粉，以天气晴朗、微风或无风，上午9时以后效果较好。选择花序基部的第1~2朵边花进行授粉。盛花期喷0.3%~0.5%的尿素和0.1%~0.3%的硼砂加0.3%的磷酸二氢钾水溶液能有效提高坐果率。

为提高坐果率和果品质量，在幼果期适时疏花疏果。在秋月梨的花序分离期（山东省胶东地区一般在4月上旬），应按一定的距离进行疏除整个花序。在实际生产中为了提高工效，一般按25cm左右的距离留1个花序，其余的花序一律疏去。人工疏果时，首先将病虫为害的、受精不良的、形状不正的、叶磨果、朝天果、下垂果进行疏除。果实直立向上的"朝天果"，虽然在幼果期生长良好，但在果实膨大期，容易造成果径弯曲，而使果型不端正。因此，应留那些位于结果枝组两侧横向生长的幼果。幼期果实向下生长的"下垂果"，也尽量不留。

为提高果品外在品质需进行套袋，于花后25~30天内套完。根据果型和果实大小，选择适宜的纸袋对果实进行套袋。套袋前必须普遍喷1次杀虫、杀菌剂，并将果实萼部附着的花瓣、雄雌蕊等清除干净。套袋时按先树上后树下，先树内后树外的原则，选纵向发育、底部萼狭而有些凸出、果梗长而粗、着生在枝条侧面或下方的果进行套袋；枝条上方的果不宜套袋，注意将套袋口扎紧。

六、病虫害防治

采果后及时清扫果园，集中深埋、烧毁或沤制绿肥，减少越冬菌源、虫源，降低越冬病虫基数。3月下旬萌芽前，用4~5波美度的石硫合剂，呈雨淋状喷雾；4月上旬花序分离期，用2.0%的阿维菌素乳油4 000~6 000倍液+70%的甲基托布津可湿性粉剂1 000倍液+10%的吡虫啉可湿性粉剂1 500倍液喷雾。花后10天，用70%的甲基托布津可湿性粉剂1 500倍液+10%的吡虫啉可湿性粉剂2 000倍液喷雾。

可采取糖醋液、杀虫灯等方法诱杀害虫。7—8月挂糖醋瓶（糖、醋、酒、水比例为5：4：1：30），2~4个/亩，并安装频振灯进行灯光诱杀，每公顷1台。提倡使用植物源、动物源、微生物源农药，有限度地使用高效、低毒、低残留农药。

七、小结

实践证明，秋月梨树姿较直立，骨干枝容易出现下部光秃，简易"V"形架树体较矮小，操作简单，及时绑缚和结果枝更新较好保持树体高度，并且克服了秋月梨直立生长骨干枝容易出现下部光秃的缺点，降低了梨园劳动强度，而且丰产性强，认为该品种和简易"V"形架栽培可在山东省西部平原及类似地区推广。

第五节　设施油桃栽培技术

油桃属蔷薇科、桃属植物，是一种落叶小乔木，源于中国。油桃叶为窄椭圆形至披针形，长15cm，宽4cm；花单生，从淡至深粉红或红色，有时为白色，有短柄；油桃表皮是无毛而光滑，为橙黄色泛红色，直径7.5cm，有带深麻点和沟纹的核，内含白色种子；果肉较硬，颜色有粉红、黄色、白色的，含糖13%、有机酸1.5%、果胶1%，蛋白质1.1%，富含维生素C。

一、大棚的建造

选择地势平坦、土壤肥沃、水源充足的地块建造日光温室。大棚向座朝南，偏西3°~5°，棚长50~60m，跨度7~10m，脊高3.2~3.4m，前沿高1.2m，墙体厚度1m，棚架材料选用钢管或竹木。温室建造应达到棚内空间利用率高，方便作业，充分利用光能的目的。

二、品种选择

选择成熟早、需水量小、耐储藏、自花结实力强、丰产稳定、综合性状优良的品种，如曙光、华光、早红株、丹墨、艳光、瑞光等。

1. 瑞光8号

中熟甜油桃品种，北京市农林科学院林果所杂交育成。果实短椭圆形，纵径6.73cm，横径6.55cm，侧径6.55cm。平均单果重159g，大果重210g。果顶圆，缝合线浅，两侧较对称，果型整齐。果皮底色黄，果面近全面着紫红色晕，不易剥离。果肉为黄色，肉质细韧，硬溶质，耐运输，味甜，黏核。含可溶性固形物10.0%。北京地区7月底成熟，极丰产。适宜在中国北方地区推广。

2. 瑞光11号

中熟油桃品种。果实短椭圆形或近圆形，纵径6.67cm，横径6.29cm，侧径6.29cm。平均单果重146g，大果重189g。果顶圆，缝合线浅，两侧较对称，果型整齐。果皮底色黄白，果面1/2着紫红或玫瑰红色点或晕，不易剥离。果肉白色，肉质细，成熟后软且多汁，为硬溶质，味甜，风味较浓，黏核，完熟时为半离核，鲜核重8.1g。含可溶性固形物9.5%~10%，可溶性糖7.02%，可滴定酸0.36%，维生素C 7.7mg/100g。树势强健，树姿半开张，树冠较大，发枝力强。复花芽较多，占55%。花芽起始节位1~2节。各类果枝均能结果，丰产性好，盛果期树亩产可达2 000kg以上。7月28日至8月5日成熟，年生育期210天左右。

3. 华光油桃

树体生长健壮，树型紧凑，中果枝节间长1.54cm，叶片呈披针形，墨绿色，长宽比4.1∶1，花为蔷薇型，花瓣淡粉红色，有花粉，自交坐果率19.5%。果实近圆形，平均单果重80g左右，最大可达120g以上，表面光滑无毛，80%果面着玫瑰红色，改善光照条件则可全面着色，果皮中厚，不易剥离，果肉乳白色，软溶质，汁多，pH值5.0，黏核。果实发育期60天左右，果实发育后期雨水偏多时，有轻度裂果现象。定植第2年开始结果，3年生平均亩产1 622kg，4年生平均亩产2 000kg。

三、栽植建园

为了充分利用空间，生产上多采用密植的方法，按照1m×1.5m的株行距栽植。建园前对温室内土壤进行深翻改良，按照南北向成行建园，从东到西按1.5m的间隔标定栽植行，在所标栽植线上挖深60cm、宽60cm的定植沟，沟底填入20cm左右厚的作物秸秆或杂草，其上填埋表土与腐熟有机肥混合物，保证每亩施用有机肥在5 000kg以上，并配施专用肥30~50kg，然后用剩余的土将沟填平。苗木栽植一般在土壤解冻后（3—4月）进行，争取尽早栽植，为了提高成活率，促进根系发育，定植前苗根用水浸泡12小时，使其充分吸水，并用生物固氮肥或根宝2号拌泥浆进行蘸根处理。栽时注意根系舒展，栽后整平树盘再浇水，使栽培沟沉实。待地面花白后立即中耕并进行地膜覆盖，以提温保墒，促进幼苗发育。另外，应合理搭配授粉品种，一般主栽、授粉品种比例为（8~10）∶1。

四、整形修剪

1. 修剪方法

（1）短截。将枝条剪短称短截，多年生枝的短截叫回缩，对剪截附近的枝芽有局部促进生长作用。

（2）疏剪。将枝条从基部完全疏除叫疏剪。有利于花芽分化、花果生长和发育。常用于过密枝、过弱枝疏除，可在平衡树势、调整枝量时应用。

（3）摘心。生长期剪去新梢顶部的幼嫩部分叫摘心。能促进发芽充实，有利于花芽形成。常用于竞争枝和徒长枝的控制上。

（4）拿枝、扭梢。拿枝在新梢木质化初期，可加大角度，缓和生长，以利结果。常用于幼树或初结果树的强树利用改造。扭梢先将枝条稍微扭伤、拉平，以缓和生长，利于结果。多用于辅养枝上。

（5）环刻或目伤。环刻是在生长期在枝条基部刻伤，以阻截上部光合成营养的输出，提高营养贮藏水平，促进花芽分化。常用于辅养枝。目伤在萌芽前进行，在芽的上部刻伤，又促进芽萌发，常用于枝条秃带。

2. 摘心

油桃可多次分枝，生产中应利用油桃这一特性，对其进行多次摘心，以有效增加枝量。通常从6—8月共进行3次摘心。第1次摘心在苗高30～50cm时进行，第2次在新梢长到50～60cm时进行，第3次在8月对旺长的新梢摘心。

3. 剪枝控长

油桃生长旺盛，生产中应加强树体的控制，重点要控制树高、枝展和枝量。应根据油桃在设施内位置的不同，确定不同的整形方式。最南边一行由于受空间所限，一般以开心形、"V"字形整形为主，其他的多采用纺锤形等主干形整形。栽植当年的树高应控制在1.8m以内，以后应控制在2.5～2.8m，保持树枝梢最高处与棚膜之间间距大于40cm。如果枝梢最高处与棚膜间距过小，则温度不易降下来，温度控制难度大。枝展应控制枝间交接量少于10%，行间应有50～60cm宽的作业通道。这些在栽植当年易于控制，可通过摘心及喷洒多效唑来实现，以后可通过间伐减少株数进行控制。枝量应控制在单株留结果枝15～20个，每亩留枝量7万～8万条。栽植当年以增加枝量为主，可通过摘心来实现，以后管理多以减少枝量为主，摘心控制枝的长度和长势。在生长期及休眠期要做好枝量调整，可通过抹芽和疏枝进行，要保证剪口留单芽，疏除直立枝、密生枝、病虫枝、交叉枝、重叠枝、过粗枝、细弱枝等。

五、田间管理

1. 促花控果

（1）促花。主要通过缓和枝的长势来实现，主要措施包括拉枝开角和应用生长激素。拉枝多在枝长20cm左右时进行，通过拉枝开角，保持枝条以50°左右的角度延伸。应用生长激素促花是油桃设施栽培的关键技术之一，直接决定油桃的产量和品质，一般从7月开始，每隔10～15天应用1次，连续应用2～3次。喷洒生长激素时，要根据树和枝的长势灵活应用，一般弱树、弱枝应轻喷，旺树、旺枝应重喷，可喷洒15%多效唑200～300倍液。

（2）控果。通过疏花疏果，控制结果量，以减少结果对树体养分的过度消耗，一般应将亩产量控制在1 500kg左右。根据枝的长势，疏果后长果枝留3～4个果，中果枝留2～3个果，短果枝留1～2个果，花束状结果枝留1个果，对多余的花果应及时疏除。

（3）保持壮枝结果。采果后，要加强结果枝的更新，将结过果的枝留10cm进行重截，促使形成新的结果枝。

2. 肥水管理

定植当年在新梢开始生长期追一次氮肥，亩施尿素10～15kg，促进新梢生长。5月下旬施一次复合肥，有利于花芽分化，一般亩施20～30kg。9月下旬至10月上旬结合土壤深翻，亩施优质农家肥3 000～4 000kg，配施复合肥50kg/亩，增加树体储藏营养，促进新根形成。翌年花前（2月上中旬）亩施30～50kg果树专用肥。温室覆膜前20～30天灌足水，并在树盘覆盖地膜，以提高地温，减少水分蒸发。每年至少浇水4次，即花前水、花后水、幼果膨大水、越冬水。每次浇水与施肥结合进行。

有条件的可应用水肥一体化技术施肥。根据树体长势，每次每亩施用氮、磷、钾三元复合肥10～15kg或等量的水溶肥。

3. 合理调控

（1）解除休眠。油桃落叶后需经一定低温才能正常生长发育。一般落叶后50～60天即可解除休眠。为了便于管理和降低成本，采用不加温日光温室。在1月上旬扣棚较为适宜。

（2）温湿度。扣棚后温度靠揭盖草苫和开关通风口来调节。开始升温到萌芽期，升温过程要缓，开始揭半数苫，前7天白天温度控制在18℃以下；一周后白天全部揭开草苫，日落前放下，高温控制在25℃以下；花期温度不能超过23℃，夜间不能低于5℃；果实成熟期白天温度最高28℃，夜间15℃。

棚内相对湿度从扣棚至开花前应控制在70%～80%，开花期40%左右，坐果后60%以下，根据气候情况，4月可逐步撤去草苫，5月上旬逐步揭去棚膜。

（3）光照。设施栽培油桃时，由于棚膜过滤及遮光，设施内的光照强度常常不足自然光照强度的70%，往往不能满足树体生长的需要。因此，生产中应注意选择新型EVA无滴膜覆盖，并保持棚膜洁净，以提高透光率，同时还需人工补充光照。补充光照时间，早、晚均可，每天需补充3～4小时，光源可用白炽灯、红光灯、日光灯等，其中白炽灯效果最佳，红光灯、日光灯次之。

在做好温度、湿度调控的同时，对二氧化碳的调控也应高度重视。在设施栽培油桃生产中，增施二氧化碳可提高光合效率，能有效地促进产量提高，改善果实品质，增强植株的抗性。可通过增施有机肥、通风换气、用盐酸与石灰石或用硫酸与碳酸氢铵发生化学反应释放二氧化碳、增施固体二氧化碳等多种方法补充环境中的二氧化碳，其中施用固体二氧化碳效果最明显。一般在油桃展叶前6天左右，在树行间开深2cm左右的条状沟，每亩施40～50kg固体二氧化碳气肥，可使设施内二氧化碳浓度高达0.1%，有效期达90天。

4. 病虫害防治

油桃病虫害主要有桃蚜、红蜘蛛、细菌性穿孔病和炭疽病。桃蚜在树芽萌发初期用速灭杀丁2 000倍液，或一遍净1 500倍液进行防治。红蜘蛛用螨死净，或尼索朗2 500倍液，或蛾螨灵2 000倍液防治。细菌性穿孔病和炭疽病在发芽前喷波美4度石硫合剂，花后喷65%的代森锌500倍液2～3次，果实成熟前喷甲基托布津1 000倍液防治。

第六节　阳光玫瑰葡萄栽培技术

阳光玫瑰葡萄集丰产稳产、抗病、大粒、耐贮运、口感极佳等优点于一体，被称为"能给葡萄产业带来福音的划时代品种"。

阳光玫瑰葡萄属中熟品种，植株长势较强，花芽分化好且稳定，新梢结实力强。花穗中等长，坐果率高，丰产稳产，果穗、果粒成熟一致。正常管理条件下，第1年建园，第2年开始结果，第3年每亩可产优质葡萄1 500kg。该品种一般3月中上旬萌芽，5月初进入初花期，5月上中旬盛花期，6月上旬开始第1次幼果膨大，7月中旬果实开始转色，8月初开始成熟。阳光玫瑰果穗圆锥形，平均单穗重700g左右。果粒着生中等紧密，单粒重8～10g，短椭圆形，果皮薄，黄绿色，果粉少，果肉硬脆，果皮与果肉不易分离，兼有玫瑰香和奶香复合型香味，可溶性固形物含量17%以上，食用品质极佳。

阳光玫瑰露天栽培表现不好，各种病害严重。另外，阳光玫瑰耐挂果的优势露天栽培无法实现。建议阳光玫瑰采用大棚或者避雨设施栽培。

一、建园与定植

（一）园地准备

建园前，应做好土壤的准备工作，土壤的准备主要包括清除自然植被、土地平整、深翻土壤、土壤消毒等。根据不同的栽培架式和栽培密度，挖定植穴（沟），定植穴（沟）要求60cm见方，然后回填，回填时要施足腐熟有机肥，一般每亩需要3 000kg以上。

（二）苗木选择

建议采用脱毒苗木。阳光玫瑰对葡萄病毒类病害非常敏感，尤其是用未经脱毒的贝达等砧木嫁接葡萄苗木病毒症状更为突出。带毒后叶片变形，普遍表现叶片反卷、畸形、褪绿斑驳、透明斑等类似病毒病的症状。各地近几年发展起来的阳光玫瑰葡萄园，因感染病毒病不能投产的超过半数，所以选择脱毒苗木十分重要。

（三）定植

晚秋或早春定植均可，苗木栽植前要进行适当的根系修剪，一般留15cm短截，使根在伤部剪口处促发新根。将苗木根系舒展放在定植沟（穴）中，当填土超过根系时，轻轻将苗木抖动，使根系周围不留空隙。坑填满后踩实，顺行开沟浇水，浇透。栽植深度一般以根茎处与地面平齐为宜。嫁接苗的接口要高出地面10cm以上，以防接穗品种生根。

二、栽植后管理

幼苗在顶芽萌发前一般不进行管理，让其自行萌发。当苗木新梢长到5cm时要逐步加强管理。根据整形需要，每株只留1~2个健壮的新梢。待新梢长达20cm左右时，应插一根临时性的支柱，将新梢绑缚到支柱上，以免被风吹倒。

（一）栽培架势

阳光玫瑰长势较旺，宜稀植大树冠栽培，采用大"H"架（水平棚架、"V"形水平架），一字架（宽"V"架、飞鸟架）等，为阳光玫瑰根系伸展和枝叶生长提供足够的生长空间。

（二）整形修剪

1. 冬季修剪

（1）修剪时间。每年12月中旬至2月上旬。建议年前修剪结束。

（2）修剪方法。所有架式均以短梢修剪为主，结合中梢修剪。为防止剪口部位枝条抽干，影响留芽萌发和结果部位外移，剪口与芽眼之间距离不能太近，一般5cm以上，或在留芽上部芽眼中间进行短截，为破芽修剪。

随着树龄的增加，结果枝常常出现缺位现象，如出现结果枝缺位，可以将缺位部分下部的结果枝条延长修剪。以弥补上位结果枝的缺失。定植当年冬剪时，结果母枝全部保留2芽进行短梢修剪。灵活掌握单枝更新法、双枝更新法对树体进行短截、回缩。

2. 夏季修剪

（1）抹芽。萌芽后，根据萌发芽的优劣进行选择，留健壮芽、着生位置好的芽；去除无用的芽、副芽和瘪芽、位置不好的芽。

①抹芽时间。一般在萌芽后10~15天分次进行。

②抹芽方法。第1次主要抹去无用的芽，如单个芽眼萌生的副芽和主蔓基部萌生的萌蘖。第2次在第1次抹芽后10天左右进行，主要抹去第1次多留的芽、后萌发的芽和无用芽、位置不当的芽。对于有利用价值的弱芽应尽量保留，如主蔓有缺位的部分

尽量留芽（无论强弱），尽量保留。

（2）定枝。继抹芽之后，确定架面新梢数量及调整负载量的技术措施。

①定枝时间。一般在新梢长至15cm左右，花穗出现并能分辨出花穗质量时进行。

②定枝的原则和方法。根据架面分布情况而定，高宽垂架式一般采用短梢修剪，结合中梢修剪。在定枝时，要根据花穗质量，枝条着生的位置和方向掌握定枝的数量。一般一个结果母枝只保留一个新梢，最多不超过3个。新梢间距15～20cm。如相邻结果新梢有缺位时，可保留两个新梢。另外根据枝条生长势强弱来决定定枝数量，一般生长势强，花穗发育充分，穗型较大，要适当少留新梢，生长势中等或较弱的，花穗发育一般，穗型较小的，枝条要多留，并在留枝的时候，将分化不好的小型花穗去除。

（3）主梢摘心。花期一定要控制新梢生长，通过主梢摘心，终止新梢的延长生长，使养分集中供给花序，保证开花结果，提高坐果率。

①摘心时间。葡萄始花期为摘心最佳时期。

②摘心强度。摘心位置一般在花序以上5～6片叶为宜，摘心口的叶片一般为正常叶片1/3大小。坐果后，结果枝延长梢无须再摘心，可以引缚延长梢向下垂直生长，改善架面透光条件，减少管理工作量。

（4）副梢摘心。主梢摘心后，葡萄枝条生长先端受阻，叶腋副梢会迅速生长，造成架面过分郁闭，影响通风透光。

①幼树副梢摘心方法。在不影响树体整形的情况下。可以留2～3片叶，反复摘心，以增强幼树的营养面积。

②结果枝副梢摘心方法。果穗以下的副梢全部抹去，果穗以上部分，留2～3片叶，反复摘心，或副梢发出后，留1片叶进行"单叶绝后"摘心。

（5）枝条引缚。枝条引缚是对葡萄枝蔓进行固定和定位。通过引缚，合理调整枝蔓角度和枝条在架面上的合理分布，达到充分利用阳光，促进枝条发育的目的。

（三）花序、果穗管理

1. 疏花

阳光玫瑰在良好的管理条件下，每个结果新梢会分生出1～2个花序，为确保葡萄果实的质量，在花序发育到5～8cm，进行疏花。

疏花的原则：生长势较强旺结果枝条留2个花序，中等枝条留1个花序，细弱枝条不留花序，延长枝不留花序。

2. 花序整形

在葡萄开花前7～10天，果穗开始拉开，这时是花穗整形的最佳时期。

阳光玫瑰花序整形方法：将果穗基部的几个较长分生小穗去除，并将所留基部支穗回剪2~3cm。在始花期将果穗顶尖部分，掐掉花穗长度的1~2cm。

阳光玫瑰无核化处理花序整形方法：保留穗尖3~4cm，其余支穗全部去除即可。穗尖开花整齐一致，方便无核处理。

3. 无核化处理

阳光玫瑰本身是一个有核品种，通过几年的栽培观察，发现有核葡萄的口感、坐果、品质都没有无核的表现好，所以阳光玫瑰的无核处理是必要的。

调节剂使用方法：花全部开放至开放后3天内用25mg/L赤霉素+2mg/L氯吡脲+200mg/L链霉素处理。第1次处理后12天后用25mg/L赤霉素（单独处理果粒12g左右）或25mg/L赤霉素+2mg/L氯吡脲处理（复配处理果粒16g左右）。

4. 果穗整形

在葡萄开花后15~20天，阳光玫瑰生理落花落果后，根据计划产量指标，合理调整单株及葡萄园的负载量，再根据阳光玫瑰果穗商品性的要求，进行果穗整形。

5. 疏果粒

为保证阳光玫瑰的果实品质和果穗整齐度以及增加果实商品性，在套袋前，对所留果穗进行1次全面的疏粒工作。要去除病虫果粒、畸形果粒、无核果粒和着生紧密的内膛果粒，疏果后要使果穗上果粒分布均匀、松紧适度，果穗大小基本一致。

6. 套袋

果实套袋可以减少鸟类为害和病虫害，减少农药使用量和环境污染，延迟采收，提高果实的商品性。一般在花后30~40天为宜。套袋应在晴天进行，以上午8—10时或下午4时以后为宜，切忌雨后高温立即套袋。

（四）肥水管理

1. 施肥管理

根据葡萄的需肥规律，科学施肥。幼树期从新梢开始生长起，每隔15~20天进行追肥，前期以氮肥为主兼施磷钾肥。后期磷肥和钾肥为主，兼施氮肥，施肥后灌水并及时松土。成龄树施肥以有机肥为主，化肥为辅。根据产量、地力等因素，科学合理的施用，保持或增加土壤肥力及土壤微生物活性。

（1）萌芽至开花期可用4~6kg平衡型水溶肥+海精灵生物刺激剂淋根型分1~2次滴灌或冲施。

（2）第1次膨大至硬核期分2次用8kg高钾型水溶肥，一次4kg平衡型水溶肥滴灌或冲施。

（3）第2次膨大期用8~10kg高钾型水溶肥，分两次施用。

（4）转色期至采收期用一次4kg高磷钾型水溶肥。

（5）采收后及时施秋肥以有机肥为主，帮助植株恢复树势，促进花芽分化，为翌年丰产打好基础。可适量添加中微量元素开沟施入，以采果后施入最佳。

（6）叶面施肥在阳光玫瑰生长关键时期，如新梢旺盛生长期、幼果膨大期、果实迅速膨大期等，除进行根部施肥，也可通过叶面喷施磷钾源库、海精灵生物刺激剂叶面型等，快速补充树体营养，增加叶片光合作用。

2. 水分管理

阳光玫瑰葡萄园采用沟灌或畦灌，有条件的可采用滴灌或小管出流。应根据葡萄生长发育期的需要进行灌溉。

（1）花前适当灌水。根据天气情况，需要灌溉1~2次，特别是葡萄萌芽期，需要水分量大。

（2）花期控水。花期一般维持10~15天，在花期要控制水分。花期浇水会引起葡萄枝叶徒长，对开花坐果不利。花前最后1次灌水应于花前1周前进行。

（3）果实膨大期及时灌溉。从生理落果到果实软化期前，是葡萄果实生长速度最快的时期，气温较高，蒸发量大，植株常常会出现生理性萎蔫现象，易造成植株体内水分亏缺。一般每隔10~15天灌溉1次。

（4）果实成熟期控水。以利于葡萄糖分积累和控制成熟前的果实病害。

（5）秋冬季灌水。降水偏少地区，注意及时补充水分。越冬前注意大水漫灌1次越冬水。

（五）病虫害防治

阳光玫瑰葡萄防治病虫害可采用以下措施。

一是冬季修剪后全面清园，扫除枯枝落叶，集中烧毁，减少越冬菌源。

二是及时抹芽、摘心、修剪果枝，改善通风透光条件。

三是增施有机肥和磷、钾肥，控制氮肥，增强植株抗病力。

四是化学防治。萌芽前喷3~5波美度石硫合剂；葡萄叶片充分展开后，喷70%甲基托布津可湿性粉剂800~1 000倍液加辛硫磷1 000倍液，兼治害虫；雨季来临后，可选喷50%多菌灵可湿性粉剂或70%甲基托布津可湿性粉剂等，交替用药，以延缓病菌抗药性的产生。

定植当年，重点针对黑痘病和霜霉病进行预防和防治。在主梢长到50cm后，可以间隔15天左右喷施1：0.5：200倍波尔多液预防病害发生。如早期有黑痘病发生，可采用50%多菌灵可湿性粉剂600~800倍液、70%甲基托布津可湿性粉剂600~800倍液等进行防治；如生长期间有霜霉病发生，可使用20%烯酰吗啉悬浮剂800~1 200倍液进行防治。

第七节　猕猴桃丰产栽培技术

猕猴桃也称奇异果，原产于中国南方。猕猴桃为雌雄异株的大型落叶木质藤本植物，雄株多毛叶小，雄株花也较早出现于雌花；雌株少毛或无毛，花叶均大于雄株。花期为5—6月，果熟期为8—10月。

猕猴桃果形椭圆状，早期外观呈黄褐色，成熟后呈红褐色，表皮覆盖浓密茸毛，果肉呈亮绿色、黄色、红色等，口感酸甜，是一种品质鲜嫩，营养丰富，风味鲜美的水果。

一、园地选择

猕猴桃是喜光果树，适宜背风向阳、水源充足、排灌方便、土层深厚、腐殖质丰富的浅山丘陵地，在选择园地时宜选择向阳的南坡、东南坡和西南坡，坡度一般不超过30°，以便于后期的整地及搭架，减少土壤水分及养分的流失。

二、品种选择

猕猴桃在生产上有较大栽培价值品种的有贵长猕猴桃、黄金果猕猴桃、红心猕猴桃、碧玉猕猴桃、徐香、翠香、海沃德等品种。

1. 品种选择原则

（1）注意土质选择。猕猴桃喜微酸性土壤，对土壤的变化适应能力不强，土壤的pH值超过7往往会生长缓慢，灌溉水的矿化度高，土壤黏重都会影响猕猴桃的生长，因此在建园选址前应特别注意此方面。

（2）生产种苗要尽量就近引进。猕猴桃品种常有很强的地域特点，不少在南方表现很好的品种引种北方后表现并不突出。因此，种植猕猴桃应优先考察选用本地产生的品种，这样在生产上更为安全可靠。

（3）北方要选择抗寒品种。猕猴桃原产于我国南方，北方引种猕猴桃是要充分考虑到品种的耐寒性，以免产生冻害造成损失。

2. 品种

（1）碧玉猕猴桃。碧玉猕猴桃果肉翠绿，晶莹剔透，如同翡翠，故名"碧玉"。该品种果实风味香甜，质佳爽口，风味浓郁，富含人体所需的17种氨基酸和钙、磷、铁、硒等多种矿物质，平均可溶性固形物含量12.6%，维生素C含量378mg/100g，总糖含量（主要为果糖）17.8%以上。2012年国家工商总局为源泉猕猴桃颁发了"博山猕猴桃"国家地理标志证明商标。2013年，山东省林业科学院淄博分院专家正式将其命名为博山"碧玉"新品种，成为中华猕猴桃品系的新明星。

（2）翠香猕猴桃。翠香猕猴桃最大单果重130g，平均单果重82g，果肉深绿色，味香甜，芳香味极浓，品质佳，适口性好，质地细而果汁多，其最大特点是维生素C含量高，营养丰富，果皮绿褐色，果皮薄，易剥离，食用方便，是一个鲜食的优良品种，采后室温下可存放20～23天，较耐贮藏运输。

（3）徐香。徐香猕猴桃即"粤引和平3号"，从海沃德实生苗中选出。果柄短而粗，果实圆柱形，果皮黄绿色，被褐色硬刺毛，果实皮薄，容易剥离。一般平均单果重79g，最大单果重137g。徐香猕猴桃果肉绿色，果汁多，味道酸甜适口，有浓香，品质特优。可溶性固形物14.3%～17.8%，每百克鲜果肉中维生素C含量为99.4～123mg。果实成熟期9月上中旬。常温下果实可存放7～10天。

（4）海沃德。海沃德猕猴桃果实长圆柱形，果皮绿褐色，上密集灰白色长茸毛，果肉翠绿，味道甜酸可口，有浓厚的清香味，维生素含量极高，平均单果重100g，其最大特点是果型美、品质优、耐贮藏、货架期长。

三、栽植

1. 栽植

采用1m见方大穴整地，每穴施农家肥50kg，腐熟饼肥2kg。采用一年生成品嫁接壮苗，株行距为3m×4m，栽植时做到苗栽直、根伸展、灌足水、培好土，雌雄株比例为8∶1或6∶1。在12月中上旬或第2年2月下旬栽植。栽后及时平茬，封土堆。春节后及时扒开土堆，以提高栽植成活率。

2. 设置支架

栽植后第1年植株扦插牵引向上生长，不让其缠绕，第2年就要用木桩或水泥桩搭架。一般在两株之间立一根桩柱，架高1.8m，用10～12号铁丝纵横交叉呈"井"字形网络。

四、冬季修剪方法

冬季修剪一般在落叶后15天至早春树液流动前15天进行。

1. 当年定植的幼树

先在植株基部留3个饱满芽短截，以后选留最粗壮的枝条作主干，实行轻剪的办法，使其翌年迅速扩大树冠。

2. 一年后幼树

生长1年后进入幼年期的树，冬剪时尽量使主蔓上分生的结果母蔓在架上均匀分布，在促进主蔓、侧蔓和结果母蔓生长的基础上，扩大结果蔓结果的比重。

3. 成年树

成年树的修剪要轻，对结果蔓进行短剪，剪口一般留4~5个芽，对徒长蔓，留4~5个芽，使其萌发2~4条新梢；对生长健壮的一般营养蔓，剪去全长的1/3或1/2，使其转化为结果母蔓；对长中果蔓、重叠交叉蔓留8~10个芽短截，中庸结果母蔓留5~6个芽，较弱的留3~4个芽。

4. 大龄和树势衰弱的植株

实行枝蔓更新，具体办法应根据枝条状况进行，重点保留母蔓基部生长充实的结果蔓，可回缩到健壮部分，对母蔓生长过弱的，应从基部有潜伏芽的地方剪除，让潜伏芽萌发出健壮的新梢。

五、肥水管理

1. 施肥管理

猕猴桃对肥分比较敏感，但肉质根系对土壤盐分浓度也很敏感（特别是持续高温干旱），所以猕猴桃喜肥怕烧，从而形成新的矛盾对立体；生长量和生长势决定了它对肥分需求的迫切性，一旦缺少无机养分就表现出黄化、小叶、停长等现象。鉴于此，生产上要求对猕猴桃的施肥务必要掌握好远散淡的原则，即少量多次施肥法，既能满足肥分需求又不致产生肥害。

施肥猕猴桃的年需肥量为：早期以氮、钾两种元素需要量大，最好在秋季采果之后作基肥施下，有机肥5 000kg/亩，同时混合施入过磷酸钙80kg/亩。

2. 水分管理

猕猴桃枝叶茂密，根系分布浅，不抗旱也不抗涝，因此猕猴桃园内需要有灌水和排水设备，如灌水沟、排水沟、滴灌、喷灌设备等。夏季叶面蒸腾作用非常旺盛，需水量相对较大，因而6—8月一般要求土壤含水量应维持在70%较理想，但同时猕猴桃的根系为肉质根，呼吸作用强烈，需要土壤的氧含量较多，过多的水分就会把树浇死、泡死、淹死。

对结果大树，以用喷灌为宜。喷灌器之间的距离，以喷水能互相接触为准；开花时期需要稍干燥的气候条件，有利蜜蜂传粉，因此花期时7~10天内不宜灌水；而在开花之前把水灌足，一般结合施肥进行。

六、病虫害防治

为害猕猴桃的病害有炭疽病、根结线虫病、立枯病、猝倒病、根腐病、果实软腐病等。其中炭疽病既为害茎叶，又为害果实，可在萌芽时喷洒2~3次800倍液多菌灵进行防治。根结线虫病，应加强肥水管理，用辛硫磷毒土防治。

猕猴桃主要害虫有桑白盾蚧、地老虎、金龟子、叶蝉等。可用10%吡虫啉4 000倍液喷雾；防治介壳虫，在幼虫发生期喷1～2次25%噻嗪酮乳液1 000～1 500倍液；对于金龟子，3月下旬至4月上旬在傍晚用菊酯类杀虫剂；叶蝉类，用50%辛硫磷乳油或杀螟松1 000倍液防治。农药的安全间隔期为20～30天。

第八节　蓝莓栽培技术要点

蓝莓，为杜鹃花科越橘属多年生落叶或常绿灌木或小灌木，主要分布于北美洲、欧洲与东亚。树体大小及形态因品种差异显著，25～240cm不等，叶片最常见的为卵圆形，单叶互生，稀对生或轮生，全缘或有锯齿。总状花序，通常由7～10朵花组成，花两性，为单生或双生在叶腋间，辐射对称或两侧对称。花冠常呈坛形或铃形，花瓣基部联合，外缘4裂或5裂，白色或粉红色，雄蕊8～10枚，短于花柱，由昆虫或风媒授粉。蓝莓属于一种小浆果，果实有球形、椭圆形、扁圆形或梨形，平均单果重0.5～2.5g，多数品种成熟时果实呈深蓝色或紫罗兰色，果肉细腻，种子极小，可食率为100%，口感好，富含花青素，是世界粮食及农业组织推荐的五大健康水果之一。一般在花后70～90天成熟。

一、品种分类

目前，商业栽培的蓝莓品种主要分为矮丛、半高丛、高丛和兔眼蓝莓四大类型。

（一）矮丛

树体矮小，高30～50cm。抗寒，在-40℃低温地区可以栽培。对栽培管理技术要求简单，极适宜于东北高寒山区大面积商业化栽培，亩产量500kg左右。

1.美登

中熟种（在长白山区7月中旬成熟）。果实圆形、淡蓝色，果粉多，有香味，风味好，树势强，丰产，为高寒山区发展蓝莓的首推品种。

2.芬蒂

中熟品种。果实略大于美登，淡蓝色，被果粉，丰产，早产。

（二）半高丛

树高50～100cm。果实大，品质好，树体相对较矮，抗寒力强，一般可抗-35℃低温，适应北方寒冷地区栽培。

1. 北陆

早、中熟种。树势强,直立型,树高为1.2m左右,果实中粒,果粉多,果肉紧实,多汁,果味好。丰产,耐寒。

2. 北蓝

晚熟种。树势强,树高约60cm;果实大粒,果皮暗蓝色,风味佳,耐贮藏。抗寒(-30℃),丰产。修剪简单。

3. 北村

早、中熟种。树势中等,树高45~60cm,果粒中等,亮蓝色,风味良好,耐贮藏。耐寒性非常强,能耐-37℃低温。高寒山区可露地越冬。

(三)高丛

1. 康维尔

晚熟代表品种。对土壤适应性强,树势强,植株大。幼树直立,结实后枝条下垂逐渐开张。果实粒大,果皮亮蓝色,果粉多,果实易保存,裂果少。果实成熟期长。

2. 达柔

晚熟种。树势中度,直立型。果实大,香味浓。果皮亮蓝色,裂果少,贮藏性差。

3. 蓝丰

中熟品种。树体生长健壮,树冠开张,幼树时枝条较软,抗寒力强,抗旱能力强,连续丰产能力强。果实大、淡蓝色,果粉厚,肉质硬,果蒂痕干,具清淡芳香味,风味佳,属鲜食栽培优良品种。

(四)兔眼

树体高大、寿命长、抗湿热、对土壤条件要求不严,且抗旱。但抗寒能力差,-27℃低温可使许多品种受冻。适应于中国长江流域以南、华南等地区的丘陵地带栽培。

1. 园蓝

中熟或晚熟种。树势强,直立;树高2.60m,冠幅1.40m。果实中粒,甜味多,酸味少,有香味。果粉少,果皮硬。

2. 粉蓝

晚熟种。植株生长健壮,树冠开张、果实大、极丰产。肉质极硬,有香味。果皮亮蓝色,果粉多。裂果少,贮藏性好,产量高。

二、建园

（一）园址选择

园区应选在无大气、水质污染，交通便利、水源和电力方便的区域。要求远离城市及人群相对集中的地方，远离公路、铁路，防止重金属（铅、汞等）、二氧化硫、砷、氟化物、氰化物等污染。不宜选低洼地、湿地、盐碱地、荒漠沙化地等。

1. 气候条件

绝对最低温度≥-15℃，1—2月平均温度≤7.2℃达500小时以上。

2. 土壤条件

土壤pH值4.2～5.6，土层深厚，质地疏松肥沃，有机质含量在2.5%以上，活土层在60cm以上。

3. 地形地势

坡度在20°以下。

（二）整地

1. 深翻

时间最好在头年秋季最迟至初冬，深翻深度约40cm，并清理杂物如石块、草根、硬木块等。

2. 施基肥

有机肥2 000kg/亩。

3. 调整pH值

pH值>5.6，加适量硫黄粉；pH值<4.5，加适量石灰。

4. 整地

平地及坡度在6°以下的缓坡地直接整地挖定植穴栽植；坡度在6°～20°的山地、丘陵地要修筑等高水平梯带，水平梯带宽2m以上。整成东西或南北方向高40cm，宽1m，行距为1.5m（高丛）或2m（兔眼）的垄。

（三）定植

1. 苗木质量

选择株高30cm以上，主茎基部直径5mm以上的1～2年生苗，提倡使用容器苗。要求植株健壮，根系发达，无明显伤害。

2. 品种配置

同一地块至少种植同一类型、花期较为一致的2个以上品种，以利相互授粉，主栽品种与授粉品种的配置比例为1∶1或2∶1，且要均匀分布。

3. 定植时期

春栽，树苗萌动前；秋栽，树苗休眠后。容器苗在任何季节均可种植，以休眠期为佳。

4. 定植密度

根据土地条件确定栽植密度，兔眼类蓝莓品种栽植200株/亩，株行距（1.6~1.7）m×2.0m；高丛类蓝莓品种栽植300株/亩，株行距1.2m×1.5m。

5. 定植穴及填充物

穴长、宽约40cm，深40~50cm，穴间距为1.5m（兔眼蓝莓）或1.2m（高丛蓝莓）。较黏性土壤，填充穴体积3/4的有机物，如松针、锯末、稻壳、玉米秸秆等，1kg的有机肥，30g的氮、磷、钾复合肥，与原土充分混合；较沙性土壤，填充穴体积3/4的草炭土，1kg的有机肥，30g的氮、磷、钾复合肥，与原土充分混合。

6. 栽植方法

栽植时做到根系舒展、苗正，边覆土边轻轻向上提苗，要覆土压实，使根系与土壤紧密接触，栽植深度略高于苗木在苗圃或容器时原土痕2~3cm。

7. 定植水

定植当天及第2天均浇透水，定植内15天要小水勤浇，保持土壤的湿度，土壤含水量在50%以上。

三、田间管理

（一）土壤管理

1. 中耕松土

根据田间杂草发生情况，从早春至8月都可进行松土，深度在5cm左右。改善土壤结构，保持土壤疏松、透气。

2. 地面覆盖

适宜的覆盖物为锯末、碎松树皮、松毛、树叶、稻草及作物秸秆等，覆盖厚度10cm以上。

3. 生草法

草种可选用天然草，也可选用人工草种。常用的草种以多年生草较为普遍，如三叶草。全年刈割3～4次，撒在行间或掩埋。

（二）施肥

1.肥料种类

有机肥有沼渣沼液肥、绿肥、饼肥、堆肥、沤肥和厩肥等；化肥以复合肥为主，氮、磷、钾肥三者的比例以1：1：1为宜。氮肥以硫酸铵等铵态氮肥为佳，钾肥以硫酸钾为宜，磷肥以磷酸二氢钾为宜。禁止使用含氯化肥和鸡粪。

2.施肥方法

施肥方法有环状沟施、放射状沟施、穴状施肥等。幼树施肥常用环状沟施，结果树常用条状沟施。沟槽深15～20cm，离树基部约20cm。

3.施肥时期和数量

（1）幼树。栽植后3月和5月各施1次肥，施用有机肥300～500g/株或者硫酸钾型复合肥30～50g/株；栽植后第1年距离树木根部15～30cm处施肥，栽植后翌年距离树木根部30～50cm处施肥。

（2）结果树。结果树每年施基肥1次，于9月中旬至翌年2月萌芽前，施入腐熟的牛粪、厩肥等有机肥5kg/株；采用1次追肥的，可在花后1～2周内施入；采用2次追肥的，可在谢花及采收期限结束时施入，每株施硫酸钾型复合肥（氮：磷：钾为15：15：15）150～300g。

（三）水分管理

蓝莓的特点可概括为抗旱、喜水、怕涝。充足的水分对蓝莓是非常重要的，但水分过多，也会造成蓝莓根系腐烂。

1.水源

使用水库水、池塘水或地下水。不能直接用井水，应先将井水打入池塘，待温度上升后再用于灌溉。禁止使用自来水进行灌溉。

2.灌溉方法

滴灌、喷灌、沟灌等，以滴灌方法最好，其次是微喷灌。

3.浇水时期

（1）生长季。春天欲萌动发芽浇透水，萌动发芽后这段时间应保持土壤湿润；结果前后应大量浇水。一般在夏季生长季，每隔1～2周灌溉1次，结合地面覆盖效果更佳。

（2）结果期。果实成熟前2周应少浇水。

（3）休眠期。基本不用浇水，但入冬前浇好灌冬水。

注意事项：在雨水过多时要注意及时排干积水，防止涝害。

（四）修剪

1. 幼树期修剪

以养枝为主，促进其生长，控制其结果量，以壮枝结果为主。

（1）春剪。定植后第2、第3年春，疏除细弱枝、伤残枝、水平枝等，留5～8个主枝。

（2）夏剪。7月中旬前短截特别强旺枝，疏掉基部水平枝、病弱枝、过密枝等。

（3）秋冬剪。进入休眠后，疏掉水平枝、病弱枝、过密枝等。

（4）抹芽。2—3月对开花幼树应及时去除花芽，以扩大树冠，增加枝量，促进根系发育。

2. 成龄树修剪

主要是控制树高，改善光照条件。以疏枝为主，树冠较开张品种，疏枝时去弱留强；直立品种去中心干，开天窗，留中等枝。大枝结果最佳结果树龄为5～6年生，超过要及时回缩更新。

（1）春剪。春季疏除细弱枝、伤残枝、病虫枝、水平枝以及根蘖等。

（2）夏剪。7月中旬前，短截强旺枝，疏掉基部水平枝、病弱枝、过密枝等。

（3）秋冬剪。进入休眠后疏掉水平枝、病弱枝、过密枝等。

（4）抹芽。春季抹除弱小枝的花牙；成年树花量大，要剪去一部分花芽，一般每个壮枝留2～3个花芽。

（5）疏花。去除生长位置过低的结果枝，花穗过多的结果枝去除长势弱、过密的花穗，保留2～4个花穗。每个花穗去除过密过小的穗轴和过密、较晚的花朵，每簇花保留10个以下的花朵。

（五）除草

1. 覆盖防草布

（1）蓝莓起垄后，随即用防草布覆盖垄面，然后按蓝莓定植株距在防草布上挖直径为30cm左右的洞后再栽苗。

（2）蓝莓定植后，在距离植株根基部15cm的地方用防草布将垄面和垄坡覆盖即可。

注意防草布要覆盖平整和压紧，防止被风刮起。

2. 垄面覆盖有机物

蓝莓栽植后在以根际为中心的地表附近，覆盖上有机物防止杂草。用于垄面覆盖的有机物包括锯末、树皮、松针、麦草、酒糟等，其中以覆盖针叶、树锯末为好，覆盖厚度5~8cm。

3.除草剂除草

在蓝莓园杂草失控时可选用触杀型除草剂草铵膦除草，施用时用药液对垄沟和部分垄面（植株树盘30cm以外）有草部位进行均匀喷施，每亩喷施药液量以20~30kg为宜。

施用除草剂时应注意：除草工作必须在无风天气进行；喷施除草剂时仅可在身体前方、手柄所在侧（右前侧）单侧喷施，不可横向甩动喷嘴喷雾；喷药应紧贴杂草进行定点喷施；当天配制的除草剂溶液当天用完。

（六）病虫鸟害防治

1.鸟兽害

由于各种鸟喜食蓝莓果实，从目前种植情况看鸟类为害极大，在果熟期可用防鸟网保护。兔、鹿、麋等小动物也会为害幼龄蓝莓的枝条和果实，可在果园四周设篱障防止其进入。

2.主要病害

（1）叶片失绿症。生理性病害，主要是缺乏营养元素铁或镁引起。叶脉间失绿，叶缘及叶尖较严重。一般出现在生长旺盛的嫩梢先端嫩叶上，以夏、秋季发生较多。防治办法：主要是降低土壤pH值，同时结合叶面喷施硫酸亚铁和硫酸镁或结合土壤施肥时一起施用铁、镁的螯合剂。

（2）叶枯病。发病时幼叶的局部出现黑色的斑点或叶尖出现焦枯，同时叶片扭曲。严重时，叶面积减少，新梢发育受阻。防治办法：用百菌清800倍液喷雾防治。

（3）灰霉病。为害花、枝、叶、果，病菌易入侵死亡组织，所以在冻害之后容易发病。防治方法：用代森锌800倍液喷雾防治。

3.主要虫害

（1）食叶害虫。常见的有黄刺蛾、大袋蛾等。防治方法：一般在发生初期采用低毒高效低残留农药喷雾，如敌百虫等1 000~2 000倍液喷雾。另外袋蛾类在发生初期可通过人工方法进行摘除销毁。对毒蛾、刺蛾、大蚕蛾等虫害，在夜晚进行灯光诱杀成虫。

（2）为害嫩梢的害虫。主要是蛾类等幼虫。防治方法：在虫害出现初期，用5%高效氯氰菊酯2 000倍液喷雾防治。

（3）蛀干害虫。主要是木蠹蛾和天牛，受害枝条常从近地面处内枯死并折断。防治方法：从被害枝条最下端的排粪孔以下2cm处，将枝条剪断捕杀幼虫，或用药棉堵塞蛀孔杀灭其幼虫。

（4）地下害虫。主要是金龟类幼虫，幼虫啃食树皮，使植株逐渐发黄，直至死亡。防治方法：用50%辛硫磷乳油150g/亩制成毒土施于园中进行防治，发现虫害时，用敌杀死1 000倍液灌根。

（5）为害果实害虫。主要是果蝇和金龟子成虫，啃吸蓝莓的果汁。防治方法：4月上中旬至6月中下旬，用糖醋液诱杀果蝇和金龟子成虫。

四、采收

蓝莓成熟季节为6—8月，果实表面为蓝黑色时即成熟。由于蓝莓果实成熟不一致，要分批采收。一般盛果期2～3天采收1次，始果期和末果期3～4天采收1次。采摘应在早晨露水干后至中午高温来到以前，或在傍晚气温下降以后进行；雨天、高温或果实表面有水时不宜采收。

鲜食蓝莓在九成以上成熟时采收，供加工的蓝莓在充分成熟后采收。

第九节　平欧榛子栽培与管理技术

榛子，有"坚果之王"的美誉，为桦木科榛属落叶的灌木或小乔木，高1～7m。叶互生，阔卵形至宽倒卵形，边缘长有不规则的重锯齿，上面无毛，下面脉上有短而柔的毛，长5～13cm，宽4～7cm；叶柄长1～2cm，细毛密布；花为单性，雌雄同株，雄花为菜荑花序，鲜紫褐色，雌花2～6簇于枝头，在开花时，被包在鳞芽内，只能看到两个红色的花柱。果实为黄褐色，接近球形，直径0.7～1.5cm，成熟期在9—10月。

一、平欧榛子栽植条件

1. 温湿度

平欧榛子耐寒能力比较强大，可度过-30℃的严冬。北纬32°～42°均可栽植，适宜年平均气温7～15℃。榛树喜欢湿润的气候，休眠期要求空气湿度达到60%以上。年降水量500～800mm可满足平欧榛子生长发育的要求，因此，年降水量500mm以下的地区栽培，需有灌水条件。

2. 光照

榛子树是喜光植物，充足的阳光利于榛子的生长发育和结果。一般要求每年日照的时数在2 100小时往上，如果达不到它所需要的要求那么花芽就会形成的很少，最后的产量还比较低，所以要满足它对阳光的要求，避免造成不良的影响。

3. 土壤

平欧榛子对土壤的适应性很强，在山坡、丘陵、荒地、轻盐碱地块均能种植。对地势要求不高，海拔较低，则更利于榛子的生长。作为栽培榛子园，肥沃、湿润、腐殖质高的沙壤土，更适合榛子树的生长和结实。一般要求土层厚度为60cm以上。平欧榛树适宜土壤pH值5.5~8.0。

二、苗木繁育

苗木的繁殖分为种子苗、嫁接苗和自根苗几种，生产上多采用自根苗繁殖。

1. 自根苗的种类

主要有压条繁殖、扦插繁殖和细胞组织培育。如果母本树生长良好，2~3年生即可繁殖压条苗。

2. 绿枝直立压条

7月中旬左右进行，当年基生枝半木质化时，把基生枝下部距地面20~25cm高的叶片摘除，在离地面1~5cm高的位置用细软铁丝把基生枝绑一圈，使铁丝深达木质部即横缢。在横缢处以上10cm高范围涂抹生根粉。然后把母株基生枝用油毡纸围成一圈，高20~25cm。在圈内填充湿木屑，并保持湿润到起苗时为止。

3. 硬枝直立压条

即春季萌芽前利用1年生的萌生枝进行压条，每株在中心位置选1~3个萌生枝作主枝，其余萌生枝在基部用细铁丝横缢，或环剥一圈，宽度1mm以下。在横缢（环剥）位置之上10cm以内用快刀纵切2~3刀，深度至韧皮部，然后涂抹生长素，再用湿土或湿木屑培起来，高度25~30cm，保持所培的土或木屑为湿润状态，秋季落叶后起苗。

三、栽植

1. 品种选择及授粉树配置

（1）品种的选择。应选择果实个大，壳薄，出仁率高、品质佳、产量高、抗寒性强的品种。

（2）授粉树配置。榛树为异花授粉植物，需要授粉树才能丰产，目前还没有更好的授粉品种。因此，建园时，每个园地应选3~4个主栽品种，相间栽植，其品种的花期相同或相似。每个品种栽3~5行，相间栽植可互相授粉。如果单独配置授粉树，因榛树花粉有效授粉距离18m，按此原则，主栽品种4～5行，授粉品种栽1行，即可满足授粉要求。

2. 栽植

（1）栽植的密度。株行距2m×3m，每亩栽植111株，树龄大了以后，可以在行上间伐或移植，变成4m×3m。

（2）整地、挖定植穴。挖穴时要以定植点为中心，定植穴直径60～80cm，深为50～60cm。挖穴的表土和熟土放在一侧，底部生土放在另侧。回填时，每穴用土粪20kg与底土混拌均匀，填入定植穴底部，表土熟土填穴上部。

（3）苗木准备。选择根系发达，木质化根8条以上，根长20cm以上，具有较多须根，茎充实，芽饱满，苗高50cm以上的优质壮苗。将根系剪留长度10～12cm，剪除茎基部的根蘖以及苗茎超过100cm部分。从外地运输来的苗木，到达栽植地立即假植用湿土或湿沙培根系，使其充分吸水后再行栽植，如用水浸泡，浸泡时间不能超过30分钟。

（4）栽植时间。为了提高成活率，往往选择秋天这个季节来种植，一般是在10—12月，在黄河流域一般是选择在2月下旬到3月上旬，最晚的时候也不能超过3月中旬。必须要在幼芽之前结束，这样能够避免成活率下降。

（5）栽植方法。将榛子苗放入定植穴内，边放土边轻提苗木使根系与土壤紧密接触，盖上土后一定要踩实，以免漏风影响根须发育。榛子不能深栽，栽植之后的根茎低于地面5cm即可，对于根系往上埋土的程度在6～10cm是最好的。回填完土并踩实，筑灌水盘，直径1m，并立即灌水，要求一次性灌足灌透，等水渗下后再添土保墒，并用地膜将苗木根部的土壤封上。栽上后就要进行剪枝定干，枝干保留尺度50～60cm，每个枝干剪口下面要有4～5个饱满的枝芽，定干后要立即用油漆将剪口涂上，防止水分流失。

四、田间管理

1. 栽植后当年管理

（1）定干。栽植后及时定干，单干形整形定干高度60～70cm；少干丛状形整形，定干高度20cm左右，定干时剪口下必须有4～5个饱满芽。

（2）撤膜。5月下旬气温升高及时撤膜，然后浇水一次。

（3）中耕除草。苗木成活后及时松土除草，促进发根和根系吸收。

（4）追肥灌水。如土壤肥沃，当年不用追肥，如需要可在7月上中旬当新根长出后，追少量N（每株30～50g）。新梢停止生长后，每隔10天叶面喷施一次0.3%的磷酸二氢钾，促进枝芽成熟，提高抗寒性。

（5）培土防寒。入冬前灌水并培土防寒，在一年生苗基部用湿土培实，防止透风，培土高度30cm。

2. 整形修剪

（1）单干形修剪。单干形，保留一个主干，干高40～60cm，主干留3～4个分布均匀的主枝，主枝选留侧枝，侧枝上留着副侧枝和结果枝。

第1年：定植一年生苗，栽后立即定干，干高60～70cm。

第2年：选留主枝3～4个，轻短截，约剪掉枝长1/3，留外侧芽。

第3年：在每个主枝上选留2～3个侧枝，并进行轻短截，主枝上离地面40cm处以下的枝从基部剪掉，并及时除去萌蘖枝。

第4年：继续轻短截各主、侧枝的延长枝，树冠形成。

（2）丛状树形修剪。通常保留均匀向四周伸展的3～4个基生枝作主枝。

1年生苗应重剪苗干，仅留20cm左右，促发基生枝；2年生苗应按不同方向选3～4个健壮枝作主枝，对主枝进行中度短截，约剪苗干的1/2，其余基生枝一律从基部剪除；第3年继续短截已选留的主侧枝的延长枝，形成开心形树冠，内膛枝一般不修剪，注意及时除去萌蘖枝。幼树修剪应以扩大树冠为主，调整开张角度，对主侧枝延长枝进行轻短截，剪去1/3。对于长的延长枝要中度短截，以防止下部出现"光杆"现象。内膛小枝不剪。

盛果期：主侧枝延长枝短截其长度的1/3～1/2，促发新枝。内膛小枝除弱枝、病虫枝、下垂枝剪除外，其余小枝仍不修剪，培养成结果母枝。为了增加花芽量，提高产量，对中庸枝、短枝不修剪，只短截主侧枝延长枝。反之，为了减少结果，促进强壮枝生长，恢复树势，应重剪发育枝。在主枝确定后，每年需除萌芽枝2～3次。

（3）修剪时期。冬季修剪即休眠期进行，发芽前进行；夏季在生长季节进行，调节养分的合理分配。在冬季修剪时，为了防止枝条失水抽干，较大剪口涂抹石蜡。

3. 除草松土

榛子树对于土壤要求并不高，但是必须要让土壤疏松，通气性比较好，在这样的条件下根系发达的才比较强壮，生长的时候还比较旺盛，这样结实率也是比较大的，在每年中应该进行2～3次除草松土，一般是在4—6月。

4. 肥水管理

（1）施肥。基肥：榛子树秋季基肥施用以果实采收至土壤冻结前的9—10月为宜，施用有机肥料，包括鸡粪、猪粪和其他畜粪及有机物腐烂后形成的肥料。上述粪肥必须充分腐熟后才可施用，鸡粪应和土以1∶5的比例混拌才可施用，否则易烧幼苗根系。另外，有机、无机复混肥料，生物肥料可以用于基肥施用。追肥：每年追施2次，第1次在5月下旬至6月上旬，第2次在7月上中旬进行。在株丛（灌丛）下均匀撒有机肥或化肥，然后浅翻土。2～3年生榛子树每株施粪肥15～20kg；4～5年生榛子树每株施粪肥30～40kg。幼龄榛子园每亩需纯氮4kg、纯磷8kg、纯钾8kg。三元复合肥全年施肥用量为：一年生榛子树每株施100g；二年生榛子树每株施150g；3～4年生榛子树每株施300～500g；5年生以上榛子树每株施2 000g。

（2）浇水。新定植的苗木，必须及时灌水。灌水可结合施肥进行，一般在生长前期需灌1次水。如果灌水两次，第1次发芽前后，第2次于5月下旬至6月下旬，即幼果膨大和新梢生长的盛期。落叶后到土壤封冻，可再灌1次封冻水。田间积水时要及时排水。

5.病虫害防治

平欧榛子病虫害较少，害虫主要是象实虫，病害主要是白粉病。

（1）农业综合防治。选用抗病品种，培育无毒壮苗，加强栽培管理，耕作土壤，除去杂草和残枝落叶，清洁果园，消除病虫害根源。

（2）生物防治。以虫治虫，利用害虫天敌或人工繁殖释放天敌，使用微生物农药如苏云金杆菌等进行防治。

（3）物理防治。使用防虫网、覆盖地膜，以及利用害虫的趋性及人工捕杀等方法防治害虫。

（4）化学防治。目前生产上化学防治仍然是防治病虫害的重要手段，生产上应采用高效低毒的化学药剂，严禁使用高毒高残留的农药。象实虫可在5月中旬、7月中旬喷药剂毒杀成虫；白粉病可在5月上旬和6月上旬，喷多菌灵可湿性粉剂、甲基托布津可湿性粉剂或石硫合剂防治。

五、榛子果的采收和贮藏

1.适时采收

榛树坚果必须充分成熟才能采收，过早种仁不饱满，晾干后形成瘪仁，降低产量和品质，过晚采收使榛子果脱苞落地，易被鼠类咬食而减少收获量。一般当果苞和果顶的颜色由白变黄，果苞基部出现一圈黄褐色，苞内坚果用手一触即可脱苞，为适宜采收期。因树冠周围和顶部的果实比树冠下部及内膛的果实先成熟，因此，对榛子要进行分期采收，同一园内的果实一般可持续7～10天完成采收。

2.贮藏

采收下的带苞果实，需进行脱苞处理，可用发酵脱苞或敲打脱苞，将脱苞的榛子进行除杂和脱水处理，榛子干燥后含水量少，一般为5%～7%时较耐贮藏，但是果仁对温、湿度反应敏感，贮藏不当易产生"哈喇味"因此，最好是在低温、低氧、干燥和避光的环境下贮藏榛子，适宜的条件是气温在15～20℃；空气相对湿度在

60%～70%；仓库内光线较暗，在这种条件下，榛子坚果可贮藏两年不变质。

第十节 北方板栗栽植与管理技术

板栗原产中国，有2 500余年的栽培历史，是我国食用最早的著名坚果之一，年产量居世界首位。板栗树为高大乔木，树干高达20m，冬芽长约5mm，小枝灰褐色。叶椭圆至长圆形，长11～17cm，宽7cm，叶柄长1～2cm。雄花序长10～20cm，花序轴被毛，花3～5朵聚生成簇，雌花1～3朵发育结实，花柱下部被毛。成熟壳斗有锐刺，连刺径4.5～6.5cm，坚果高1.5～3cm，宽1.8～3.5cm。花期4—6月，果期8—10月。我国板栗品质优良，香甜适口，深受人民喜爱。

一、板栗生长环境与发育特点

1. 生长环境

板栗在丘陵、山区、荒坡、沙滩均可栽植，对环境条件适应性强，但超过其适应范围，则生长不良，产量低，品质差，因此，栗树也应注意适地栽培。

（1）日照。板栗为喜光树种，开花期光照充足，空气干爽，则开花坐果良好。故栗树以栽植在半阳坡、阳坡或开阔地段为宜。在栽培实践中为了增强光照，冠内枝条宜适当稀疏。

（2）温、湿度。适于板栗树生长的年平均温度为10～15℃，生长期（4—10月）气温在16～20℃，冬季不低于-25℃的地方为宜。

北方板栗虽然较抗旱耐旱，但生长期对水分仍有一定要求。新梢和果实生长期供给适量水分，可提高枝梢质量和果实大小。板栗适宜的土壤含水量以30%～40%为宜，超过60%，易发生烂根现象，低于12%，树体衰弱，低于9%时，树即枯死，因此，栽培上应注意灌溉与排水。

（3）土壤。板栗对土壤要求不严格，除极端沙土和黏土外，均能生长，但以母质为花岗岩、片麻岩等分化的砾质土，沙壤土为最好。研究证明，板栗为喜酸需钙植物，叶片内含钙量26%，土壤溶液中钙离子浓度达100mg/L时，栗树仍生长良好，说明栗树耐钙。土壤pH值不直接对栗树致害，栗为多锰植物，其叶片含锰量居于多种果树之首。

（4）风和其他。花期微风有助栗树传粉。但栗树抗风力较弱，且不耐烟害。在化工厂附近，若环境污染，空气中有氯和氟积累时，栗树最易受害。

2. 板栗树的发育特点

（1）根的发育。板栗是深根性树种，80% ~ 90%的根系分布在60cm以上的土壤中。垂直根的分布可达1m以下，根系的水平分布较广，一般为冠径的2倍以上，而主要吸收多分布在根冠的1/2至树冠外围稍远处。板栗根系的再生愈合能力很差，一般细根断后，在伤口附近很快发出新根，但粗大的断根先要在伤口形成愈伤组织，而后逐步从愈伤组织处分化出根需要很长一段时间，约1年才能长出徒长性根。因此，在移植苗木和深翻扩穴时，要注意根系的保护，切忌伤根过多，以免影响生长和结果。

幼苗根系活动从4月初开始到10月下旬停止，在这个期间有2个生长高峰期：一个在地上部旺盛生长后，即6月上旬；一个在枝条停止生长之前。成年栗树活动要长一些，土温8℃左右时开始活动，土温上升到23.6℃时生长最旺盛。土壤深层的根系，到12月才停止活动。

（2）枝条的生长发育。板栗的枝条按其特征性可分为结果枝、雄花枝和发育枝3种类型。

结果枝，又称完全混合花枝，多着生在一年生枝的先端。自然生长的栗树，结果枝多分布在树冠的外围，有些品种早春在枝条的中下部短截后也能抽生结果枝。结果枝上生有雌花簇和雄花序。雄花枝，自下而上分为3段，雄花序着生在一年生枝的中部及弱枝的顶部。发育枝，由叶芽萌发而成，不着生雌雄花序的枝条。

成龄板栗树的新梢一年内只有1次生长，春梢停长后，顶端形成的花芽不再萌发。幼树和生长旺的枝条在7—8月进行第2次生长，形成秋梢。

（3）果实的生长发育。雌花受精后，幼果初期生长迟缓，增长量小，主要是总苞的形成。当新梢停止生长后，叶片同化积累的养分开始大量转向果实，幼果开始迅速生长，果实在成熟期前1个月中增长量快。果实在发育过程中的前期主要形成总苞的干物质，后期干物质积累的重心转向种仁。

二、栽植

1. 园地选择

板栗园应选择地下水位较低，排水良好的沙质壤土。忌土壤盐碱，低湿易涝，风大的地方栽植。在丘陵岗地开辟栗园，应选择地势平缓，土层较厚的近山地区，以后则可以逐步向条件较差的地区扩大发展。

2. 品种选择

板栗有很多的品种，形状味道不一，每个品种适宜不同的土壤，但是因为板栗的适应性比较强。所以，一般在选择板栗品种的时候都是选择市场上价格比较高的品种，这样比较好卖，收益也较高。一般收购的板栗，个头大，而且外表呈现黑色的价格较高，而那些发黄的板栗即使个头再大，价格也上不去。

板栗在种植的时候一般都是用小板栗种植，长到两年的时候，进行嫁接，嫁接的时候再选择品种。可以到当地的其他农户家里，看哪一棵树上的板栗结得好，就取一些树枝，插在土里，培养半年，再进行嫁接，这样就能够比较方便地找到自己想要的品种。

3. 授粉树配置

栗树主要靠风传播花粉，但由于栗树有雌雄花异熟和自花结实现象，单一品种往往因授粉不良而产生空苞。所以新建的栗园必须配制10%授粉树。

4. 合理密植

合理的种植距离能提高板栗的授粉率，而且能够达到增产的目的。平原栗园以每亩30～40株，山地栗园每亩以40～60株为宜。计划密植栗园每亩可栽60～110株，以后逐步进行隔行隔株间伐。一般比较推荐种植50株的，比较省心，而且后期也不用伐树。

三、田间管理

1. 翻耕

板栗树需要适当进行翻耕，根据板栗树的年龄来控制翻耕的力度。幼树只需要浅耕，结果的果树要进行深翻，促进根部的生长。而且成年果树的深耕要大于30cm，深耕的时候还要注意不能伤到根部。深耕之前还要做好清理工作，防止水土流出。

2. 水肥管理

（1）基肥。基肥应以土杂肥为主，以改良土壤，提高土壤的保肥保水能力，提供较全面的营养元素，施用时间以采果后秋施为好，此期气温较高，肥料易腐熟，同时此时正值新根发生期，利于吸收，从而促进树体营养的积累，对来年雌花的分化有良好作用。

（2）追肥。追肥以速效氮肥为主，配合磷、钾肥，追肥时间是早春和夏季，春施一般初栽树每株追施尿素0.3～0.5kg，盛果期大树每株追施尿素2kg。追后要结合浇水，充分发挥肥效。夏季追肥在7月下旬至8月中旬进行。这时施速效氮肥和磷肥可以促进果粒增大，果肉饱满，提高果实品质。

（3）根外追肥。根外追肥一年可进行多次，重点要做好3次。第1次是早春枝条基部叶在刚开展由黄变绿时，喷0.3%～0.5%尿素加0.3%～0.5%硼砂，其作用是促进基本叶功能，提高光合作用，促进雌花形成；第2次是采收前1个月和半个月间隔10～15天喷2次0.1%的磷酸二氢钾，主要作用是提高光合效能，促进叶片中的营养物质向果实内转移，有明显增加单粒重的作用。

（4）合理灌水。板栗较喜水，一般发芽前和果实迅速增长期各灌水一次，有利于果树正常生长发育和果实品质提高。

3. 整形修剪

板栗树修剪分冬剪和夏剪。冬剪是从落叶后到翌年春季萌动前进行，它能促进栗树的长势和雌花形成，主要方法有短截、疏枝、回缩、缓放、拉枝和刻伤；夏季修剪主要指生长季节内的抹芽、摘心、除雄和疏枝，其作用是促进分枝，增加雌花，提高结实率和单粒重。

（1）回缩。把多条生的枝条进行截短，多用在生长比较衰弱还有结果的部分外移的一些多年生枝。

（2）疏枝。对于一些生枝、挡光的枝条和内膛一些比较纤细的枝条从基部进行疏除。

（3）缓放。主要作用是分散一下树的营养还有缓和一下树的生长趋势。

（4）摘心、除雄。当新梢生长到30cm时，将新梢顶端摘除。主要用在旺枝上，目的是促生分枝，提早结果。每年摘心2~3次。初结果树的结果枝新梢长而旺，当果前梢长出后，留3~5个芽摘心。果前梢摘心后能形成3个左右健壮的分枝，提高结果枝发生比例，同时还能减缓结果部位外移。在枝上只留几根雄花序，将其余的摘除，其作用主要是节制营养，促进雌花形成和提高结实力。

4. 疏花、疏果

疏花可直接用手摘除后生的小花、劣花，尽量保留先生的大花、好花，一般每个结果枝保留1~3个雌花为宜。疏果最好用疏果剪，每节间上留1个单苞。在疏花、疏果时，要掌握树冠外围多留，内膛少留的原则。

5. 人工授粉

人工辅助授粉，应选择品质优良、大粒、成熟期早、涩皮易剥的品种作授粉树。当一个枝上的雄花序或雄花序上大部分花簇的花药刚刚由青变黄色时，在早晨5时前将采下的雄花序摊在玻璃或干净的白纸上，放于干燥无风处，每天翻动2次，将落下的花粉和花药装进干净的棕色瓶中备用。当一个总苞中的3个雌花的多裂性柱头完全伸出到反卷变黄色时，用毛笔或带橡皮头的铅笔，蘸花粉点在反卷的柱头上。如树体高大蘸花不便时，可采用纱布袋抖撒法或喷粉法，按1份花粉加5份山芋粉填充物配比而成。

6. 病虫害防治

（1）干枯病。干枯病又称栗疫病，为真菌性病害。病原菌多从伤口入侵，主要为害树干和枝条，斑点连成块状后，树皮表面凸起呈泡状，松软，皮层内部腐烂，流汁液，具酒味，渐干缩，后期病部略肿大成纺锤形，树皮开裂或脱落。干枯病由雨水、鸟和昆虫传播，主要由各种伤口入侵，尤以嫁接口为多。

防治方法：①加强肥水管理，增强树势。②剪除病枝，清除侵染源。③避免人、畜损伤枝干树皮，减少伤口。④冬季树干涂白保护。⑤于4月上旬和6月上中旬，刮去病斑树皮，各涂1次碳酸钠10倍液，治愈率可达96%。也可涂刷50%多菌灵或50%托布津400～500倍液，或5波美度的石硫合剂。刮削下来的树皮要集中烧毁。

（2）白粉病。白粉病为真菌性病害，主要为害苗木及幼树，被害株的嫩芽叶卷曲、发黄、枯焦、脱落，严重影响生长。叶面叶背呈白色粉状霉层，秋季在白粉层上出现许多针状、初黄褐色后变为黑褐色的小颗粒物，于3—4月借气流传播侵染。

防治方法：①冬季清除落叶并烧毁，减少病源。②发病期间喷0.2～0.3波美度的石硫合剂，或0.5：1：100～1：1：100的波尔多液，或50%退菌特1 000倍液。③加强栽培管理，增强抗病能力。

（3）栗锈病。栗锈病为真菌性病害，主要为害幼苗，造成早期落叶。被害叶片于叶背上现黄色或褐色泡状斑的锈孢子堆，破裂后散出黄色的锈孢子。冬孢子堆为褐色，蜡质斑，不破裂。

防治方法：冬季清除落叶，减少病源。发病前期喷1：1：100的波尔多液。

（4）云斑天牛。云斑天牛成虫黑褐色，前胸背板具2白斑，幼虫前胸背板有"山"字形褐斑。主要为害枝干，造成枯枝。

防治方法：①5—7月捕杀成虫于产卵前。②6—7月刮除树干虫卵及初孵幼虫。③用钢丝钩杀已蛀入树干的幼虫。④从虫孔注入80%敌敌畏100倍液或用棉球蘸50%磷胺（或50%杀螟松）40倍液塞虫孔。

（5）栗实象鼻虫。栗实象鼻虫成虫体型小，黑色或深褐色，长7～9mm，喙细长。幼虫纺锤形，乳白色。幼虫吃食种仁，采收后约10天幼虫老熟，钻出栗果，作茧越冬。

防治方法：①成虫活动期树冠喷布90%敌百虫或80%敌敌畏1 000倍液。②熏蒸栗果。在密闭条件下每立方米栗果用2.5～3.5g溴甲烷熏蒸24～48小时，或用30ml二硫化碳处理20小时，杀死害虫，不影响发芽力。③栗果温、热水浸杀幼虫。用50～55℃温水浸15～30分钟，或90℃热水浸10～30秒钟，杀虫率可达90%以上，也不影响发芽力。

（6）栗红蜘蛛。栗红蜘蛛以成虫和若虫为害叶面，使受害叶片呈苍白小点，最后呈黄褐色焦枯和早期落叶。它以卵在枝背越冬，4月下旬至5月中旬孵化，5月中旬至7月上旬为发生盛期。

防治方法：①发生期使用10%苯丁哒螨灵乳油1 000倍液和5.7%甲维盐乳油3 000倍液混合喷雾进行防治或1.8%阿维菌素乳油4 000倍液喷雾。②5月上中旬以药剂涂树干，在树干基部刮10cm环带（仅刮去粗皮，稍露出嫩皮），涂80%敌敌畏10～20倍液，药液稍干后再涂1次，干后用塑料薄膜包扎。

四、采收

1. 拾栗法

拾栗法就是待栗充分成熟，自然落地后，人工拾栗实，为了便于拾栗子，在栗苞开裂前要清除地面杂草，采收时，先振动一下树体，然后将落下的栗实、栗苞全部拣拾干净。一般坚持每天早、晚拾一次，随拾随贮藏。

2. 打栗法

打栗法就是分散分批地将成熟的栗苞用竹竿轻轻打落，然后将栗苞、栗实拣拾干净，采用这种方法采收，一般2～3天打一次。打苞时，由树冠外围向内敲打小枝振落栗苞，以免损伤树枝和叶片，严禁一次将成熟度不同的栗苞全部打下。打落采收的栗苞应尽快处理，以免霉烂。

第七章 茶 树

第一节 茶树栽植

茶树是多年生多次收获经济作物，一旦种植可以生长几十年。随着人们生活水平的提高，茶叶的消费也朝着中高档的方向转变，喝茶的人对茶叶的多样化、保健化和无公害的要求日益强烈。

一、茶树生长要求

1. 茶树的生长发育特征

茶树的生长发育可分为3个阶段。

（1）幼龄期。从扦插成活到茶树树冠定型开始采摘（投产）为幼年期，在人工栽培条件下，大致需要经历3~5年时间。

（2）成年期。从茶树树冠定型，进入采摘到茶树第1次出现自然更新为止，一般栽培条件下，可达20~30年。这一时期生长发育旺盛，营养生长和生殖生长都达到盛期，树体相对稳定，茶叶产量和质量都达到最高峰，是茶树一生中最有经济价值的时期。

（3）衰老期。从茶树第1次自然更新到茶树最后衰老死亡为止，它是茶树生命活动延续时间最长的一个时期。此期茶树树冠枝条逐年减少，出现少数枯枝现象，育芽能力逐渐衰退，根茎部有少量更新枝出现，以替代衰老枝。地下部的吸收根开始减少，继而出现少数侧根死亡，茶叶的产量和品质开始下降。

2. 茶树对环境的要求

（1）气候。茶树生于亚热带，性喜温暖，一般昼夜平均温度10℃以上，有效积温在3 500~4 000℃，年平均温度15~23℃，日平均温度15~30℃为宜，最低温度可耐-17~-15℃。

（2）水分。要求相对湿度80%~90%为好，土壤含水量以70%~80%为宜。

二、茶园基地的选择

1. 土壤

茶园基地的土壤具备自然肥力水平高、土层深厚（60cm以上）、土质疏松、通气排水性能良好、呈酸性或弱酸性（pH值4.5~6.5），pH值超过6.5生长不良。

无公害茶园土壤中，对人体有害的重金属，如汞、铜、镍、砷、铅、铬、镉等元素含量必须符合国家有关部门规定标准。汞不得超过0.3mg/kg，铅不得超过250mg/kg，铜不得超过150mg/kg，砷不得超过40mg/kg，铬不得超过150mg/kg。

2. 海拔

在600~1 200m最好。

3. 地形

平地、缓坡地、坡地（坡度小于25°）均可。

4. 规模

大集中，小分散。面积相对连片集中。

三、茶园基地准备

1. 深翻土壤

土壤深翻质量直接关系到以后茶树鲜叶产量和质量。在茶园建设中必须坚持深耕改土，以保持水土，保护生态，经济合理用地，节约劳动力为基本原则。

（1）平地及缓坡地（小于15°）的开垦。全年均可进行，先清理乱石，然后进行深翻。按"大中弯随形，小弯取直"的原则开垦，深度必须达到60~80cm，把杂草翻入土中作为肥料，同时清除草根，尤其是一些再生能力很强的竹根、茅草根等必须彻底清除干净，否则给以后的茶园管理带来很大的麻烦。

（2）陡坡地的开垦。在15°~30°的陡坡地开垦茶园，为了防止水土流失，蓄水保水，必须修筑成梯土。修筑梯土要求，梯面宽度大于150cm，梯层等高，环山水平；大弯随势，小弯取直；心土筑埂，表土回沟；外高内低，外埂内沟；梯梯接路，沟沟相通。

2. 划线定位

茶园要适合机械化管理，因此，在茶苗移栽前要划线定行。用条栽方式，大行距以150cm为宜，平地从地块最长的一边开始，距土边50~100cm划出第1条栽植线作为基线，再按大行距依次划出其他栽植线。缓坡地要从横坡最宽的地方按等高线环山而过，遇陡断行，遇缓则加行。梯土茶园应距梯边50~100cm划基线，由外向里定线，最后一行离梯壁50~100cm，遇宽加行，遇窄断行。

3.挖栽植沟

可在翻犁后的熟土里按划好的栽植线挖沟，宽60cm、深50cm，表土（20cm）取出放在沟的一边，再把心土（20cm）取出放在沟的另一边，然后将底层心土挖松15~20cm。

4.施足底肥

茶园施肥要坚持"重施基肥，适施追肥"的原则。底肥不仅提高土壤肥力，还能改良土壤理化性状，促使茶树根系活跃，有利于茶树抗寒、抗旱、抗病虫害，提高茶叶产量和质量，从而增加经济效益。

（1）底肥种类及用量。以农家肥为主（如猪、牛、羊粪沼渣等），每亩用2 000kg以上，或施普钙100kg，或油菜籽饼肥100kg。

（2）底肥施用方法。将发酵后的农家肥、油菜籽饼肥施入挖好的栽植沟内，先用表土覆盖，再填心土至距沟口10cm处，整细土块。

四、茶树栽植

1.品种选择

茶树良种是生产之本，也是保持优质、高产、高效益的基础条件。

（1）优质。优质茶从色、香、味、形4个因素来考虑。以生产绿茶为主，一般要求外形细紧绿润，香浓且富板栗香，汤色绿亮持久不变，滋味鲜浓回甘。

（2）高产。在同一管理水平下，高产茶树要求发芽势好，生长旺，育芽能力强，耐采。

（3）品种搭配。早、中、晚品种搭配，可以错开采摘期，解决劳动力不足的矛盾。单一的品种易受病虫害和气象灾害的影响，导致产量低、质量差、经济效益不好。

现当前栽植的几个主要品种如下。

福鼎大白茶（国家级）：无性系，属小乔木型，中叶类，早生种，树姿半开张，分枝部位高，叶色绿，叶形椭圆，叶质较软，芽叶肥壮，茸毛特多，一芽三叶百芽重63g，生长期长，育芽力强。抗逆性强。单产高。氨基酸4.37%，茶多酚16.2%，适制绿茶、白茶和毛峰类名茶，品质优，具板栗香。

乌牛早：无性系，属灌木型，中叶类，特早生种。树姿半开张，叶绿色，有光泽、椭圆或卵圆形、茸毛中等，叶面微隆起。芽叶壮，一芽三叶白芽重40.5g，育芽力和持嫩性强。抗性强、单产高。氨基酸含量4.2%，茶多酚约17.6%，适制绿茶和扁形绿茶，品质好。

2. 茶苗移栽

（1）茶苗移栽时期。茶苗移栽的最适宜时期是茶苗地上部处于休眠时或春季来临前，移栽易成活，以秋末冬初（10月中旬至11月下旬）和早春（2月上旬至3月上旬）为好。

（2）栽植规格。按挖好栽植沟采用单行双株条栽，行距1.5m，株距25～30cm；或双行单株条栽，小行距33～40cm，株距25～30cm。无论何种方式必须确保茶苗3 000株以上，呈等边三角形。

（3）栽植要求。栽植时先分苗，并为茶苗根系上好浆，分别在不同的地块栽植；再挖好深宽均为10～15cm的栽植沟（或打窝）；栽植时一手扶茶苗，使根系处于自然状态，另一手用细土覆盖苗根，用手将茶苗轻轻向上一提，使根系自然舒展，用力将泥土压紧，再覆土、再压紧，层层压实，使苗根与土壤紧密接触，不能上紧下松。单行双株栽植时两株茶苗分开3～4cm。

（4）保苗措施。浇水抗旱：移栽后必须浇足定根水，待水浸下后，再覆土到茶苗脚3.33cm左右，用脚踩紧，再在茶小行两边培土使小行中间形成一道小沟，以便下次淋水和下雨接纳水分。以后根据天气每隔一定时间（5～7天）浇一次水，保证茶苗成活。及时定剪：在茶苗移栽后及时定剪，剪口离地面15～20cm剪去主枝可减少茶苗水分蒸发，有利于成活。坚持铺草：移栽后在小行内铺草10～15cm，冬保温防寒、夏降温抗旱，还防治杂草生长，增加土壤肥力，减少土壤水分蒸发，提高茶苗成活率。

五、树冠定型修剪

1. 定型修剪的意义

茶树具有明显的顶端生长优势，如不修剪，任其自然生长，则主干枝长势强，生长快，侧枝相对长势弱，生长慢，将成为塔形生长，不仅采摘不方便，而且枝疏叶散，叶层薄，采摘面积小，产量低下。

实践证明，优质高产高效益茶园，树高以70～90cm，树幅以120～130cm，树冠覆盖度在80%～90%，叶层以10～20cm。一般要经过3～4次定型修剪后才能逐步达到优质高产茶树所要求的树冠目标。

2. 幼龄茶定型修剪的标准及次数

（1）第1次。离地面15～20cm剪去主枝为宜。

（2）第2次。在第1次剪口上提高15～20cm以上枝条全部剪去。

（3）第3次。在第2次剪口上提高15cm以上枝条。

3. 幼龄茶园修剪的时期及定型修剪方法

（1）定型修剪时期。在春、夏、秋选择晴朗天气均可进行，早春以春茶茶芽未萌发之前为最好。高山地区，因气温低，要么秋末，要么早春定剪。早芽种早剪，迟芽种迟剪。

（2）定型修剪方法。修剪时，剪口必须平整、光滑，离下位腋芽约5mm，保留外侧芽，使所发的枝条向外伸展，迅速扩大蓬面，不能以采代剪，以折代剪。

（3）合理采摘。茶树经过3～4次定型修剪后，蓬面高度和幅度都已基本达到一定的采摘要求，可进行正常采摘。在这3～4年的时间里，茶树主要是培养粗壮的骨架枝和庞大蓬面。每次茶树修剪后，茶树长势好，茶叶鲜嫩，必须进行合理采摘，不能贪图眼前利益，茶树未成龄、骨架枝和蓬面都没有养好时就采茶，那样将会成为未老先衰茶树。

第二节　幼龄茶园病虫害防治及管理

一、茶树病虫害发生概况

茶树常见的病害有30多种，害虫有40多种，其中以芽叶病虫害类多，为害最大。茶树病虫害一般使茶叶减产10%～20%，发生严重时，甚至无茶可采，而且茶叶品质下降，直接影响经济效益。

防治茶树病虫害，不能单纯以农药防治，应加强茶园管理，协调好各种防治措施，在必要时合理使用农药。

二、茶树病虫害综合防治

1. 农业防治

（1）松土除草。冬耕可以将在表土中越冬的病虫深埋入土，减少病虫越冬基数，夏季伏耕，则可使土中病虫在高温暴晒下死亡。

（2）修剪（采摘）。可以直接去除为害芽梢嫩叶的病虫。如茶饼病、白星病、芽枯病、小绿叶蝉、茶橙瘿螨等病虫。

（3）合理施肥。茶树在肥料不足的情况下，抵抗力降低，容易感染病害，如白星病、茶枯病等病害等。但偏施氮肥往往会加重（茶饼病）叶部病害。因此，幼龄茶园在施肥时，N、P、K配合施用，增施农家肥。

2. 物理防治

利用各种物理因素和简单器械捕杀虫，如利用害虫的群集性、假死性、使用人工捕杀或振落捕杀。利用害虫的趋光性进行灯光诱杀成虫，利用糖醋饵诱杀成虫等。

3. 生物防治

利用食虫昆虫、捕食螨、寄生性昆虫，真菌、细菌、病毒或其他有益生物控制病虫害而达到防治的目的。

（1）保护益虫。如瓢虫、蜘蛛、捕食螨、寄生蜂等有生物。

（2）使用生物农药。如阿维菌素每亩用200～500mg防治螨类。天霸1 000倍液防治小绿叶蝉。杀鳞精800倍液防治茶尺蠖、茶毛虫等。

4. 化学防治

（1）小绿叶蝉。以刺吸茶树新梢汁液，被害嫩叶失绿，叶脉变红，叶质粗老。多栖息芽叶背面，以芽下第2、第3叶居多；雨天、晨露不干和日照强烈时不活动，产卵于芽下第1～3节嫩茎层下或叶柄及主脉中。

防治方治：①分批及时采摘（或修剪），采下大量虫卵，降低虫口密度。②及时除草，减少虫源。③根据虫情，用10%吡虫可湿性粉剂2 000倍液或2.5%联茶菊酯油3 000倍液，天霸1 000倍液进行防治，以茶树蓬面（或杂草）喷雾为主。

（2）茶叶瘿螨、茶橙瘿螨。以成若幼虫吸嫩叶和成叶汁液，被害叶失去光泽，叶色致黄绿。趋嫩性强，以芽下第2、第3叶居多，卵产于叶背叶脉两侧。6—8月为发生高峰期，时雨时晴天气有利于发生，高温干旱则不利于发生。

防治方法：①及时采摘，减轻为害。②及时松土除草，减少虫源。③药剂防治，用73%克螨特乳油或50%螨代治乳油2 000倍液，或每亩用200～500mg阿维菌素进行防治，以茶蓬面喷雾为主。

（3）茶毛虫。一年发生2代，发生整齐，卵多产于茶叶下部叶背，幼虫群集性强，具假死性，受惊吐丝下垂，晨昏及阴天取食。3龄前集中取食，3龄后分散取食，对产量影响极大，而且有毒。

防治方法：①3龄前人工摘除。②可用80%敌敌畏1 000倍液或菊酯类药剂进行防治。

（4）茶白星病和赤星病。主要为害嫩叶，幼茎。该病是低温高温型病害，在春、秋两季均可发病，发病盛期在4—5月。

防治方法：①及时分批采茶可减少侵染源。②加强管理，增施有机肥，增强树势，提高抗病力。③药剂防治，在春茶期用75%百菌清800倍液，70%甲基托布津1 500倍液，以蓬面喷雾为主。

（5）茶饼病。主要为害嫩叶和新梢，不仅影响产量，而且干茶味苦。雾露多、日照少、湿度大时易发病。

防治方法：①加强茶园管理，勤除杂草，增施P、K肥和有机肥，以增强树势，减轻发病。及时分批采摘，减少病源。②药剂防治，用75%百菌清可湿性粉剂600～800倍液，10%多抗霉素可湿性粉剂600～1 000倍液。

茶园病虫害好的防治方式是农业防治，通过加强茶园管理增强茶树树势，改善茶园生态环境。

三、幼龄茶园管理技术

1. 合理疏苗、培育壮苗

茶苗种植后如发现死苗，宜在第2年春季、秋季选择壮苗补齐茶苗，第3年、第4年一般不再补苗，如有缺苗可进行移植。对丛生密植茶园，按每穴留3～5株壮苗的要求，除去弱小茶苗，培养健壮茶苗，疏苗时使用枝剪将多余的弱小茶苗从根茎部剪除，切不可手提拔除。

2. 及时除草抗旱

1～2年生茶园须人工锄草，禁用化学农药，年除草4次。除草时尽可能先在苗际30cm范围内用手拔草，防止松动茶苗。3年生以上茶园可采用适宜的除草剂除草，喷药时需防止药剂喷到茶苗叶片上，影响生长。夏季高温季节应适当养草遮阴保水，不宜除草过净。旱时及时灌溉，同时采用茶树保水抗旱剂和茶园铺草等措施增加茶园抗旱力。

3. 灌溉和排涝

幼龄茶园有"三忌"：一是"忌旱害"，在夏季持续高温，茶园水分不足时，需要及时灌溉保苗，同时采取茶行间作、铺草等保墒措施保持茶园水分。二是"忌涝害"，持续多天下雨导致茶园积水，需要及时疏渠排涝，防治茶苗烂根和老苗。三是"忌寒害"，在冬季霜雪来临之前，采取熏烟、蓬面盖草、行间铺草、灌水和选用抗寒品种等方式减轻寒害。

4. 合理间作

套种作物以豆科为主，与茶带相距30cm以上，严禁套种高秆及攀援作物。1～2年生茶苗可在行间适当进行间作，种植萝卜、白菜、黄豆、花生等矮秆作物，忌种玉米、油菜等高秆作物。3～4年生茶园可在行间种植紫云英、苜蓿等绿肥。5龄以上茶园无须间作。

5. 铺草遮阴

可用遮阳网、树枝或作物秸秆进行插枝遮阴，遮阴度50%～60%，一般每亩需秸秆3 000kg。

6. 合理修剪

可分为定型修剪与轻修剪。定型修剪是苗高达到25～30cm，有1～2个分枝时，在离地面15～20cm处剪去顶部多余部分，留侧枝。轻修剪是在上年剪口的基础上提高10cm剪去以上部分的枝条，时间以惊蛰前后为佳，最迟必须保证在萌芽前。

7. 施肥

春夏季是茶苗生长的旺盛时期，必须及时补充茶苗生长所需的营养元素，一般在春茶萌动前15天左右施入，根据生长周期按少量多次施肥原则进行。

8. 病虫防治

根据虫情，推广生物农药防治病虫。对小绿叶蝉、茶尺蠖、茶毛虫、叶螨类、黑刺粉虱等茶园虫害，可采用"天王星""印楝素""鱼藤酮""绿晶"等生物农药对症防治。

第三节　成龄茶园四季管理

一、春季茶园管理

茶树以幼嫩叶芽为收获目的，芽叶越多产量越高。春茶是当年茶叶生产中质量最佳、经济效益最高的一季茶叶，产量一般占全年总产量60%以上，是一年中名优茶生产的关键时期，品质最佳，经济效益最好，及早抓好春茶生产，落实田间管理措施，对提早开园、增加春茶产量、提高茶叶质量有着重要作用。

1. 早施催芽肥

催芽肥在春茶萌发前25天施用为宜，一般亩用25～35kg的专用肥或复合肥，氮、磷、钾比例为3：1：1。在茶树根部周围开沟施用，在茶行间挖条形沟，沟深20～30cm，施肥后应及时覆土，防止挥发肥效损失。同时，在3月底或4月上旬茶树刚萌发时喷放"叶面素""爱农""一喷早"等叶面营养液，每隔7天左右喷施一次，连续喷2～3次。但雨前、雨后和气温高的中午不宜喷施。

2. 浅耕松土

春茶前结合追施催芽肥，对茶园普遍进行一次浅耕松土，可以疏松土壤，铲除冬春杂草，使土温回升，有利于春茶提早萌发。春茶结束后再浅耕，一般在5月下旬至6

月上旬进行，此时浅耕和茶园铺草可提高土壤保水蓄水能力，减少夏季杂草的滋生。

3. 病虫害防治

春茶一般很少发生病虫为害，尽量不使用化学农药，如果需要应选用"天王星"等低毒低残留的农药。茶园禁止使用高毒高残留农药。

4. 适时采摘

当茶树有10%左右的芽叶达到采摘标准时即可开园采茶。在春芽先期，茶叶品质优异，应及时采摘，以抓质量为主，每隔3～5天采一次。中期抓产量每隔4～5天采一次。后期采养结合。春茶采摘的关键是要适度嫩采，确保春茶开园早。根据新梢成熟度进行开采，成熟度以顶叶小开面至中开面为标准，春茶当采摘面上有60%左右的新梢达采摘标准时开采，大面积茶园应适当提前嫩采。

5. 合理修剪

修剪宜在春茶萌发前30～40天进行，先修剪海拔稍低、东南坡向，树势较强的茶园，后修剪其他茶园。轻修剪的茶园只剪去蓬面的"鸡爪枝""枯死枝""病虫枝""突生枝"，一般剪去5～7cm。对分枝过密而树势弱或冻害严重的茶园，则要重剪，时间要延迟到春茶采摘后进行。成龄茶园在春茶结束后应及时修剪，修剪程度应根据茶树生长势强弱和衰老程度不同，而选择采取轻修剪或深修剪或重修剪或台刈的办法，并结合施肥补充养分恢复树势。

6. 预防倒春寒

预防倒春寒，可采取茶园覆盖，熏烟防冻等方法。常用的、最简易的方法是在低温寒潮来临之前，在茶树蓬面上覆盖稻草、薄膜、遮阳网等覆盖物，保护茶树抵御春寒的侵袭。

二、夏季茶园管理

1. 及时排灌

对于受水涝灾害的茶园要及时清沟排灌，加强茶园管理，抓紧抢修水毁茶园和坡改梯茶园，做到路、沟、园配套。特别是新建茶园，茶苗幼小，根系不发达，易受灾死亡造成缺株断垄，要及时修好排灌沟，最有效的办法是做到全园铺草覆盖，确保早成园、早投产、早见效。

2. 浅耕除草，追施肥料

春茶结束后应及时浅耕疏松土壤，铲除杂草。即使使用了除草剂的茶园，春茶采收后也要结合施肥进行浅耕，一般以10～15cm为宜。浅耕可破坏土壤表层毛细管，减少下层水分蒸发，既可抑制和减少杂草生长，又可疏松表土，对夏季茶园有保水抗旱效果。对于幼龄茶园，强调尽可能用山茅草、塘堰水草、稻草、秸秆等进行全园铺草覆盖，这对抑制杂草再生、降低土壤温度和水分蒸发，防止洪涝和水土流失，增加土壤有机质等都具有显著作用，应当大力推广应用，一般亩覆盖1 000kg左右。

追施肥料以早施为好。夏茶后秋茶前的追肥量应占全年施追肥的20%，以速效肥为主，一般成龄茶园每亩追施尿素20～30kg或复合肥30～50kg，高产茶园适当增加，最好施用不同茶类的专用肥。同时结合叶面喷肥12次，以增加秋茶产量。对新建茶园，应在茶苗旁开沟施腐熟的稀薄人粪尿，并渗入少量化学氮肥，既可润土，又可壮苗全苗。

3. 补苗保苗，种植绿肥

为了增强幼龄茶苗抗旱防冻正常生长的能力，增加土壤有机质，可在茶园大行间套种秋冬季绿肥，到翌年4月上旬压青。冬绿肥主要是豆科作物，如豌豆、肥田萝卜、蚕豆、紫云英等，可结合秋末茶园锄草深耕，在9月下旬至10月上旬播种，高山区略早播种，以利苗期充分生长安全越冬，注意种植冬季绿肥后，要在茶行间施些肥料，以小肥养大肥。

夏季茶园铺草具有防止水土流失，减少土壤水分蒸发，抑制杂草生长的作用。同时，可降低夏季茶园土壤温度和增加土壤有机质。常用覆盖材料有稻草、豆秸、绿肥等，也可用山草。

4. 茶园病虫害防治

贯彻"预防为主、综合防治"方针。经常勤除杂草，保持茶园通风透光；整理好排水沟，避免茶园积水；修剪时认真剪除有病虫的枝条；及时、分批、勤采，都可以减少病虫害的发生。农药防治时，禁止使用高毒高残留农药，提倡使用生物农药和低毒低残留农药，为保证茶叶绿色无污染，应积极推广应用诱杀、人工捕杀摘除等方法。并尽最大可能减少施药次数。

（1）茶蚜。吡虫啉10g对水15kg喷雾。

（2）茶小绿叶蝉。第1高峰期在5月下旬到6月中下旬，主要分布在茶树顶部嫩叶层。防治方法：苏云金杆菌75～100ml（800～1 000倍液）、2.5%鱼藤酮150～200ml（300～500倍液）喷雾；吡虫啉10对水15kg喷雾。

（3）茶丽纹象甲。5月中旬成虫开始羽化出土，6月上旬到7月上旬成虫盛发，善爬行，具假死性。防治方法：①利用成虫的假死性，振动茶树，将落地虫用塑料薄膜盛接，集中消灭。②用2.5%天王星750倍液喷杀。

（4）叶螨类。主要有茶橙瘿螨和茶跗线螨，第1高峰期在5月下旬到6月上旬。防治方法：①分批多次采摘，减少虫口。②用15%灭螨灵3 000～4 000倍液喷杀。喷药时应将茶丛上层嫩叶正反面喷湿。亩用天王星30ml或虫螨克20ml对水45kg喷雾防治。

（5）食叶性鳞翅目害虫。主要是茶毛虫（茶毒蛾）、茶黑毒蛾和茶尺蠖。两种毒蛾第2、第3代为害期均在6—8月。防治方法：①结合中耕除草消灭根际枯枝落叶中的茧蛹。②用灯光诱杀成虫。③在1～2龄幼虫期摘除虫叶。④生物防治，可喷施病虫Bt粉剂1 000倍液。

（6）茶树病害。链霉素20g或宁南霉素30ml对水50kg喷雾，防治茶饼病等。要求最后一次施药应在安全间隔期16天以上才能摘茶。

5. 适当修剪

春夏茶间隙期和夏秋茶间隙期适当修剪，可以促进茶芽萌发，提高名优茶产量。要注意适当嫩采、留余叶采，留养结合，可采至9月中下旬，如干旱严重或树势弱应少采，提前封园。对幼龄茶园，以打顶采、留养为主，嫩采为辅；对成龄茶园，以采为主；对更新茶园，以养为主，采养结合，培养树冠。

三、秋季茶园管理

秋茶生长期达2个多月，为促进茶树生长发育，增加秋茶产量，提高品质与效益，应抓好秋季茶园管理。对新植幼龄茶园，土壤裸露度大，秋季较为干旱，抓好秋季茶园管理是提高成活率的重要措施。

1. 中耕除草

夏茶结束后，即行茶园浅耕，深10～15cm，并清除茶园梯壁及四周杂草。药剂除草选用灭生性除草剂草铵膦，喷药时喷头配置防护罩，预防药液喷到茶树上。

2. 追肥促梢

（1）沟施或撒施基肥。条栽茶园于种植畦中间或一边拉小沟施肥或穴施（沟深8～12cm，穴距20～30cm），施后覆土。茶园秋施基肥要做到"早、深、足、好"。

早：施肥时间应在9月上旬（白露）前后为好，宜早不易迟。

深：施肥深度在25cm左右。

足：一般秋施基肥的用量不得少于全年的70%。

好：基肥的质量要好，所选的肥料要既能改良土壤，又能缓慢地提供茶树所需的营养物质。

基肥的种类主要是农家肥和商品有机肥等，不用化学肥料，以免造成茶树新稍"恋秋"，降低了木质化程度而加重茶树冻害。施肥后应根据茶园土壤墒情及时浇水，以提高肥料的利用率。成年茶园亩施碳铵30～35kg或尿素12～15kg或硫酸钾三元复合肥15～20kg加尿素5kg（一般每产干茶100kg年亩施纯氮12～15kg）；幼龄园按树体大小决定施肥量，一般可亩施碳铵10～20kg或尿素5～10kg或硫酸钾三元复合肥

8～15kg。

（2）根外喷施。于25%的芽梢一芽一叶展开时或于一芽二叶、三叶开展期，选择阴天或晴天的早晨、傍晚喷施0.5%～1%尿素液，每采一轮茶均喷一次。

3. 秋季采摘

（1）成龄茶树。

①绿茶。为一芽四叶占总芽数的10%时，实行跑马采，抑制"洪峰"，促进迟发芽的生长，当一芽四叶占15%～20%，即可全面开采，采一芽二叶、三叶，并采尽对夹叶。

②乌龙茶。采摘小至中开面驻芽二、三叶或三、四叶嫩梢为标准，实行分期分批采摘，确保每一批采下的鲜叶原料嫩度、匀净度和新鲜度好。一般情况下，当有10%～15%芽梢已达小至中开面时开采。

（2）幼龄茶园。

①除按要求定剪外，第1年不采（第2次定剪以前严禁采摘）。

②经第2次定剪后，当树高达60cm以上时，要严格贯彻"打高不打低，打头枝留侧枝，打长枝留短枝"的原则。

③于第3次定剪后，茶蓬骨架基本形成，但树幅还不理想，应坚持以养为主的原则，实行留二叶采。

④树冠基本定型后（高70cm，冠幅100cm以上），可适当多采，但尚需继续培养树冠，实行留一叶采。

⑤采摘标准同成年树，乌龙茶采驻芽二叶、三叶或三叶、四叶嫩梢，绿茶采一芽二叶、三叶。

4. 土壤覆盖

8—9月气温较高，土壤较干旱，为确保茶苗成活，必须保持土壤湿润，保证水分供给，为此，应采取土壤覆盖措施，在种植畦上覆盖5～8cm厚杂草或稻草，或将中耕清除草覆盖畦面。

5. 病虫害防治

（1）茶小绿叶蝉。百叶虫量超过6头（百梢46头）或每立方米超过15头时为防治指标。①农业措施。加强茶园管理，清除茶园杂草，恶化栖息环境；及时分批多次采摘，可减少虫卵并恶化营养条件，减轻为害。②生物防治。采用Bt粉剂500倍液、盖力辛统杀0.2%苦参碱水剂600倍液、0.25%胜邦生物杀虫剂1 500倍液、天霸1 000倍液。③化学防治。虫螨克1 000倍液（安全间隔期5天）、10%吡虫啉2 000～3 000倍液（7～10天）、98%巴丹1 500倍液（7天），以上农药应交替轮换使用；喷药时先喷茶园四周，然后从外到内施药。

（2）茶叶螨类（主要有茶橙瘿螨、茶叶瘿螨、茶短须螨等）。73%克螨特2 000～3 000倍液（7天）、2.5%天王星2 500倍液（7～10天）、1.5%灭螨灵2 000～3 000倍液，盖力辛统杀0.2%苦参碱水剂600倍液。

（3）茶树茶园赤星病、煤烟病、炭疽病、轮斑病的防治。80%大生M-45、10%世高2000倍液，或75%多菌灵800倍液，或70%甲基托布津1 000倍液。

四、冬季茶园管理

1. 深翻

深翻有利于疏松土壤，改善土壤的理化性状，促进茶树根系的生长发育和土壤的通透性，对恢复茶树生机十分重要。深翻一般应在每年10月初至11月上旬进行，深度15～20cm，过深易伤根系，影响茶树的正常生长。深耕时结合铲除杂草，埋入土中。

2. 施足基肥

施基肥的时间多发生在10—11月，最迟不超过11月底。基肥应以人、畜粪肥等农家肥或土杂肥为主，配合施用少量磷肥。基肥施用量一般占全年施肥量的30%。幼龄茶园一般每亩施用农家肥1 000～1 500kg，或饼肥100kg，配施磷肥20kg；成年茶园为每亩施用农家肥2 000～2 500kg，或饼肥200～250kg，外加磷肥50kg。施肥应沿行间开沟深施，也可结合深耕进行。施后应覆土，防止肥料流失。对梯级茶园，肥料应施在梯级内侧。

3. 茶园防冻

（1）茶园培土。选择一些外来的洁净土，如茶园四周或其他坡地上的红壤土、黄壤土、泥土等，培到茶树基部，厚度达10cm左右。一般要求黏性土茶园培入沙质的红壤土，沙质土茶园培入黏性土；低产茶园和衰老茶园则应培入红、黄壤心土。培土可加厚耕作层，提高土壤活力，防止土壤"老化"，对促进春茶提前萌发，提高鲜叶质量具有明显的作用。

近几年来，由于气候异常，山东省诸城市茶树冻害发生频繁，其客观原因是长期低温和持续干旱造成的，但主观原因是和秋季茶园管理措施滞后有直接关系。为此，抓好秋季茶园综合管理，对提高茶树自身抗寒能力和增加第2年春茶产量都具有十分重要的意义。

（2）适时封园。通过调查发现，由于冻害造成茶叶减产，茶农为了减少损失，在全年茶叶的采摘中，普遍存在着"重采轻养"的现象，导致茶树蓬面绿叶层厚度较低，有效叶片较少。根据山东省气候特点和茶树生长状况，要在8月下旬（处暑）后封园，即停止采茶，利用秋梢生长为茶树提供和积累营养物质，对提高茶树自身抗寒能力和今后茶叶产量都具有十分重要的作用。

（3）茶园铺草、套种绿肥、推广秸秆反应堆技术。茶园行间铺草既可抗旱，又能防冻。铺草茶园冬季低温比不铺草可提高1~2℃，可减轻冻土程度和深度，保持土壤水分。使用秸秆反应堆技术冬季可提高地温2~3℃，提高茶叶的抗冻性。秋季茶园行间套种越冬绿肥，覆盖地面，可提高土壤温度，有利减轻冻害。春天这些绿肥又可当作肥料，适宜套种的绿肥有豌豆、苕子、苜蓿等。

（4）发生冻害后的补救措施。①整枝修剪。对冻害程度较轻和原来有良好采摘面的茶园，采用轻修剪，修剪程度宁轻勿深，尽量保持采摘面；对受害重的应进行深修剪或重修剪乃至台刈。②浅耕施肥。越冬期冻害发生后，要重视春芽催芽肥，施肥量应比原来增加两成左右，同时配施一定量的磷、钾肥；茶树萌芽期冻害后，在春芽鱼叶至1叶展开时，喷施叶面肥，对恢复茶树生机和茶芽萌发及新梢生长有促进作用。③培养树冠。茶树受冻后经过轻修剪的茶树，春芽采摘应留1片大叶，夏、秋茶则按常规采摘。经过重修剪或台刈的受冻茶树，则应以养为主。

4. 茶树冬季修剪

冬季修剪是夺取春茶优质高产的重要技术环节，注意因地制宜，对生长旺盛的茶树一般只能剪去蓬面凸出部分，达到树冠面平整。对于有较多细弱技、鸡爪枝，产量开始下降的茶园，应进行深修剪，可将超出树冠面10~15cm的枝条剪除，并将全部鸡爪枝剪掉，以利于翌年发芽粗壮整齐。对于树势已呈衰弱，生产水平严重下降的老茶园，应采用重修剪，将树冠高度1/3~1/2的部分剪掉，以促茶树树冠尽快恢复生产能力。对于成年茶园应采取轻修剪、深修剪及边缘修剪相结合的方法；对于幼龄茶树则应以养为主，定型修剪，培育树冠。冬季修剪应在11月底前完成。北部茶区为了防止冻害，提前在春茶结束后的5月中旬修剪为宜，冬季不进行修剪。

（1）轻修剪。对已投产茶园每年要进行一次轻修剪，目的是控制树高和培养树冠采摘面。一般剪去树冠面3~5cm，达到树冠表面平整，使茶树高度控制在50cm左右。修剪的时间要根据海拔高度确定，低山可以在10—11月进行，海拔900m以上的茶区，可在翌年2月进行。

（2）边缘修剪。对已封行形成无行间通风道的茶园还要进行边缘修剪，剪除行间交叉枝条，保持茶园行间20~30cm的整齐的通风道及操作行间，这一农艺措施也十分有利于防止茶园病虫害。

（3）深修剪。对于有较多细弱枝、鸡爪枝，产量开始下降的茶园，应进行深修剪，可将超出树冠面10~15cm的枝条剪除，并将全部鸡爪枝剪掉，以利于翌年发芽粗壮整齐。

5. 病虫害防治

（1）全面清园。茶树行间的杂草及枯枝落叶均是害虫、病菌隐藏的地方，及时进行清园有利于减少茶园内越冬病虫的基数。一是修剪和深耕过程中应及时清除树冠上的病枝病叶以及虫蛹，二是扫除行间和四周的枯枝落叶，然后集中烧毁，消除越冬病菌和虫源。

（2）喷药封园。茶树越冬病虫主要有小绿叶蝉、茶尺蠖、茶毛虫及蚧类、螨类等。秋茶采完后，如果病虫害仍很严重，可以在10月上旬喷洒一次农药进行防治。然后到10月下旬至11月上旬的时候，要对整个茶园用0.7%石灰半量式波尔多液或0.3～0.5波美度的石硫合剂进行防治。喷药时要将茶从上下、内外，叶片正面背面都喷到，地面的杂草及蓬内的枝条也要喷及，以提高防治效果。封园工作要在11月底结束。

五、茶园防止药害

茶园使用化学农药防治病虫，是实现茶叶优质高产的重要手段之一，但若使用不当，则容易造成药害，影响产量和品质。预防药害应从多方面着手，采取综合性的预防措施。

1. 严格按指标用药

尽量减少用药次数，避免见虫见病就急于用药。对虫口密度、病情指数超过防治指标的茶园，如茶附线螨被害芽占5%或螨卵芽达到20%，茶毛虫每亩有7 000～9 000头，茶小绿叶蝉百叶虫量10～15头时，即可使用农药防治。

2. 严禁使用高毒高残留农药

如甲胺磷、甲基对硫磷、亚胺硫磷、三氯杀螨醇、氰戊菊酯等。

3. 采用正确的施用方法

喷雾是常用的方法，从高容量喷雾转向低容量喷雾，不仅提高了防效，而且能降低药害的发生；毒饵可放置在地下害虫为害的洞口的3～4cm处，将其诱杀；塞孔是防治蛀干害虫的一种施药方法，可用棉球浸敌敌畏后，塞入虫孔里熏杀害虫；根区土下施药，苯菌灵1 000倍液灌根等。

4. 科学配制药液，准确掌握药量和浓度

液剂要用量杯量，用针筒抽，不能随便倒药；粉剂要按用药面积过秤，分装成小包；可湿性粉剂，先调制成糊状，配成母液，再加水稀释，保证施药质量。要把药液送到防治部位，谨防重喷，特别注意不在高温、高湿和强光条件下使用农药。做到能兼治的不单治，能挑治的不普治。

5. 注意安全间隔期

如用Bt制剂300~500倍液防治茶毛虫、茶尺蠖、茶黑毒蛾和茶小卷叶蛾,安全间隔期3~5天;用0.2%苦参碱水剂1 000~1 500倍液,防治茶毛虫、茶黑毒蛾、茶小卷叶蛾,安全间隔期5天;辛硫磷安全间隔期10天。注意轮换用药,每种农药在采茶期只能用1次。这样既可以防止病虫产生抗药性,又可以减少残留。

六、茶叶人工采摘存在的问题及注意事项

目前生产上茶叶采摘仍以人工为主。对合理采摘鲜叶,还有许多茶农认识不足,技术方法不得当,出现用手扭采、揪采、抓采等现象,破坏树冠培养、损伤茶芽,既影响茶树生长,又影响品质的提高。因此,合理采摘还要配合良好的采摘技术。正确的采摘在手法上一般可分为掐采、提手采、双手采等。

掐采:以采细嫩茶为主,此方法采摘量少、效率低;提手采:适于适中采,鲜叶质量也好;双手采:为高功效手采方法,集中精力,看的准、要求手法快而稳,不落叶、不损叶。人工采摘要采好茶,技术上应注意以下几点。

一是抓住标准开采,及时分批多次采摘。

二是五采五养。采高养低、采面养底、采中养侧、采密养稀、采大养小。

三是注意手法,不扭采、不揪采、不抓采,不采伤芽叶、采碎叶片,不采下老叶。

四是采下芽叶要重视保"鲜",手中不握紧、篮子不压紧、避免发热、伤害叶质。

五是每批采摘时,要尽可能把采面上的对夹叶采下。

第四节　山地种茶的水土保持措施

山地茶园中特别突出的是水土流失问题,严重阻碍茶叶产量、质量的提高,因此针对性地采取水土保持措施,无疑对提高种茶效益,具有极为重要意义。

一、因地制宜建园,做好总体规划

实践证明,坡度≥25°的原则不应开垦,已垦的要逐步改造,或退茶还林,或退茶还草。在规划时,要注意分散建园,不强行大面积连片,不开"光头山"。在建园中积极推广山地行之有效的"山顶戴帽子,山腰结带子,山脚穿鞋子"的土地利用方式。另外,还要设计科学的蓄、排水系统,以及减少径流能量的园间工程,即将山地

茶园开垦成等高梯层。

二、绿化梯壁，固梯护埂

可在梯壁上种植葡匐型绿肥植物，注意减少崩塌冲刷。据调查，梯壁种植绿肥爬地兰可比空白区减少冲刷32.59%，在茶园梯埂种黄花菜，即可保护梯埂，又能增加收入。

三、合理密植，正确布置茶行，提高梯面郁闭度

茶树的种植方式和密植度对园内的水土流失影响甚大。据观测，水土流失量：丛栽≥条栽，单条植≥多条植，稀植≥密植，顺坡植≥横坡植。因此，适当密植，横坡等高种植，提高梯面覆盖度，都是控制水土流失的有效措施。

四、合理耕作，科学管理，提高土壤抗蚀性

山地茶园应提倡横向等高耕作，以缓和地表径流。另外，应改锄梯壁草为刀割。园边路面植树留草，既减少水土流失，又改善茶园生态小气候，提高茶叶产量、品质。

五、充分利用山地草资源优势，实行茶园全面覆盖

茶园铺草是减少水土流失的行之有效的措施之一。

第五节 茶树修剪

一、茶树修剪的作用

1.控制顶端优势

植物在生长过程中，顶端枝梢或顶芽的生长总是比侧枝或侧芽旺盛迅速，呈现出明显的生长优势就叫顶端优势。其生理原因有很多学说，主要是生长素说，主要观点是：当用人为的方法剪去顶芽或顶端枝梢时，剪口以下的侧芽就会迅速萌发生长，修剪反应最敏感的部位是剪口以下，也常常是第1个芽最强而依次递减的，一般定型修剪能刺激剪口以下2~3个侧芽或侧枝生长。而台刈可刺激根茎部的潜伏芽萌发。

2.相对平衡地上部与地下部

茶树树冠与其根部构成相互对立而又统一的整体，它们之间既表现了相互矛盾，

195

又表现出相互对立而平衡关系。茶树一经修剪，就可以打破其地上部与地下部的相对平衡；茶树具有再生能力强的特性，修剪能使休眠芽或潜伏芽萌发出新的芽梢，这样通过修剪或采摘打破平衡，又与地下部生长达到新的平衡，使茶树一生中地上与地下之间始终处于动态平衡。

3. 诱导新芽发育

同一枝条上，从基部到顶端的各叶腋间着生的芽，由于形成时期、叶片大小以及营养状况的不同，质量上存在一定的差异，叫做芽的异质性；当树冠枝条的育芽能力减退时，根颈部的潜伏芽就能迅速萌发，因此，在实践中用台刈或重修剪的方法更新茶树。

4. 抑制生殖生长

营养生长与生殖生长也是茶树系统发育中的一对对立统一体。当采取修剪措施时，就能抑制生殖生长，促进营养生长。

二、修剪方法

1. 幼龄茶树定型修剪

幼龄茶树定型修剪就是抑制茶树的顶端生长优势，促进侧芽萌发和侧枝生长的修剪措施，达到培养骨干枝、增加分枝级数，形成"壮、宽、密"的树型结构，扩大采摘面，增强树势的目的，为高产、稳产、优质打下良好的基础。

（1）修剪时间。每年的春、夏、秋季均可进行，以春季茶芽萌发之前的早春2—3月为最佳时间。

（2）修剪次数。一般幼龄茶树需进行3~4次定型修剪，即定植后3~4年内每年进行1次定型修剪，海拔低、肥水条件好、长势旺的茶园一年可定剪2次。

（3）修剪方法。当茶苗高度达到25~30cm时，离地15~20cm处保留2~3个饱满芽下剪，是为第1次定型修剪；当苗高达到35~40cm时，离地30cm处下剪，是为第2次定剪；当苗高达到45~50cm时，离地40cm处下剪，是为第3次定型修剪。每次修剪要求剪口平滑，呈45°角。

（4）剪后管理。每次定剪后应立即增施肥料并及时防治病虫害。

2. 青壮年茶树轻修剪和深修剪

（1）轻修剪。一般每年的2—3月进行1次，一般剪去冠面3~5cm的绿叶层及参差不齐的枝叶。

（2）深修剪。当茶树冠面出现许多鸡爪枝、纤细枝、节节枝时，就要进行深修剪，具体时间确定在每季茶采摘结束后立即进行。具体方法是：剪除鸡爪枝、节节枝、细弱枝，一般修剪深度为8~12cm，剪后冠面呈弧形。

3. 衰老茶树重修剪或台刈

（1）重修剪。对于树势衰老、枯枝病虫枝较多、育芽能力弱、对夹叶不断出现、产量逐年下降的半衰老茶树以及树势矮小、萌芽力差、产量无法提高的未老先衰茶树，均可采用重修剪，依衰老程度剪去原树高的1/3～1/2，越衰老剪去越多。

重剪时用剪刀或整枝剪，将冠修成弧形，并剪去下部病虫枯枝和部分细弱枝，切口应平滑稍斜。

（2）台刈。对树势衰弱、树冠多枯枝、虫枝、细弱枝、芽叶稀小且多是对夹叶、主干枝附生地衣、苔藓、单产极低的老茶园可采取台刈改造。一般在离地面或茶树根茎5～10cm处用利刀或专门的刈剪斜剪，大的主杆可用锯。剪（锯）时应防止切口破裂。

三、配合技术措施

一是剪后立即进行肥、土、水管理，重点是深施重施有机肥。

二是修剪应与采、留叶相结合。

三是发现病虫及时防治。

第八章　中药材

第一节　丹参栽培技术

丹参属唇形科多年生草本植物，又名血参、红根等，以根及根茎入药，是我国传统大宗中药材。高30～80cm，全株密被柔毛，根粗长、肉质，圆柱形，外皮朱红色，内部白色。茎直立，四棱形，紫色或绿色，具节，上部多分枝。奇数羽状复叶，对生，小叶3～7。轮伞花序顶生兼腋生，花唇形，蓝紫色。小坚果4，黑色或褐色，椭圆形，花期5—8月，果期7—9月。1～2年收获。

一、繁殖方法

（一）育苗移栽

1. 苗床准备

每亩施土杂肥3 000kg，耕地深度为15～20cm，整平起畦，畦高10～15cm，宽150cm。起畦后，每亩施硫酸钾复合肥30kg，均匀撒施在畦面上，然后耙平畦面，清除石块杂草，以备育苗。

2. 播种

一般在7—8月雨季时播种育苗，每亩用种2.5kg，与2～3倍细土混匀以后，均匀撒播在苗床上，用扫帚或铁锹拍打，使种子和土壤充分接触后，用麦秸或麦糠盖严至不露土为宜，再浇透墒水，以保持足够的湿度。

3. 培育壮苗

播种后，每天检查苗床一次，观察苗床墒情和出芽情况，如天旱可在覆盖物上喷洒清水以保持苗床湿润；一般播种后第4～5天开始出苗，15天苗基本出齐。出苗应及时拔除杂草，以防荒苗。如苗过稠应间苗，保持株距为5cm左右。当出苗开始返青时，于傍晚或阴天逐渐多次揭去覆盖物。若因缺肥种苗瘦弱时，可结合灌溉或雨天施尿素5kg/亩。一般1亩育苗田可供10～12亩大田移栽。

4. 移栽

（1）种苗处理。种苗在移栽前要进行筛选，对烂根、色泽异常及有虫咬或病菌、弱苗要除去。对前茬种植蔬菜、土豆、花生或丹参的地块移栽时要对种苗进行药剂处理。方法是：优选无病虫的丹参苗，栽前用50%多菌灵或70%甲基托布津800倍液蘸根处理10分钟晾干后移栽，以有效地控制根腐等病菌的侵染。

（2）定植。丹参苗长至2叶1心即可移栽。秋季种苗移栽在10月下旬至11月上旬（寒露至霜降之间）进行，春季移栽在3月初。株行距（20～25）cm×35cm，视土地肥力而定，肥力强者株行距宜大。在垄面开穴，穴深以种苗根长能伸直为宜，苗根过长的，要剪掉下部，保留10cm长的种根即可；将种苗垂直立于穴中，培土、压实至微露心芽，栽后视土壤墒情浇适量定根水，忌漫灌。

（二）种子繁殖

在无种根的情况下，亦可用种子繁殖，方法是用当年收的种子秋播，每亩用种子1kg左右。在7—8月随采随播或早春3—4月播种，条播按行距35cm开浅沟，将种子均匀撒入沟内；点播按35cm×（20～25）cm挖浅穴，每穴播7～8粒，播后盖土0.5～1cm，镇压后浇水。经常保持表土湿润，约半个月后出苗，苗出齐后进行松土除草，苗高6cm时进行间苗。条播按株距20～25cm间去弱、小苗，留苗1～2株，点播，每穴留壮苗1～2株。

（三）分根繁殖

于秋季收获时，留出部分地块不挖，到第2年2—3月间起挖，选择直径为0.7～1cm，健壮，无病虫害，皮色红的根作种根，取根条中上段萌发能力强的部分和新生根条，剪成长5cm左右的节段，按株行距25cm×30cm开穴，穴深5～7cm，每穴放入根段1～2段，斜放，使上端保持向上，注意应随挖随剪随栽，栽后覆土约3cm，每亩用种根50～60kg。

二、选地、整地

丹参为深根性植物，根系发达，深可达60～80cm，故土层深厚，质地疏松的沙质土最利于根系生长，黏土和盐碱地均不宜生长。忌连作，一般待秋作物收获后整地，每亩施农家肥3 000kg作基肥，深耕、耙平，做成1.3m宽的畦，南方或平原地区宜做高畦，以利排水。

1. 大田土壤处理

如所选地块属根结线虫等病害多发区应做好土壤处理，结合整地，每亩施入3%辛硫磷颗粒3kg，撒入地面，翻入土中，进行土壤消毒；或者用50%辛硫磷乳油0.2～0.25kg，加10倍水稀释制成"毒土"，结合整地均匀撒在地面，翻入土中，或者将此"毒土"顺垄撒施在丹参苗附近,如能在雨前施下,效果更佳。

2.大田的清理及起垄

清除大田四周杂草并远离田间集中烧毁,每亩施用有机肥1 500~2 000kg、硫酸钾复合肥50kg、磷酸二氢钾10kg,耕地深度为30~40cm,整平细耙起垄,按照行距35~40cm起垄,垄高20cm。大田四周开好宽40cm,深40cm的排水沟,以利将水排出田间。

三、田间管理

1.中耕除草

丹参除草通常采用人工除草方式,一般中耕除草3次,4月幼苗高10cm左右时进行第1次,6月上旬花前后进行第2次,8月下旬进行第3次,平时做到有草就除。

2.追肥

(1)时间及种类。开春后,丹参要经过9个月的生长期才能收获,除栽种时多施基肥外,在生长过程中还需追肥3次。第1次,在丹参返青时结合灌水施提苗肥,每亩施尿素30kg和复合肥15kg,或磷酸二铵20kg。第2次在5月上旬,不留种的地块,可在剪过第1次花序后再施;留种的地块可在开花初期施;每亩施尿素20kg和复合肥20kg,或磷酸二铵30kg,同时喷施叶面肥。第3次,在8月中旬至9月上旬,正值丹参旺盛生长期,根部迅速伸长膨大,每亩施复合肥40kg,或磷酸二氢钾40kg。

(2)追肥的方法。追肥结合中耕除草进行,第1、第3次追肥采用沟施法,即在行间开沟,沟深3~5cm,在沟中施肥,覆土至平,然后进行浇灌。第2次采用叶面施肥,于晴天上午和下午4点以后或阴天进行,避免中午水分蒸发快而引起叶片伤害,每周1次,连喷3次。

3.水分管理

(1)灌溉。5—7月是丹参生长的茂盛期,需水量较大,如遇干旱,土壤墒情缺水时,应及时由畦沟放水渗灌或喷灌。禁用漫灌。

(2)排水。田地四周要有与畦沟连接的深40cm以上的排水沟,并保持通畅。连阴雨天气土壤出现积水时,应及时疏通并加深田间的排水沟至35cm以上,将水引入四周的总排水沟排出地块。

4.摘蕾控苗

除留种子田块外,其余地块均应打蕾。在4月下旬至5月上旬主轴上和侧枝上有蕾芽出现时立即剪掉蕾芽,以后应随时剪除,以促进根的发育。使用的剪刀必须清洁卫生,无污染以免损伤茎叶。

四、丹参种植应注意的问题

1. 育苗阶段

（1）土地整理必须平整，地面没有土块和石子石块，以免影响出苗。

（2）整块育苗必须做畦，并以高畦开沟为佳，一是有利于苗子的管理，如施肥、拔草，二是有利于排水或灌溉。

（3）播种不宜太深，一般播种后用扫帚轻轻拍打即可，不可用铁齿耙挖耙。

（4）所盖麦草不能太厚，以2～3cm为宜，同时必须适时揭去，以防捂死、捂黄苗子。揭麦草一般在下午或有雨天气进行，以免中午太阳将幼苗晒死。

（5）必须注意灌溉保墒，种子发芽必须有适宜的温度和湿度，如果墒情不够，种子将不会出苗。

（6）苗期施肥应施少量化肥或腐熟稀释后的沼液，并结合灌溉同时进行；苗期应注意拔草，以免荒死幼苗或影响幼苗生长。

2. 移栽过程

（1）深翻土地35cm以上，并做成高垄，四周开好防水沟，一是有利于防止病虫害的发生，二是有利于提高丹参产量。

（2）移栽种苗时开沟深度以种苗伸直为佳。

（3）移栽后若墒情不好须浇定根水。

（4）移栽作业采用垄作。据试验，垄作比平作增产15%左右。垄作的优点是：加厚了活土层，提高了地温，增加了昼夜温差，有利于丹参根养分的积累。垄作还有利于灌排。

（5）冬季和春季根栽都应尽量用地膜覆盖，以便保墒保温，促使早出苗、早生根，提高产量。

3. 田间管理

（1）同一地块连续种植丹参以不超过两年为宜。

（2）必须注意除草，特别是幼苗初期、大田移栽发芽初期应注意除草，及时拔除幼苗周围的杂草。

（3）丹参最怕涝，如有连阴大雨，必须及时排水，以防烂根。

（4）适时打去花薹，除留种外，应剪去花薹，减少营养消耗，促使根生长粗壮。

（5）施肥以基肥为主，追肥为辅。使用的肥料种类应该以有机肥（包括农家肥、商品有机肥）为主，以化肥为辅。在生长后期或即将收获之前可以配合施用少量化肥。施用农家肥料时，必须将肥料腐熟或沤熟，否则将会出现严重病虫害。

五、丹参病虫害防治

（一）丹参病虫害防治中农药的安全使用准则

（1）禁止使用剧毒、高毒、高残留的农药，应筛选"高效、低毒、低残留"的农药品种，限量用药。

（2）丹参生产全过程禁止乱用除草剂。

（3）采收前一个月内禁止使用任何农药。

（4）基地技术人员应及时深入基地了解病虫害情况，针对具体情况，制定统一的防治措施。

（二）丹参主要病虫害及防治措施

1. 根腐病

用50%多菌灵800倍液或70%甲基托布津1 000倍液，每株灌液量250ml，7～10天一次，连续2～3次；也可用70%甲基托布津500倍液，或75%百菌清600倍液，每隔10天喷一次，连喷2～3次，注意喷射茎基部。

2. 叶斑病

（1）实行轮作，同一地块种植丹参不超过2个周期。

（2）收获后将枯枝残体及时清理出田间，集中烧毁。

（3）增施磷钾肥，或于叶面上喷施0.3%磷酸二氢钾，以提高丹参的抗病力。

（4）发病初期每亩用50%可湿性多菌灵粉剂配成800～1 000倍的溶液喷洒叶面，每7～10天一次，连续喷2～3次。发病时应立即摘去发病的叶子，并集中烧毁以减少传染源。

3. 蛴螬

（1）精耕细作，深耕多耙，合理轮作倒茬，合理施肥和灌水，都可降低虫口密度，减轻为害。

（2）结合整地，深耕土地进行人工捕杀，或每亩用5%辛硫磷颗粒剂1～1.5kg与15～30kg细土混匀后撒施。

（3）施用充分腐熟的厩肥。

（4）用50%的辛硫磷乳剂稀释成1 000～1 500倍液或90%敌百虫1 000倍液浇根，每窝50～100ml；或者用90%晶体敌百虫0.5kg，加2.5～5kg温水与敌百虫化匀，喷在50kg碾碎炒香的油渣上，搅拌均匀做成毒饵，在傍晚撒在行间或丹参幼苗根际附近，隔一定距离撒一小堆，每亩毒饵用量15～20kg；夜间用黑光灯诱杀成虫。

4. 银纹夜蛾

（1）收获后及时清理田间残枝病叶并集中烧毁，消灭越冬虫源；栽培地悬挂黑光灯或糖醋液诱杀成虫。

（2）7—8月在第2、第3代幼虫低龄期，喷布病原微生物，可用苏云金杆菌，每次每亩用250g对水50~75kg，进行叶面喷雾，也可用25%灭幼脲3号10g/亩加水稀释成2 000~2 500倍液常规喷雾，或者可用1.8%阿维菌素乳油3 000倍液均匀喷雾。

六、丹参采收

1. 采收时间

丹参栽种后，在大田生长1年或1年以上，根部化学成分达到质量标准（丹参酮ⅡA含量不低于0.3%，丹参素含量不低于1.2%）时，于11月初至11月底，丹参地上部分开始枯萎，土壤干湿度合适，选晴天采挖。

2. 采收工具

常用镢、筐、剪、人力车等，要求保持清洁，不接触有害物质，避免污染。

3. 采收方法

用镢或用40cm以上长的"扎锹"顺垄沟逐行采挖，将挖出的丹参置原地晒至根上泥土稍干燥，剪去茎秆、芦头等地上部分，除去沙土（忌用水洗），装筐，避免清理后的药材与地面和土壤再次接触。为提高工作效率，降低生产成本，可以考虑应用机械采挖。采挖时尽量深挖，勿用手拔；装运过程中不挤压、踩踏，以免药材受损伤。装筐后的药材及时运到晾晒场，运送过程中不得遇水或淋雨。

丹参收获后，及时晾晒、分级、去杂、装袋，储存在通风干燥处。

第二节　黄芪种植管理技术

黄芪，豆科多年生草本，高50~100cm。主根肥厚，木质，常分枝，灰白色。茎直立，上部多分枝，有细棱，被白色柔毛。羽状复叶有13~27片小叶，长5~10cm。总状花序稍密，有10~20朵花；总花梗与叶近等长或较长，至果期显著伸长。花期6—8月，果期7—9月，种子3~8粒。黄芪以根入药。

一、生长环境

生长于中国温带和暖温带地区，喜日照、凉爽气候，耐旱，不耐涝。地上部不耐寒，霜降时节大部分叶子已脱落，冬季地上部枯死，翌春重新由宿根发出新苗。种子萌发温度比较低，平均气温约8℃时满足黄芪播种的温度要求。

二、整地施肥

1. 选地整地

黄芪遇积水会发生烂根和死苗，平原地区栽培要选择地势较高、排水良好、渗水力强的沙质土壤种植；地下水位高、雨水多的地区宜选择高燥地和河沿高地种植；山区宜选择土层深厚、土质肥沃、土壤渗水力强的向阳山坡地种植。地下水位高、土壤湿度大，质地黏紧，低洼易涝的黏土或土质瘠薄的沙砾土，均不宜栽种。黄芪为深根性植物，为促进根部发育健壮，在秋天要求对土地进行深翻达40cm以上，做高畦，开深沟，这是地下水位高的平原地区防止黄芪烂根的一条重要措施。畦连沟宽160cm，畦面做成龟背形，每隔两畦开一条深沟，浅沟10cm，深沟50cm。

2. 基肥施用

黄芪根深，生长期长，为满足其生长发育对营养成分的需要，整地时必须施足基肥，每亩施优质农家肥3 000～4 000kg加过磷酸钙20～30kg或磷酸二氨8～10kg，宜在秋天深翻前施入地表面，然后翻入耕层，最迟要在整地做畦前施入。施肥要均匀。

三、繁殖方法

1. 选种和种子处理

播种前要进行选种，除去瘪粒及霉腐种子以确保全苗，减少病虫害。由于黄芪种子种皮坚硬不易透水，存在休眠状态，为提高发芽率，应采取以下方法，促使其尽快发芽。

（1）沸水催芽。将选好的种子放入沸水中搅拌1分钟，立即加入冷水，将水温调到40℃后浸泡2～4小时，将膨胀的种子捞出，未膨胀的种子再以40～50℃水浸泡到膨胀时捞出，加覆盖物闷种12小时，待种子萌动时播种。

（2）机械损伤。将种子用石碾快速碾压数遍，使外种皮由棕黑色有光泽的状态变为灰棕色表皮粗糙，以利种子吸水膨胀。亦可将种子拌入2倍的细沙揉搓，擦伤种皮时，即可带沙下种。

（3）酸处理。对老熟硬实的种子，可用70%～80%浓硫酸溶液浸泡3～5分钟，取出迅速置于流水中，冲洗半小时后播种，此法能破坏硬实种皮，发芽率达90%以上，但要慎用。

2. 播种时间与方法

黄芪种子发芽适宜温度为14～15℃，播种时间分春播、伏播和秋播。多采用春播，时间在4月末，5月上旬出苗，约1个月齐苗。播种方法有穴播、条播和撒播，主要为条播；播种时在整好的畦垄上按行距45～60cm开一浅沟，沟宽8～10cm，把处理好的种子均匀撒入沟内，然后覆1.8～2.4cm厚的土，脚踩1遍或镇压1次，随即在两垄沟的沟田灌水，保持土壤湿润。每亩用种量为2.0～2.5kg。

在生产上多采用直播，田间管理方便，省工而产量高，质量好。如果选用育苗移栽时，可在第2年春季（用秋播苗），当苗高10～15cm时进行移栽，按20cm×40cm的株行距边起边栽，沟深10～15cm，将苗顺放于沟内，播后覆土，亩用苗1.5万株左右。

四、田间管理

1. 追肥

追肥要根据气候条件及长势而定，一般追肥2次或3次。第1次在5月下旬苗高10～20cm时，浇稀薄的粪水，每亩需人粪尿750kg或猪粪尿1 500kg冲水浇；第2次在6月上旬苗高30～40cm时，每亩施尿素25～30kg；如果前期脱肥，叶色黄，则在7月上旬至7月下旬苗高60～80cm时，再进行第3次追肥，这时已封垄，可施入氮素化肥、饼肥和过磷酸钙。

2. 出苗、间苗、定苗、补苗

播种后7天开始出苗，30天左右苗木出齐。当苗高5～7cm时进行第1次间苗，通过2～3次间苗后，每隔10～15cm留壮苗定苗。如遇缺棵，应将小苗带土补植，也可用催芽种子重播补苗。

3. 中耕除草

黄芪幼苗生长缓慢，如果不注意除草易造成草荒，因此，在苗高5cm左右时，要结合间苗及时进行中耕除草。第2次于苗高8～9cm时进行，第3次于定苗后进行中。第2年以后于5月、6月及9月各除草1次。要经常保持田间无杂草。

4. 灌水与防涝

出苗前保持土壤湿润，出苗后要少浇水，促进根系下扎。在将要开花时适当灌水，种子成熟后应不浇水或少浇水。黄芪生长旺盛时期的6—8月，正逢雨季，田间发生洪涝和积水要及时排出，并随后进行中耕，保持田间地表土壤有良好的通透性，以利于根系生长，防止烂根。秋后，当上部茎叶枯萎时进行培土，以利越冬。

5. 病虫防治

（1）白粉病。黄芪白粉病一般在7月后花蕾结荚期发生，主要为害叶片和荚果，多发生在高温、高湿条件下。被害植株早落叶，严重影响生长。防治方法：发病初期用25%粉锈宁1 500倍液或1：1：120波尔多液喷雾2～3次；也可用50%代森铵水剂

1 000倍液或50%甲基托布津可湿性粉剂1 000倍液喷雾防治。

（2）枯萎病。黄芪枯萎病是由真菌引起的根部病害。6月开始发生，7—9月为害严重，高温多雨、地下水位高、土质黏重容易发病。病株的叶子发黄、脱落。地上部枯萎，根部完全腐烂。防治方法：不在酸性土壤上种植，不在低洼地栽培，不重茬。可用5%石灰水或50%多菌灵可湿性粉剂1 000倍液灌浇病穴。

（3）小象鼻虫。黄芪小象鼻虫的成虫和幼虫为害黄芪幼苗和幼根，严重时吃光地上部分，造成缺苗断垄。防治方法：出苗后，隔10天用敌百虫2 000倍液喷雾，以杀死成虫。

（4）食心虫。黄芪食心虫以幼虫钻入荚内蛀食种子，为害严重时，种子失去发芽能力。防治方法：在成虫孵化期，用灯光诱杀幼虫或在花期用敌敌畏或敌杀死按用量每隔7天喷施1次，连续喷施3～4次，直到种子成熟为止。

五、收获留种

1. 留种

2年生黄芪即开花结子，但种子多不饱满。一般选三年生以上生长健壮、无病虫害地块作黄芪种子田。黄芪种子的采收宜在9月果荚下垂黄熟、种子变褐色时立即进行，否则果荚开裂，种子散失，难以采收。因种子成熟期不一致，应随熟随采。若小面积留种，最好分期分批采收，并将成熟果穗逐个剪下，舍弃果穗先端未成熟的果实，留用中下部成熟的果荚。若大面积留种，可待田里70%～80%果实成熟时一次采收。采收后先将果枝倒挂阴干几天，使种子后熟，再晒干、脱粒、扬净、贮藏。

2. 收获

黄芪药用部分为根部，必须长至一定的长度和粗度才能采收。黄芪生长3～4年后采收为佳，生长年限过久可产生黑心，影响品质。一般以秋季10—11月为采刨期，因其根生长很深，采挖时应以铁镐深刨，一般刨至100cm左右，才可拔起。避免碰伤外皮和断根，去净泥土，趁鲜切去芦头，修去须根，晒至半干，堆放1～2天，使其回潮，再摊开晾晒，反复晾晒，直至全干，将根理顺直，扎成小捆，即可供药用。质量以条粗、皱纹少、断面色黄白、粉性足、味甘者为佳。正常年份每亩可产干品300kg左右。

第三节　金银花栽培技术

金银花，又名忍冬，属多年生半常绿缠绕及匍匐茎的灌木，小枝细长，中空，藤为褐色至赤褐色。卵形叶子对生，枝叶均密生柔毛和腺毛。夏季开花，唇形花有淡香，花成对生于叶腋，花色初为白色，渐变为黄色，球形浆果，熟时黑色。果实圆形，直径6~7mm，熟时蓝黑色，有光泽；种子卵圆形或椭圆形，褐色，长约3mm。花期4—6月，果熟期10—11月。

一、选地

金银花适应性很强，不论土壤肥瘠均能生长，但以土壤肥力高的生长快一些，旺一些，产量也高一些。可以利用野生金银花在山坡、山区的梯田的地边、地堰、荒埂或树林等空隙地栽培，不仅可充分利用土地，增加收入，而且还能保护地堰，防止水土流失。

二、繁育

金银花的繁殖有种子繁殖、扦插、压条和分株等，其中以扦插法最好，金银花扦插生根容易，技术简单，易于推广采用。

1. 种子繁殖

4月播种，将种子浸泡40~50℃的温水中24小时，取出拌2~3倍湿沙催芽，当裂口达到30%左右时播种。在畦面上以21~22cm的行距进行开沟播种，覆盖土壤1cm，每2天喷一次水，10天以上即可出苗，秋季或第2年秋季移栽，每亩用种子1kg左右。

2. 扦插繁殖

金银花的扦插不论在春季或雨季均可进行。但一般多在立秋后（7—8月）的雨季，因立秋后土地较凉，埋在地里一段插条不易发霉，成活率高达90%以上，技术好的能达100%。但无论在什么时候扦插，均应掌握连续阴天大雨时扦插为好。扦插前要根据土层的厚、薄，先定出株行距离，挖好穴，一般株行距离都是130~170cm，穴深23~33cm，长、宽各17cm左右。挖好穴后，选择生长健壮二年生的枝条作插穗，用手劈下来（手劈的比刀劈的成活率高），插穗约42cm长，摘去下部叶子。每穴斜立着均匀地排上3~4根或5~6根插穗，上端露出地面2~3节，然后填土踏结实。

3. 压条繁殖

只为扩大金银花丛采用。一般多在扦插繁殖后1年内，即利用伏雨时期，将每丛长出来的条子，分别压在各丛周围。用这种方法繁殖，既能扩大金银花丛的面积，增强其保持水土的能力，又能生长多量的条子，增加金银花的产量。

三、整形修剪

1. 剪枝

在秋季落叶后到春季发芽前进行，一般是旺枝轻剪，弱枝强剪，枝枝都剪，剪枝时要注意新枝长出后要有利通风透光。对细弱枝、枯老枝、基生枝等全部剪掉，对肥水条件差的地块剪枝要重些，株龄老化的剪去老枝，促发新枝。幼龄植株以培养株型为主，要轻剪，山岭地块栽植的一般留4～5个主干枝，平原地块要留1～2个主干枝，主干要剪去顶梢，使其增粗直立。

2. 整形

结合修剪进行的，原则上，它是基于肥水管理，促进整体，充分利用空间，增加枝叶数量，使植物类型更合理，明显增加开花和高产。修剪后开花时间相对集中，便于收获和加工。一般剪后能使枝条直立，去掉细弱枝与基生枝有利于新花的形成。摘花后再剪，剪后追施一次速效氮肥，浇一次水，促使下茬花早发，这样一年可收4次花，每亩可产干花150～200kg。

四、田间管理

1. 锄草

金银花繁殖后，在其生长期间，应根据杂草的生长情况，每年锄草3～5次。

2. 松土和培土

松土培土的目的是使土壤疏松，保护花丛的基部不受伤害，使其多生根，多发枝条。松土培土每年春、秋可各进行1次，春季在惊蛰前，秋季在秋末到上冻前。松土培土可以和春耕、冬耕或春秋修整地堰结合起来进行。

3. 看管保护

金银花多生长在山区梯田的地堰和地边上，很容易被牛羊践踏啃食，所以应加强金银花看管保护工作。每年早春应适当修剪过密的或过老的枝条，并掌握由里向外，分出层次，疏剪或"里三层外三层"的花丛形式，使其结花多，产量高。

4. 施肥

栽植后的头1～2年内，是金银花植株发育定型期，多施一些人畜粪、草木灰、尿素、硫酸钾等肥料。栽植2～3年后，每年春初，应多施畜杂肥、厩肥、饼肥、过磷酸钙等肥料。第1茬花采收后即应追适量氮、磷、钾复合肥料，为下茬花提供充足的养分。每年早春萌芽后和第1批花收完时，开环沟浇施人粪尿、化肥等，每种肥料施用250g。施肥处理对金银花营养生长的促进作用大小顺序为：尿素+磷酸二氢铵、硫酸钾复合肥、尿素、碳酸氢铵，其中尿素+磷酸二氢铵、硫酸钾复合肥、尿素能够显著提高金银花产量，结合营养生长和生殖生长状况以及施肥成本，追肥以追施尿素+磷酸二氢铵（150g+100g）或250g硫酸钾复合肥为好。

五、病虫防治

1. 褐斑病

叶部常见病害，多在生长后期发病，8—9月为发病盛期，在多雨潮湿的条件下发病重。防治方法：剪除病叶，然后用1：1.5：200比例的波尔多液喷洒，每7～10天1次，连续2～3次；或用65%代森锌500倍稀释液或甲基托布津1 000～1 500倍稀释液，每隔7天喷1次，连续2～3次。

2. 白粉病

在温暖干燥或植株荫蔽的条件下发病重；施氮过多，植株茂密，发病也重；引起落花、落叶、枝条干枯。防治方法：清园处理病残株；发生期用50%甲基托布津1 000倍液喷杀。

3. 蚜虫

4—6月虫情较重，立夏前后，特别是阴雨天，蔓延更快。防治方法：用菊酯类农药2 500～3 000倍稀释液或灭蚜松（灭蚜灵）1 000～1 500倍稀释液喷杀，连续多次，直至杀灭。

4. 尺蠖

头茬花后幼虫蚕食叶片，引起减产。防治方法：入春后，在植株周围1m内挖土灭蛹。幼虫发生初期，喷2.5%鱼藤精乳油400～600倍液；或用敌敌畏、敌百虫等喷杀，但花期要停止喷药。

5. 炭疽病

叶片病斑近圆形，潮湿时叶片上着生橙红色点状黏状物。防治方法：清除残株病叶，集中烧毁；移栽前用1：1：（150～200）波尔多液浸种5～10分钟；发病期喷施65%代森锌500倍液或50%退菌特800～1 000倍液。

6. 天牛

成虫出土时，用80%敌百虫1 000倍液灌注花墩；在产卵盛期，7～10天喷1次90%敌百虫晶体800～1 000倍液；发现虫枝，剪下烧毁；如有虫孔，塞入80%敌敌畏原液浸过的药棉，用泥土封住，毒杀幼虫。

六、采收

金银花商品以花蕾为佳，混入开放的花或梗叶杂质者质量较逊。花蕾以肥大、色青白、握之干净者为佳。金银花采收最佳时间是清晨和上午，此时采收花蕾不易开放，养分足、气味浓、颜色好。下午采收应在太阳落山以前结束，因为金银花的开放受光照制约，太阳落后成熟花蕾就要开放，影响质量。不带幼蕾，不带叶子，采后放入条编或竹编的篮子内，不可堆成大堆，应摊开放置，放置时间最长不要超过4小时。

第四节　甘草种植与管理技术

甘草别名甜草、乌拉尔甘草、甜根子，为多年生豆科草本。根与根状茎粗壮，呈圆柱形，长25～100cm，直径0.6～3.5cm，外皮褐色，里面淡黄色，表面有芽痕，断面中部有髓。叶互生，奇数复叶，叶长5～20cm，小叶5～17枚。总状花序腋生，花冠紫色、白色或黄色，蝶形花，长10～24mm。荚果弯曲呈镰刀状或呈环状，密集成球，种子3～11粒，暗绿色，圆形或肾形，长约3mm。花期6—8月，果期7—10月。根和根状茎供药用，具甜味。

一、选地、整地

栽培甘草应选择地下水位1.50m以下，排水条件良好，土层厚度大于2m，内无板结层，土壤含盐量在0.4%以下，pH值不超过7的沙壤土、壤土。前茬为玉米、小麦、花生、瓜菜、棉花等地为好，杂草多的生荒地、山坡地、盐碱地和甜菜茬、向日葵茬不宜种植甘草。

无论育苗与直播在整地前都必须施足底肥，以促进甘草生长，一般每亩施有机肥3 000～4 000kg，入冬前土壤深翻30～40cm，耙平、冬灌，翌年春季用缺口耙带播种机每亩施30kg磷酸二铵，10kg钾肥或40kg复合肥，按"平、松、碎、净、墒"要求进行整地，做到上实下虚，呈待播状态。

二、土壤处理

土壤处理是甘草保苗的关键，甘草是草本豆科植物，出苗后，杂草生长快于甘草苗，杂草不仅与甘草苗争肥争水，影响其生长，同时在除草时会大量伤苗，影响保苗数。播种前用48%氟乐灵乳油每亩用量80～160ml，对水30～50kg喷雾土表，喷药后立即进行混土处理，避免药的有效成分遇光分解，降低药效，喷药后3～5天再播；或用96%的精异丙甲草胺乳油，每亩用量60～80ml，对水30～40kg，均匀喷雾于地表后耙地混土。

三、种植

1. 种子处理

甘草种子千粒重8~10g，且外包一层胶质物，极不易吸水萌发，在自然条件下，3~5年后的发芽率不到5%，因此必须进行种子处理。种子处理的方法有碾压破碎和硫酸脱胶处理两种方法。

（1）碾压破碎处理。用碾米机打磨种子种皮，但要注意碾压速度，不可太慢或太快，以免伤种胚，发芽率可达60%以上。

（2）浓硫酸脱胶处理。用选好的种子与98%的浓硫酸按1:1的比例混合搅拌均匀，浸种1小时后，用清水反复冲洗净种子，及时晒干，含水量小于10%左右时入库，发芽率可达90%左右。

2. 播种

甘草种子小，顶土能力弱，田间能否出苗和出苗率高低关键在于整地与播种质量的好坏，一般播种分人工和机械两种方法，小面积用人工播种，大面积用机械播种。

（1）拌种。用种子重量0.3%的50%多菌灵可湿性粉剂拌种，可防治立枯病等；用50%辛硫磷100g拌种，可防治地下害虫和苗期虫害等。

（2）直播。用种子发芽率在70%左右，每亩用种量2~3kg，行距35~40cm。

（3）播种深度。一般播种深度不超过2cm，播后镇压，以保证种子与土壤紧密结合。

（4）播种时间。每年的春、夏、秋均可播种，但在4—5月播种为最佳时期，一般播种10~15天出苗，气温越高，出苗越快，气温达25℃以上，5~7天即可出苗。

3. 移栽方式

（1）育苗。用种子发芽率在70%左右，每亩用种量8~10kg，采用宽窄行播种，宽行35~40cm，窄行10~12cm，每亩保苗12万~15万株。

（2）苗期管理。在苗高60cm左右时，可喷一次矮壮素，控制幼苗高度，促进根系生长。

（3）移栽。选用茎长在35~40cm，无病虫，无裂痕，无枝杈的壮苗，去掉须根。春季芽出苗、枝返青后，或秋季9月下旬至10月底均可移栽。土地在平整好后，按40cm开沟，沟深35~40cm，边开边栽，并施入底肥，拌入杀灭地下害虫的农药，将苗按8~10cm株距，平横式或斜横式放于沟内，盖土踏实，墒情不足时应浇水，每亩移栽苗数2万~2.5万株。

（4）栽后管理。移栽甘草返青稍迟，如遇干旱应及时浇水，促发芽，保全苗，显行后中耕2~3次，结合浇水每次每亩施尿素6~8kg。之后可根据土壤墒情适量浇水。

4. 根茎繁殖

甘草根茎上的不定芽可萌生新的植株。根茎要选择粗0.5~1.5cm，切成长15~25cm的段，每段有3~5个不定芽。方法多为条栽或穴栽，行距50~60cm，株距25cm，深15cm。栽种时期多为春季或秋季，春栽以4月上旬、秋栽以10月下旬为宜，栽后适当镇压。

四、田间管理

1. 间苗

当甘草秧苗长到15cm高时可进行间苗，株距15cm，每亩保苗2万株左右。

2. 施肥

第2、第3年每年春季秧苗萌发前追施磷二铵每亩25kg。并开沟施于行侧10cm深处，沟深15cm，施肥后覆土。

3. 灌水

播种当年灌水3~4次，每次灌水量一般在每亩85m³，第1次灌水在出苗后1个月左右进行，以后每隔1个月灌水1次，10月中旬灌越冬水，第2、第3、第4年可逐渐减少灌水次数。

4. 中耕除草

播种当年一般中耕3~4次，以后可适当减少中耕次数，结合中耕主要消灭菟丝子等田间杂草。

5. 采种

若采用人工种植栽培时必须年年采种，在开花结荚期摘除靠近分枝梢部的花与果，即可获得大而饱满的种子。采种应在荚果内种子由青变褐时，即进入定浆中期最好，此时种子硬实率低，处理简单，出苗率高。采种时间不宜过早，否则播种后影响种子的发芽率，造成缺苗断垄。

6. 病虫害防治

（1）锈病。被真菌侵害后，叶的背面出现黄褐色的疱状病斑，8—9月形成褐黑色的冬孢子堆。防治方法：把病株集中起来烧毁；初期喷洒0.3~0.4波美度石硫合剂或97%敌锈钠400倍液。

（2）褐斑病。被真菌感染后，叶片产生圆形和不规则形病斑，中央灰褐色，边缘褐色，病斑的正反面均有灰黑色霉状物。防治方法：病株集中起来烧毁；初期喷1∶1∶116的波尔多液或70%甲基托布津可湿性粉剂1 500~2 000倍液。

（3）白粉病。被真菌中的半和菌感染后，叶片正反面产生白粉。防治方法：喷

0.2～0.3波美度石硫合剂。可用0.2～0.5波美度石硫合剂加米汤或面浆水喷洒。

（4）蚜虫。防治方法：冬季清园，将植株和落叶深埋；发生期喷50%杀螟松1 000～2 000倍液或80%敌敌畏乳油1 500倍液，每7～10天喷一次，连续数次。

五、采收

直播或移栽（含育苗期）的甘草，一般生长3～4年后起挖，时间在秋季及开春均可，以秋季为好。起挖前15～20天浇一次水，起挖后将根和根茎，切去两端，除去小根、茎基和幼芽，洗净，晒干或烘干，再以根的粗细大小，进行分级，扎捆，码好盖好，以备销售，切忌淋雨或暴晒，以防霉变和降低有效成分。

第九章　杂粮、经济作物

第一节　谷子高产栽培技术

谷子属禾本科一年生草本植物，古称稷、粟。谷子须根粗大，秆粗壮直立，分蘖少，高0.1～1m。狭长披针形叶片，长10～45cm；穗状圆锥花序，穗长20～30cm，每穗结实数百至上千粒，籽实极小，径约0.1cm，谷穗一般成熟后金黄色，卵圆形籽实，粒小多为黄色，去皮后俗称小米。谷粒营养价值很高，含蛋白质9.7%，脂肪1.7%，碳水化合物77%，富含胡萝卜素、维生素、钙、铁等。

一、品种选择

可补充灌溉地区选用喜水肥、增产潜力高的品种，无霜期相对较长的旱薄地选用丰产性和抗旱性兼顾的水分利用率高的品种，无霜期相对较短或某个季节干旱的地区使用早熟型品种。

1. 济谷16

幼苗绿色，生育期 87天，株高122cm。纺锤形穗，穗较紧；穗长20cm，单穗重14g，穗粒重11.9g；千粒重2.8g；出谷率85.3%，出米率80%；黄谷黄米，熟相较好。该品种对谷锈病、谷瘟病、纹枯病具有较强抗性。稳产性好，亩产400kg左右。

2. 济谷17

灰米谷子品种，幼苗绿色，生育期86天，株高137cm。纺锤形穗，穗子紧；灰谷灰绿米，穗长20cm，单穗重14.7g，穗粒重12.5g，千粒重3g；出谷率85.6%，出米率82.3%。该品种对谷锈病、谷瘟病、纹枯病抗性较强，白发病、红叶病、线虫病发病轻。

3. 谷丰1号

生育期89天，一般亩产300～400kg。抗倒伏，抗谷锈病、谷瘟病和红叶病，耐旱能力强，黄谷黄米，籽粒含粗蛋白12.28%、粗脂肪3.85%、直链淀粉14.12%。

4. 鲁谷10号

生育期85天，成株株高110～120cm，适口性中等，抗倒伏能力稍差，抗谷瘟病、红叶病、白发病，感锈病，一般亩产320kg。含粗蛋白10.9%、粗脂肪3.19%。适宜冀、鲁、豫两作制地区中等肥力地块夏茬种植。

二、播前准备

1. 土地选择

由于谷子小、幼苗弱，出土能力弱，所以尽量选择地形干燥，土壤渗水性好，易耕作和肥力强的沙质壤土。

2. 轮作倒茬

种植杂交谷子必须倒茬，避免重茬。谷子轮作通常是3～4年，第1茬最好是豆类和绿肥，其次是小麦、玉米和其他作物。

3. 精细整地

精细整地可以防止干旱，保持土壤水分，保存幼苗。根据土壤类型，采用深耕或耙的方法进行精细整地，使土壤细、透、平整，上虚下实，无大残留植株和碎片。

三、播种

1. 种子处理

（1）晒种。播种前半月左右，将精选过的种子摊放在席上2～3cm厚，翻晒2～3天，经过晒种的种子能提高种子的发芽率和发芽势。

（2）选种。播种前3～5天，将种子放在浓度15%的盐水中，捞出漂在水面上的秕谷、草籽、杂质，然后再将下沉籽粒捞出，用清水洗2～3遍，晾干。

（3）药剂拌种。用种子重量的0.3%的瑞毒霉可湿性粉剂拌种，防治白发病；用种子重量的0.3%的50%多菌灵可湿性粉剂拌种，防治黑穗病。

2. 适时早播

当气温稳定通过7℃时开始播种，主要是抢墒播种，整地要细，踩好格子，覆土均匀一致，播后如遇雨形成硬盖时，用碌子压或其他农具破除硬盖，以利苗全苗壮。一般从4月15日之后播种遵循在积温较低的地区采用应该尽量早播，在积温较高的地区应该晚播原则。

3. 播种量

一般为每亩0.5～0.6kg。

4. 播种深度

取决于土壤条件，确定播种深度，通常春播面积深度为3～4cm，不宜过深，谷子粒小，顶土能力差，播种过深幼苗难以出土。

5. 提高播种质量

对底墒较好，表墒较差的地块，推掉干土，把种子播在湿土上；对土壤墒情较差地块，在播前1～2天把有机肥闷湿，施入土壤中，借墒播种；幼芽拱土时如出现干旱，压一遍磙子，提墒，确保全苗。总之，要千方百计做到一次播种保全苗。

6. 合理稀植

建立合理的群体结构，一般根据地势和土壤肥力进行合理密植，原则是平地、肥力高的地块，密度大些；坡力、肥力低的地块，密度小些，一般平地、肥力较高地块，亩保苗3.5万～4万株，坡地、肥力较差地块，亩保苗3万～3.5万株。

四、田间管理

1. 施肥

（1）基肥。根据土壤肥料和植株所需的肥料量进行施肥，一般要求每亩施用优质农家肥2 000～3 000kg，加磷酸二铵10kg，施肥深度以15～25cm最好。

（2）种肥。一般亩施磷酸二铵10kg，氮肥5kg作种肥，可促谷苗早生快发，满足谷子生育期对养分的需要。

（3）追肥。一般需要追肥3次。第1次，在5～6叶阶段，沿垄施用尿素5kg/亩，结合中耕定苗，把肥料和土壤混合；第2次，在拔节和孕穗期，沿垄施用尿素10kg/亩，结合中耕和除草，与土壤混合；第3次，在开花授粉期，施用尿素配合灌溉施用10kg/亩，钾肥10kg/亩。

2. 合理灌水

"旱谷涝豆"，谷子是比较耐旱作物，一般不用灌水，但在拔节孕穗和灌浆期，如遇干旱，应急时灌水，并追施孕穗肥，促大穗，争粒数，增加结实率和千粒重。

3. 压苗、间苗、定苗

在幼苗2～5片叶时，用木头磙子压青苗1～2次，以利壮根；5～6叶期结合第1次进行间作、定苗，及时清除黄苗；根据适合的种植密度进行定苗。

4. 中耕除草

5～6叶期为第1次中耕和除草，要求轻锄和深锄，实现除草，并向根部填土。在8～9叶期，第2次中耕和除草（拔节期，种植高度约30cm），需要深铲、精锄、除草，并向根部培土。采用化学除草地块，应在幼苗出苗前或杂草未出土前使用药剂。

五、病虫害防控

谷子生长期间的主要病虫害包括地下害虫、螟虫、板栗甲虫、蚜虫、黏虫和其他害虫，以及谷蛋白和白发病等疾病。

预防和防治控制地下害虫和幼苗害虫，应按种子重量2.5%的种衣剂对种子进行包衣。在定苗和拔节期后，喷洒两次菊酯类药剂。病毒性疾病多为蚜虫传播，控制蚜虫在预防和治疗病毒性疾病方面具有一定的作用。当田间蚜量达500头/百株时开始防治，用菊酯类药剂喷雾，或用50%的辟蚜雾可湿性粉剂2 000～3 000倍液，或吡虫啉可湿性粉剂1 500倍液，亩用药液量40～50kg。控制白发病、苗黑病，可用甲霜灵和50%克菌丹以1∶1的比例混合，占种子重量0.5%来拌种。

六、收获

1. 收获时期

一般在蜡熟末期或完熟初期收获，为最佳期。当谷子从绿色变为黄色，谷物变硬，表现出了谷物的正常大小和颜色，一般为黄色，种子的水分约为20%时采收。

2. 收获方式

使用机械、人工的方式采收。

第二节　酿酒高粱种植技术

一、选地整地

1. 选地

高粱根系发达吸水吸肥力强，宜选择平坦疏松较肥沃的地块种植。因高粱有抗旱、耐涝、耐盐碱、耐瘠薄的特性，所以低洼易涝地块或是瘠薄干旱的盐碱地块也可种植。因高粱对农药敏感，所以忌选前茬施用长残效类农药的地块。

2. 整地

高粱提倡进行秋整地以确保春季土壤墒情，要做到秋季尽早深耕且耕深一致，一般耕深以30cm左右为宜，做到秋耕、秋耙、秋起垄。春季化冻后和返浆前对起垄地块进行镇压，并在播前耢地，使播种地块土壤达到平整，无大土块、暗坷垃，为苗全、苗齐奠定基础。

3. 轮作倒茬

高粱忌连作，合理的轮作方式是高粱增产的关键。高粱的理想前茬是大豆茬，其次是玉米茬、马铃薯茬等。适宜的后茬最好是大豆茬，或与玉米、谷子轮作。

二、品种选择

酿酒高粱宜选用抗旱、耐涝、增产潜力大、籽粒中淀粉含量60%以上，单宁含量适宜的杂交种。籽粒淀粉含量较高，出酒率较高，非常适合酿酒微生物利用，适量的单宁对发酵过程中的有害微生物有一定抑制作用，能提高出酒率，其衍生物又能增加白酒的芳香风味。

1. 晋糯3号

平均生育期120天。幼苗绿色，平均株高167.8cm，穗长33.4cm，穗粒重67.9g，千粒重27.4g，褐壳红粒，纺锤形穗，穗型中紧。高抗丝黑穗病。总淀粉含量74.38%，粗脂肪含量3.44%，单宁含量1.01%。籽粒亩产477.0kg。适宜我国春播中晚熟区种植。

2. 红糯16号

平均生育期113天。株高135.0cm，穗长33.8cm，穗粒重62.3g，千粒重27.7g，褐壳红粒。感丝黑穗病，叶病轻，没有明显叶部病害，中抗蚜虫。总淀粉74.0%，粗脂肪74.0%，单宁1.0%。亩产410.3kg。适宜山东、内蒙古、四川、河北、辽宁等区域种植。

3. 泸糯8号

春播全生育期120天。幼苗绿色，株高180cm，成株叶片数21~22片。穗长36cm，穗纺锤形、中散，褐壳，籽粒黄褐色、椭圆形、胚乳白色、糯质，穗粒重54.g，千粒重21g。抗叶斑病、耐黑穗病、活秆成熟。籽粒粗蛋白含量10.5%，粗淀粉含量73.07%，单宁含量1.38%。酿造浓香型白酒出酒率为42.3%，酿造小曲酒出酒率为60%，酒质优良。平均亩产450.7kg。适宜四川省平坝、丘陵地区种植。

三、种植

1. 施足基肥

将农家肥3 000kg/亩、氮肥30kg/亩、磷肥50kg/亩均匀撒施，用深耕翻入田间作基肥，深度20cm左右。

2. 种子处理

（1）选种、晒种。播种前进行风选或筛选，淘汰小粒、瘪粒、病粒，选出大粒、籽粒饱满的种子作生产用种。同时，选择晴好的天气，晒种2~3天，提高种子芽势、芽率。

（2）药剂拌种。播前进行药剂拌种，可选用优质种衣剂拌种，防治黑穗病、苗期病害、缺素症及地下害虫等。也可用25%粉锈宁可湿性粉剂按种子量的0.3%~0.5%拌种，或40%拌种双可湿性粉剂按种子量的0.3%拌种，防治黑穗病。

3. 播种

（1）播种季节。晚熟品种适时早播，早熟品种适时晚播。一般5cm耕层地温稳定在10~12℃，土壤含水量在15%~20%时为宜。建议4月下旬至5月上旬播种。

（2）播种方式。采用机播或耧播，实行宽窄行种植，行距60~65cm。小垄行距35cm左右。

（3）播种量。每亩播种量11.5kg。

（4）播种深度。播种深度以3~4cm为宜，播后覆土厚薄一致，覆土后进行镇压。黏土地紧密、容易板结，应浅播；沙土地保墒差，可适当深播。

四、田间管理

1. 苗期管理

（1）适时间苗、定苗。在幼苗3~4片叶时进行间苗，5~6片叶时进行定苗。密度以"肥地宜密，薄地宜稀"为原则，因品种、土壤肥力而异，一般应在7 000~8 000株/亩。

（2）中耕除草。在幼苗期结合间苗进行中耕除草，特别要将苗旁的杂草除净。在高粱播种后至出苗前使用的化学除草剂主要有都尔、阿特拉津等，出苗后使用除草剂要在6叶期以后喷洒。

2. 拔节、孕穗期

（1）施肥。在拔节期结合中耕培土，植株生长到8~9叶，每亩追施尿素20~25kg，高粱挑旗期每亩再追20kg。

（2）灌水。在孕穗至灌浆期需水量很多，应及时灌水。一般每亩用水量50m³，灌溉时间一定要在拔节以后孕穗以前，可促进壮秆大穗、减少颖花退化，确保大穗。

3. 开花、灌浆、结实期

根据土壤水分情况，可在开花到灌浆期进行灌水，促进籽粒灌浆，每亩可灌水30m³。

4. 病虫害防治

（1）黑穗病。为害高粱穗部，穗基部膨大，穗较小，穗内有黑色粉末。防治方法：选择抗病性强的品种；清理病残株，集中烧毁或深埋；土壤深翻消毒，合理轮作，精耕细作。个别发病，先将病株拔除，用石灰粉撒在病穴消毒，如果是大规模发病，可用药剂喷洒防治。

（2）锈病。锈病也是为害极大的病害，它要为害叶片，多发病在穗期前后，叶片生锈了一样。防治方法：选择抗病品种；加强肥水管理，提高植株抗病力；及时清理病叶和杂草，减少病源，发病初期用三唑酮可湿性粉剂1 500倍液喷洒防治。

（3）黏虫。白天潜伏、晚上行动，啃食叶片叶肉。防治方法：在成虫时利用灯光、诱杀剂诱杀；在6月产卵季节，在田间放置草把引诱成虫产卵，然后再将草把烧掉，杜绝虫源；及时除草，减少虫卵，发病严重时运用药剂防治。严禁使用国家明令禁止的高毒、高残留农药。

五、采后管理

高粱成熟后，进行及时收割、晾晒，单独晾晒至含水量14%以下，验收入库。

第三节　春花生高产栽培技术

一、选择良种，精选地膜

良种应选用适应性广、抗逆性强、品质优良、增产潜力大、稳产性能好的中晚熟大花生品种，如鲁花14、花育16、花育18、花育22号等。地膜宜选用厚度在0.005～0.009mm的低压高密度聚乙烯薄膜，有条件的可选用专用除草膜或黑色地膜和光解膜。

二、整地起垄，平衡施肥

选择土层深厚质地疏松、排灌方便中等以上肥力地块，前茬收获后深耕25～30cm。起垄在早春解冻后即应进行，最晚也应在播前20天把垄起好，以利保墒。垄距85～90cm，垄高10～12cm，垄面65～70cm。在测定土壤肥力的基础上，根据花生产量指标，一般亩产400kg的地块，基施圈肥4 000～5 000kg，尿素10～15kg，过磷酸钙50～60kg，氯化钾10～15kg或草木灰80～100kg，硼砂0.5kg。

三、精细播种，除草覆膜

当5cm日平均地温稳定通过12℃时，即可播种。播种前做好种子处理，先晒种

2~3天，以提高种子发芽能力，然后剥壳分级粒选，剔除虫蛀、破损和霉烂籽仁。选用籽粒饱满，发芽率高，发芽势强的一级籽仁作种，亩用皮果25~30kg。并用种子重量的0.3%多菌灵拌种灭菌防病。

播种方法有两种：一是先播种后盖膜，二是先盖膜后播种。一般采取开沟浇水先播种后覆膜的方法，使幼苗全齐匀壮。播种时种仁并粒平放或并粒插播，每穴用种2粒，播深3cm左右，覆土拍平地面。播后喷洒除草剂，亩用96%的精异丙甲草胺乳油60~80ml或禾耐斯30ml，对水50~60kg，均匀喷洒垄面，然后盖膜。地膜要轻拉紧贴地面，四周封严压牢。为防大风揭膜，每隔3~5m压一道土埂。

四、合理密植

早熟小果花生每亩10 000~11 000穴，中熟大果花生品种8 500~9 500穴，晚熟大果花生品种每亩8 000~9 000穴。一垄双行（花生行外侧距垄的边缘不少于15cm），宽窄行播种，即大行50~55cm，小行35~40cm，株距16~18cm。

五、加强田间管理

1. 前期促早发

在苗全、苗齐的基础上，适当控制地上部的生长，达到苗壮、株矮、茎粗、枝多、节密、根系发达，以利于花芽形成，为花多花齐创造条件。

（1）破膜清棵，查苗补苗。先播种后覆盖的花生顶土时，要及时开孔放苗，并在孔上盖湿土，厚3~5cm，轻压一下，起到引苗出土释放第1对侧枝、自然清棵的作用；如果幼苗出现2片以上复叶，要抓紧时间放苗，以上午9时前，下午16时后开孔为宜，以防高温烫伤幼苗。结合放苗，将膜下侧枝抠出膜外。先盖膜后播种的出苗后应彻底清棵，并清除膜上过多的土堆，使两片真叶露出膜面。如有缺苗应及时催芽补种。

（2）防治虫害。花生苗期易受蚜虫、红蜘蛛为害，防治时每亩喷洒10%吡虫啉可湿性粉剂2 000倍水溶液50~60kg。同时，注意保护天敌（瓢虫）。

2. 中期保稳长

中期以促为主，促控结合，力争快发芽、早开花、多下针、多结荚。

（1）合理使用肥水。花荚期是花生需肥水最多的时期，如肥水不足，会引起植株早衰，减少开花数量，影响果针和果荚的发育。始花期每亩追15~20kg花生配方肥，随即浇水。注意早灌涝排，提倡结荚期叶面喷肥。以补充养分供应，提高结实率和双仁果率。

（2）调节生长剂。花生叶面喷洒多效唑可抑制植株增高，防止倒伏，叶片增厚，叶色加深，促进荚果发育，提高结实率和饱满度，增加产量。一般在始花后30~35天，如植株生长过旺，有早封垄现象，即第1对侧枝8~12节、平均节距大于或等于10cm时，应叶面喷洒50~100mg/kg多效唑水溶液40~50kg，以防植株徒长，提高光合产物的转换速率。不发生徒长的大田，不必喷药。

（3）防治病虫。花生田发现蚜虫、红蜘蛛、棉铃虫等，可用10%吡虫啉等内吸性药剂喷雾。对金龟甲可在7月初用辛硫磷颗粒剂墩施。叶斑病用40%多菌灵50ml或用80%代森锰锌100g对水75kg喷雾，1周1次，交替喷药2~3遍。

3. 后期防贪青早衰

后期要延长叶片功能期，促进荚果发育，实现果多、果饱，防止烂果。

（1）防旱排涝。花生饱果期是充实饱满的时期，仍需大量的水分。若遇干旱，应轻浇饱果水，否则会降低荚果饱满度和出油率。若雨水过多，土壤湿度大，地温低，影响荚果鼓粒，造成烂果，降低产量和品质，因此应及时排水防涝。

（2）根外追肥。生育后期根系吸收能力减弱，叶面吸收能力尚旺盛，如养分供应不足，顶叶易脱落，茎叶早枯衰。应及时叶面喷施0.2%~0.3%磷酸二氢钾水溶液或喷施0.4%~0.5%尿素和2%过磷酸钙混合液1~2次，以延长叶片功能期，防止早衰，提高饱果率。

（3）除草防病虫。要拔除田间杂草，同时，注意病虫害的防治特别是叶斑病，用代森锰锌、多菌灵或甲基托布津等防治，以延长叶片功能期，争取果多果饱。

第四节　黄烟生产技术操作规程

一、优质黄烟指标

（一）长相指标

1. 个体

株形筒形或微腰鼓形，打顶株高90~110cm，茎围8~10cm，节距5cm，单株有效叶18~22片，腰叶长度60cm以上，宽30cm以上，顶叶长度50cm以上。

2. 群体

田间生长整齐一致，密度适宜，每亩1 110~1 350株。即行距110~120cm，株距45~50cm。

（二）外观质量指标

烟叶橘黄、金黄色，正反面的色调一致，叶片厚薄均匀适中，烟叶成熟度好。

（三）内在品质指标

优质烟叶总糖含量20%～24%，还原糖16%～22%，烟碱1.5%～3.0%，淀粉含量≤2%，糖碱比（8～12）：1，氧化钾含量≥1.6%，石油醚提取物≥7.0%，钾氯比值为4以上，烟叶香气浓，劲头适中，杂气、刺激性小。

（四）产量指标

亩产量150～175kg，上中等烟比例达到90%以上，其中上等烟达到25%以上，上部叶控制在35%以内，等级质量符合国家收购标准。

二、品种选择

目前选用的主栽品种有NC82、K326、云烟85。

1. NC82

株式筒形，株高110cm左右，腰叶长55～60cm，宽22～25cm，叶形长椭圆形，叶色绿，叶面较平，叶尖渐尖，叶片较厚，大田生育期105天左右，有效叶18～20片。耐肥，耐旱性较差，不耐低温，易早花，叶片含水量小，较耐熟，易烘烤。烤后烟叶色多橘黄，组织疏松，上中等烟比例高。亩产150kg左右。较抗黑胫病，易感赤星病、气候斑点病和根结线虫病。该品种适宜在平原或肥水条件较好的丘陵地种植。为防止早花，苗床后期注意保温，掌握50天左右成苗并适时移栽。进入成熟期后要及时喷药预防赤星病。烘烤时要适当延长变黄期，加大变黄程度，采用三段式烘烤，最高干筋温度不超过68℃。

2. K326

株式筒形，株高1.1m左右，腰叶长55～60cm，宽22～26cm，叶形长椭圆形，叶尖渐尖，叶面较平，叶片较厚，叶片主脉较粗，叶色绿，大田生育期110天左右，移栽后田间长势中等，有效叶20～22片。耐肥，较耐熟，易烘烤。烤后叶色橘黄，金黄色，香气好，叶片厚薄适中，结构疏松，品质好。亩产175kg左右。较抗黑胫病，较耐赤星病，易感花叶病和气候斑点病。该品种适宜在中等以上肥力和有水浇条件地块种植。

3. 云烟85

株式近筒形，打顶株高100～110cm。叶形长椭圆形，叶面稍皱，颜色绿，叶尖渐尖，腰叶平均长65～79cm，宽28～37cm。大田生育期120天，移栽至中心花开放55～60天，大田生长前期有一明显生长迟缓阶段，后期长势强，生长整齐，可收叶数

18~22片。较耐肥，抗旱能力中等，易烘烤，叶色多浅橘黄色或柠檬黄色，叶片干净，极少挂灰，光泽强，油分较多，结构疏松，厚度适中。中抗黑胫病，感根结线虫病、赤星病和普通花叶病。该品种适宜于肥水条件较好的地块种植。

三、培育壮苗

烟苗是烟草大田生长的基础，培育生长整齐一致的无病壮苗是获得优质高产的基础。生产上一般采用大棚托盘育苗。

（一）壮苗标准

茎高6~8cm，茎秆粗壮，并富有韧性，不易折断，真叶8片左右，生长整齐一致，叶色绿至浅绿，根系发达，无病虫害，苗龄60天左右。

（二）棚址选择

大棚要选择在靠近水源，土壤肥沃，地势平坦，背风向阳，交通方便的地块。大棚应远离村庄、菜园、果园，严禁重茬。一亩面积的大棚可以生产30多万株烟苗，可为近200亩的大田提供烟苗。

（三）营养土的配制

营养土用新鲜的细碎麦草为原料，加入适量磷酸二铵、碳铵（每立方营养土用2~3kg），撒上适量净水，加入适宜净土（非果园、茄科前茬的地表土），草、土比例为7∶3，加水量以合墒为宜，草、肥、土要拌匀，外面用泥封严，一月后翻一遍，重新封严。营养土要求有机质含量较高，腐熟疏松，通透性好。

（四）大棚及营养土的消毒

1. 营养土消毒

目前，在生产中多用溴甲烷熏蒸消毒。溴甲烷是一种高效熏蒸剂，能有效地杀死栖息于土壤中的害虫、病菌及杂草种子。熏蒸前先将营养土堆成15cm厚，长宽以便于盖膜为宜的长方体，营养土湿度以手握成团，距地1.5m高处自由落下摔散为宜。土壤湿度过低会降低熏蒸效果。

具体的熏蒸方法：在营养土上面安放竹条或柳条支架，并覆盖薄膜，沿土堆四周挖沟，将膜边放入沟内，用土压实，以防漏气。投药时，为防止尚未气化的药液渗透到局部土壤里，应在膜下投药处放一容器，把输药管插到容器里，按每平方米用30~40g投药。如土壤湿度过大，则应适当增加用药量。若用瓶装溴甲烷，应在膜下开瓶，并迅速将膜用土压实。熏蒸期间，营养土温度15℃以上时，保持24~48小时即可，低于15℃要延长到48~72小时，10℃以下不宜进行熏蒸处理。熏蒸之后揭去薄膜，用锄划散土堆，使剩余的药气散掉，48小时后即可装盘。

2. 大棚消毒

在育苗前7～10天，要彻底清除棚内的杂草、杂物，并进行大棚消毒。消毒方法与营养土熏蒸消毒方法基本相同。先锄松棚内表土，把药放置在大棚中央，药瓶开启后将大棚封严，2～3天后通风，并锄松地表土2～3次，把药气彻底放净，然后把地面压实即可。

（五）母床育苗

母床播种面积应占大棚面积的1/2左右。每个标准畦（每10m²畦面）施入1～1.5kg复合肥，或者每个标准畦用专用肥200g，对水20kg（浓度1%），用喷壶均匀喷施于母床上。然后灌足底墒水，表层水渗完之前播种。母床可以用包衣种子直播，播种量为30～35g/m²。播种后可用喷壶对包衣种子均匀喷一遍水，以确保种子的包衣部分完全溶解。母床也可以用裸种芽播，播种量为0.5～0.7g/m²。将催好芽的种子拌细土（要注意轻拌，以免伤害嫩芽），均匀撒于母床，再撒一层细土，然后覆盖地膜。播种后的母床要加强水分的管理，及时喷水，确保母床湿润，利于种子萌发。

（六）假植

母床内的烟苗进入大十字期开始假植，假植时间应尽量缩短，一个大棚应在2天内假植完成。假植前，要将消过毒的大棚地面整平。

假植方法：先将湿润的营养土装盘，要装满压实。在母床内选择生长均匀一致的烟苗移植到同一托盘中，将假植好的托盘摆放整齐，大苗盘放在棚的两端，小苗盘放在棚的中间，做到既能充分利用大棚的空间，又留出相应的操作行，以便于进行烟苗的常规管理。然后，对假植后的烟苗喷水，以湿透营养土为宜。盘的周围用土封严，以利于保持水分。注意营养土水分要适宜，提倡先假植后喷水。

（七）苗床管理

1. 水分管理

烟苗还苗前要经常保持营养土湿润，每天喷水2次，水分既不能过大也不能过小。还苗后，水分管理要做到看土补水，干湿相间，用手指轻按营养土，如感湿润，有指纹就不补；如感干燥，无指纹，表面出现小白点再补水。

具体掌握：封盘前，每天喷水1～2次；封盘后，1～2天喷水一次。喷水量以湿透苗盘内的营养土为宜，严禁大水漫灌，移栽前7～10天逐步控水炼苗。

2. 温度管理

假植后要将棚内的温度控制在25～35℃，以保持烟苗的正常生长发育。如果温度过低，要采用增温措施，温度过高应通风降温，如果达不到降温的目的，可加上遮阴、喷水降温；假植后还苗前须采取遮阴措施，以利烟苗成活。

3. 施肥

还苗后开始追肥。1 500株（15盘）烟苗，每次用育苗专用肥30g，对水4kg（浓度0.75%）。假植后，用喷壶把肥料水均匀喷施于烟苗上，其后，每隔4天喷一次，共喷5次左右。移栽前一周左右停止喷肥。

4. 剪叶

封盘后，烟苗茎高2cm左右时进行第1次剪叶，剪大叶面积的30%，以剪齐为准；第1次剪叶后7天或茎高4cm左右时，结合烟苗的长势，进行第2次剪叶，剪叶面积50%，以控制烟苗生长过快，促进茎秆粗壮和根系发育；第2次剪叶后7天左右或茎高6cm左右时，根据烟苗生长情况，进行第3次剪叶，剪叶面积60%，以进一步控制烟苗生长过快，促进茎秆粗壮和根系发育。剪叶时注意不要剪掉生长点。剪叶时间应在上午9点左右或下午5点以前叶片上无水滴时进行，以利伤口愈合。剪叶前用肥皂水对手和剪叶工具进行消毒，剪叶过程中每剪15盘对手和剪叶工具消毒一次。

5. 锻苗

锻苗应在移栽前10天左右进行，锻苗时要逐步控肥控水，控水以烟苗不萎蔫为限度，不能完全断水，防止根系老化或伤根。同时，逐渐加大大棚通风量和通风时间，最后2~3天可以把塑料薄膜完全揭去，如遇雨应及时盖膜。

（八）病虫害防治

苗床期的病害主要有病毒病、炭疽病、猝倒病等。

1. 要注意苗床的操作卫生，避免人为传播病毒病

棚内严禁吸烟，且在进入大棚前要用肥皂水洗手；剪叶锻苗时必须经常用肥皂水或福尔马林溶液消毒，在叶片上无水滴时进行剪叶。

2. 要切断传染源

要经常喷药防治苗床周围大棚和露地蔬菜作物、杂草上的蚜虫，并在大棚内加盖防虫网，以减少进入苗床的蚜虫数量。

3. 及时用药防治

病毒抑制剂从苗期开始使用，尤其在移栽前10天内要普遍喷1~2次植病灵（2号）。炭疽病和猝倒病的防治，应以苗床经常通风排湿，严禁大水漫灌为主要措施。病害出现时，可用50%代森锰锌、50%退菌特等防治炭疽病，25%甲霜灵、1：1：（160~200）波尔多液防治猝倒病。

四、整地起垄与施肥

（一）植烟地块选择

应选择土层深厚，保水保肥性能良好的棕壤或淋溶褐土地块。土层深50cm以上，土壤质地轻壤至中壤，微酸至中性，有机质含量1%以上，氯离子含量30mg/L以下。烟田应地势平坦，通风透光好，远离村庄、果园、蔬菜大棚、菜园，靠近水源，旱能浇，涝能排。前茬作物以花生、甘薯及禾本科作物为宜。

烟田要严格实行定期轮作，以控制和减轻某些病害的发生。

（二）整地和起垄

对已冬耕的烟田，于3月上中旬进行整地，挖好田间地头的沟渠，确保烟田排灌顺畅，4月10日前起垄。

1. 起垄要求

土层深厚，保肥保水能力强的地块，垄距1.1~1.2m，垄高15cm左右，垄顶宽30~40cm；土层较薄，沙性较强，土壤保肥保水差的地块，垄距1m，垄高15cm左右。

起好垄后，用小穿犁从垄面中间拉沟，用耙耧平，使垄呈槽形。

2. 质量标准

垄要直，行要匀，垄顶要平，槽要凹，土要细，垄体无碎石，无其他易刺破地膜的锐利物。

（三）科学施肥

1. 几种常用肥料及特点

（1）有机肥料。有机肥料养分含量比较全，肥效稳，肥效长，有利于烟株整个生育期的生长需要，对提高烟叶的香气质、香气量和吃味有重要作用。常用的有机肥有饼肥、绿肥等。

（2）无机肥料。无机肥肥效快，养分含量高，可满足旺长期对养分的大量需求。生产上常用的无机肥有进口三元复合肥、烟草专用肥、硫酸钾、硝酸钾、磷酸二铵、过磷酸钙等。微量元素肥料有硫酸锌、硼砂等。

2. 适量施肥

施肥量应根据土壤肥力（以测土化验结果为准）和品种特性而定。每亩烟田在保证施足20kg以上豆饼肥的前提下，一般低等肥力的烟田（土壤有效氮40mg/L以下），亩施纯氮4.5~5.5kg；中等肥力的烟田（土壤有效氮40~60mg/L），亩施纯氮3.5~4.5kg；高等肥力烟田（土壤有效氮60mg/L以上），亩施纯氮2.5~3.5kg。氮、磷、钾的比例以1：（1～2）：（2～3）为宜。严禁施用土杂肥。

3. 施肥方法

（1）双层施肥。用硫酸钾、三元复合肥、豆饼作基肥，磷酸二铵作提苗肥，基肥和提苗肥相结合，基肥于起垄时一次施入。具体方法：起垄时，先穿一条5cm左右深的浅沟，把基肥均匀施入沟内，再起垄。移栽时，以3～5kg/亩的数量将提苗肥磷酸二铵施入窝内。注意提苗肥施在烟苗根部，但不要太近，以免造成伤苗。

（2）叶面施肥。叶面喷肥最好在晴天上午9时左右或下午5时左右进行，阴雨天不要喷施，雾点越细越好。目前生产上常用的有保得生物肥、磷酸二氢钾以及某些微量元素肥料。

①保得生物肥使用方法。保得生物肥土壤接种剂：基施，每亩用40～60g与2～3kg细土混合后，拌入有机肥，或者直接拌化肥施用；追施，每亩用30～40g对适量水作"定植水"浇施，15天后再施一次。保得生物肥叶面增效剂：移栽后30天，每亩用20～30g对水40～60kg喷施，10～15天后再喷1次。

②磷酸二氢钾。每亩用量0.5kg左右，浓度为0.3%，分别在团棵期、旺长前期各喷一次。

③其他微量元素肥料。当用作基肥时，硫酸锌每亩用量1kg，硼砂每亩用量0.5kg；若根外喷施，可用0.3%硫酸锌或0.2%硼砂水溶液，分别于栽后15天、30天、45天各喷一次。

五、移栽

（一）移栽时间

当10cm地温稳定在18℃时即可移栽。山东省诸城市一般在4月下旬至5月上旬移栽。同一地块的烟苗移栽时间不得超过2天，以确保成熟落黄一致。

（二）移栽密度

平原及肥水条件中等以上的地块，行距1.1～1.2m，株距0.45～0.5m，亩栽烟1 212～1 333棵，肥力中等以下、水浇条件较差的丘陵缓坡地块，行距1.0m，株距0.45～0.50m，亩栽烟1 333～1 482棵。

（三）移栽方法

移栽时要全部实行三角定苗，以便于充分利用烟田的光照，增加光合面积，促进烟株的生长。一是先盖膜后移栽。起垄后墒情适宜时，可采用这种抢墒盖膜的方法。二是先移栽后盖膜。起垄后，墒情不好的烟田可采用这种方法。

1. 三角定点

根据确定的株距，在烟垄上打孔或做其他标记。刨大窝：穴深在10cm以上。浇足水：结合土壤墒情，每株烟浇水0.5～1.0kg。

2. 施提苗肥和毒饵

提苗肥用磷酸二铵亩施3～5kg，毒饵可用90%的敌百虫50g，加麸皮5kg拌成，每亩用量3.5～4.0kg，提苗肥和毒饵应与烟苗根系保持一定距离，以避免伤苗。

3. 带土移栽

普通苗床要带土移栽，严禁拔苗移栽，以防伤害根系，不利于还苗。

4. 深栽烟

根据烟苗茎高适度深栽，栽后芯叶露出地面2～3cm，上齐下不齐，无高脚苗现象。栽后用土封埯压实。

5. 喷施除草剂（麦草覆盖烟田无须喷施）

盖膜前要先喷除草剂，并注意不要让除草剂溅到烟苗芯叶上。目前常用的除草剂有：50%大惠利可湿性粉剂，每亩用量130～260g；90%草乃敌可湿性粉剂，每亩用量300～400g；瑞士产72%都尔乳油，每亩用量100～175g，以上剂量除都尔乳油对水40kg外，其他两种均对水50kg，进行垄面喷雾。

六、田间管理

从烟苗移栽到采收结束这段时间，称为烤烟的大田管理期，一般110天左右。大田管理期，要全面落实各项生产技术和管理措施，以保证烟株正常的生长发育，使烟田达到无花、无草、无权、无病虫，烟株适时合理平顶。

（一）查苗补苗

移栽后，立即检查苗情，将死苗，过分弱小的烟苗和受地下害虫侵害的烟苗拔除，补栽新苗。补栽时可施少量速效氮肥，浇足水，窝内放毒饵，以防害虫为害。在移栽后15～20天烟苗出现生长明显不整齐时，对弱苗可以偏施肥水，促其快长，使烟株在团棵时烟苗长势整齐一致。

（二）烟田灌溉与排水

1. 烟田灌溉

烟草对水的需求表现为前期少，中期最多，后期又趋减少。可根据"看天，看地，看烟长势"的浇水经验来确定是否需要和如何灌溉。看天即看当时的降水情况；看地即看烟田墒情、土质情况，沙土地保水能力差应适当多浇水，黏性土保水能力强，应适当少浇水；看烟长势，即看烟株的形态表现，当烟株叶片白天萎蔫，傍晚还不能恢复而到夜晚才能恢复时，应当浇水。如果中午轻度凋萎，下午能恢复正常可不浇水。

不管哪种情况，浇水都不宜过大，以防肥料流失和浇后又降雨，形成内涝。一般6月降水量非常少，而此时正是烟株旺长需水最多时期，需要进行灌溉。7月出现伏旱，也应该及时灌溉。

2. 烟田排水

如果土壤水分过大，烟株容易发生病害，大田后期不利于干物质积累，甚至使烟叶返青，推迟成熟。如果烟田受涝严重，积水时间过长，则根系不能正常呼吸而死亡。因此，在汛期来临前，应挖好排水沟，对烟株实行高培土，以防雨后积水。

（三）揭膜培土

1. 揭膜培土时间

根据当地的土壤和气候条件合理确定揭膜培土的时间，山东省诸城市以团棵以后旺长前期为宜，一般在6月中旬左右进行。如果揭早了起不到盖膜提高地温、保墒和避蚜防病的作用。如果揭晚了，一是烟株大了不适宜操作，二是烟株产生不定根的部位茎部日趋木质化，发根力下降，不利于不定根的发生。

2. 揭膜培土方法

（1）揭膜后培土前要打掉下部3～5片无烘烤价值的底脚叶，且全部清理出田间并妥善处理。

（2）揭膜应干净彻底，要将烟田残留地膜全部清理出烟田，以免造成污染，影响烟株和翌年作物根系的生长发育。

（3）揭膜1～2天伤口愈合后，要及时培土，否则土壤失墒过多，而造成表土落干，影响培土效果。

（4）培土要细要严实，高度不应低于8cm，以充分促进不定根的生长和发育。

（5）有条件的烟田在揭膜时如遇墒情较差，近期又无大的降水过程，一定要浇足旺长水，解决好揭膜后抗旱力下降的问题。

（四）打顶留叶

通过合理地打顶和留叶，保证顶叶能够充分展开，长能达到50cm左右，烟株呈筒形或微腰鼓形，适当地增加中部烟叶的比例。

一是生长正常整齐一致的烟田，在烟株大部分现蕾，50%的烟株第1、2朵中心花开放时一次性打顶，留有效叶20～22片。

二是生长正常但不整齐的烟田可分两次打顶，第1次于50%的烟株第1、2朵中心花开放时打顶，第2次于25%的烟株（不含第1次）中心花开放时打顶，留有效叶20～22片。

三是脱肥烟田如肥水条件差的山岭薄地应提前打顶，留有效叶18～20片。

四是长势过旺的烟田应适当推迟打顶，留有效叶22～24片。

打顶时，要先打健康株，后打病株，要在晴天露水干了以后进行，以防病害的传播。

（五）化学抑芽

打顶后用人工抹杈，每4～5天抹一次，费时费工多，又易传播病害。目前，已普遍采用化学抑芽的方法。

1. 止芽素（36%乳油）

每株用药液15～20ml，对水稀释100倍，打顶后24小时内采用低压喷淋、壶淋等方法施药，以每个腋芽都接触到药液为原则。用药前应摘除2cm以上的杈子，避免在雨后、露水未干时用药，用药后2小时内遇雨会降低抑芽效果。

2. 芽敌（58%）

每亩用药液400ml，对水成80倍液。打顶后，待顶叶长度达到20cm以上，用喷雾器将58%芽敌80倍液均匀喷在中部以上叶片，喷药后4～7天内，再将烟杈全部抹去，便可达到抑制烟杈生长的目的。喷雾前须摘除2cm以上的烟杈。用药时间宜在傍晚前后进行，不要在中午用药，用药6小时内遇雨，会降低用药效果。

七、非正常生长烟田的管理

（一）早花烟田的管理

大田生长的烟株在未达到所用栽培品种在正常条件下应有的叶数就开始现蕾的异常现象称为早花。补救措施如下。

一是早花严重烟株（早花时间早、有效叶10片以下），应放弃主茎烟的生产，改留杈烟，方法是削去主茎，留底叶2～3片，腋芽萌发后，留壮芽1个，其余全部抹去，并进行揭膜培土、追肥（亩施二铵7.5kg或三元复合肥10kg）等田间管理措施。

二是早花较轻烟株（10～15片有效叶）应将花蕾以下4～5片茎叶全部打掉，留一顶杈，杈烟留叶6～8片。

三是对有效叶15片以上的烟株，一般不再留杈。

（二）雹灾烟田的管理

应根据烟株受危害的情况，遭冰雹袭击的时间、季节等因素采取相应的措施。

一是烟株根系保持良好，叶片及茎秆受损严重时，应采取留杈烟的措施。可用一锋利的镰刀片进行切割，并经常清洗消毒，以防病毒传播。要注意先割健康株，刀口呈斜面形。一般在割后7~10天就可选择合适的烟杈。每株留一烟杈，其余全部去除。杈子以下叶片应留在烟株上，继续进行光合作用。

二是叶破损给病菌提供了侵染的条件，应在受冰雹袭击后1~3周内密切注视烟株病情，尤其是黑胫病、花叶病等病害的发生，积极采取有效的防治措施。

三是适当追肥。一般可根据灾害的情况，亩追施5~15kg二铵或烟草专用复合肥。

（三）底烘烟田的管理

在大田生长的中后期，烟株下部叶片没有达到真正成熟就开始变黄，甚至枯烂，称为底烘。底烘有以下几种情况。

一是氮素营养水平过低，下部叶氮素缺乏。

二是田间栽植密度过大，田间生长过旺，行间郁蔽，下部光照太弱，造成叶绿素分解加剧，叶片黄化枯烂。

三是过分干旱造成下部叶片长时间凋萎，致使叶片提前黄化，称为旱烘。

四是在雨季时，长期雨涝，根系活力大大降低或死亡引起的涝烘。

针对不同的情形采取相应的对策，氮素营养水平过低，合理喷施氮素肥料的水溶液；田间郁蔽时，拔去部分株以改善下部叶光照条件；土壤水分过分亏缺时，应浇水灌溉；土壤水分过多时，应开沟排水，浅锄散墒。

八、病虫害防治

烟草病虫害的防治必须贯彻"预防为主，综合防治"的植保方针，以种植适合当地生态条件的抗病品种为基础，以合理轮作、卫生栽培、营养调节等农业措施为中心，提高烟株抗性，并结合往年经验、烟株长势、气象等因素，选择有效药剂适时防治。

（一）移栽至还苗期

此期主要有以蛴螬、金针虫为主的地下害虫，病害主要是根结线虫等。防治的主要措施有：移栽时投放毒饵等防治地下害虫，并亩施5%涕灭威600~800g，若有根结线虫发生的地块亩施2 000~3 000g，可兼治蚜虫和根结线虫，同时在移栽时严格去除病苗、弱苗，以免将病菌带到大田。

（二）还苗至团棵期

这个时期是各种病毒病侵染的关键时期，除每7~10天喷洒一次病毒抑制剂外（如植病灵2号、金叶宝等），还要注意蚜虫的防治。一般选用50%的抗蚜威、90%的万灵等；同时要清理烟株周围及田间杂草，并喷药防治烟田周围油菜、马铃薯和其他蔬菜上的蚜虫，以减少向烟田迁飞的有翅蚜的数量。注意防治烟青虫和地下害虫，烟青虫的防治可选用2.5%速灭杀丁、2.5%敌杀死、90%万灵等；地下害虫可用90%敌百虫50g，加麸皮5kg，或者青菜叶35～40kg，拌成毒饵，于傍晚撒在烟株周围，每亩用量3.5～4kg（菜叶20～25kg），进行诱杀。

（三）团棵至旺长前期

这个时期除继续防治蚜虫、烟青虫及病毒病外，还要密切注意黑胫病、气候斑、野火病的发生，及时采取防治措施。发现黑胫病等病株时，立即铲除，并带出田外妥善处理，切不可随地乱扔，同时，开始施药防治。黑胫病：25%甲霜灵或58%甲霜灵锰锌。气候斑：出现阴雨天气之前，可在叶片的正反面喷500～600倍代森锰锌。野火病：用农用链霉素或叶青双等。根黑腐病：用50%甲基托布津灌根或茎基部喷药等。

（四）旺长后期至现蕾打顶期

重点防治以赤星病为主的叶斑病，主要措施有：及时清理底脚叶，并带出田外妥善处理，不可随地乱扔，以利于通风透光，降低田间湿度。清理底脚叶要在晴天露水干后进行。叶面喷施钾肥提高烟株的抗病性，即在团棵、旺长及平顶后分别喷施1%磷酸二氢钾或绿旺钾。合理留叶，使烟株呈筒形或微腰鼓形，避免伞形出现。

（五）成熟采收期

此期主要病害为赤星病，间有局部暴发野火病和角斑病。其主要防治措施是适时采收和喷药防治。底脚叶摘除后，适时早采下二棚叶不仅可以减少病菌侵染次数，还有利于田间通风透光，降低田间湿度，避免病菌繁殖和侵染。若病害有进一步上升趋势，就应喷药防治。最好采取分层施药、分层防治的方法，在下部叶成熟时应及时采收，在每次采收后当天开始喷药。防治赤星病，可用40%菌核净500～700倍液喷烟株的中下部叶片，喷药时叶片正反面都要喷，连续喷2～3次，如果病情继续发展，可用400～500倍菌核净或10%宝利安1 000倍液对中上部叶片进行喷雾。暴雨过后，容易发生野火病和角斑病，因此暴雨过后应及时调查病情，发现烟株发病率在5%以上应及时喷药防治，药剂以150～200单位的农用链霉素防治效果最好。

第十章　农事谚语

第一节　农作物谚语

小麦

地湿无晚麦。

麦怕胎里旱。

小麦种大茬，来年用车拉。

土不深翻，麦根没处钻。

麦子不怕草，就怕坷垃咬。

泥里拖拖，来年吃饽饽。

"白露"早，"寒露"迟，"秋分"种麦正适宜（注：指适宜播种冬小麦的季节。本条谚语是20世纪80年代前普遍采用的小麦适宜播期。进入20世纪80年代，随着小麦栽培技术、品种等生产条件的改善，小麦适宜播期变更为9月25日至10月5日。进入21世纪，随着小麦栽培技术、品种和土壤条件得到进一步改善以及气候变暖，小麦适宜播期更新为10月1—10日）。

白露麦儿，不用粪儿（注：白露种小麦虽然早了点，但生长旺盛，节省肥料）。

麦出七天宜，麦出十天迟。

早麦年年收，晚麦碰年头。

麦苗喂饱粪，麦子打满囤。

麦喜三月三场雨（注：指农历三月三，下同）。

小麦起身，水肥紧跟。

小麦返青，水肥齐攻。

冬前抓早，春季抓巧。

冬前促、返青控、拔节孕穗增穗重。

"春分"麦起身，一刻值千金。

麦子种上不管，打破来年饭碗。

七分种，三分管。

麦子锄三遍，隔皮看见面。

黄疸收，黑疸丢，黄疸吃饼，黑疸不归种（注：疸，指锈病，主要有叶锈、条锈和秆锈）。

锄麦地皮干，麦子不上疸。

麦种毒饵拌，不怕虫子犯。

四月二十八，麦穗芒扎煞。

蚕老一时，麦熟一晌。

九成熟，十成收，十成熟，一成丢。

忙不忙，先打场。

麦怕清明连夜雨。

芒种三日见麦茬。

立夏刮阵风，小麦一场空。

玉米

要粒色好，必须多锄草。

头遍苗，二遍草，三遍四遍顺垄跑。

高粱

"清明"高粱，"谷雨"谷，年年调茬必有福。

榆钱落地，不管干湿。

高粱锄三遍，麦子都不换。

"清明"后，"谷雨"前，高粱苗子要露尖。

高粱间苗晚，秋后不睁眼。

前蹚后刨双控耳，高粱间苗最适宜。

谷子

耕三耙四锄八遍，打下谷子不用碾。

深耕浅种谷子旺。

豆花谷，必有福。

头锄浅，二锄深，三锄四锄莫伤根。

六月六，看谷秀。七月七，吃谷米。

秋分不割，霜打风磨。

秋分谷子割不得，寒露谷子养不得。

白露天气晴，谷子如白银。

大豆

麦收种豆不让晌。

种豆不过晌，过晌不一样。

"夏至"种豆不前不后，"伏里"种豆收不厚。

知了喊，种豆晚。

豆子开花，墒沟摸虾。

豆子锄三遍，豆荚长成串。

五月冷，一颗豆子打一捧。

豆勒脖，一个豆粒打不着。

"夏至"有雨收豆子（注：夏至有雨，大豆高产丰收）。

干花湿荚，亩收石八。

地瓜

洼地秧地瓜，十年九年瞎。

"春分"上炕，地瓜苗壮（注："炕"即地瓜育苗床）。

地瓜下蛋，亩产靠万。

早中耕，勤锄草，土壤疏松地瓜好。

蔓子揭起头，收刨准害愁。

杂粮

打了"春"，立了"夏"，先种黍子后种麻。

早黍子，晚地瓜，十年就有九年瞎。

干锄黍子，湿锄麻，下过雨后锄棉花。

湿打黍子，干打谷，露水地里打秫秫。

荞麦要锄花，大豆要锄芽。

荞麦出土又开花，七十五天要归家。

"立秋"闻雷，百日无霜，如种荞麦，必收满仓。

麦种黄泉谷露糠，豆子耩在地浮上。

麦倒一把草，谷倒一把糠。

玉米地里种绿豆，天上地下都能收。

深耩秫秫，浅耩谷。

七月七，高粱谷子晒青米。

"处暑"高粱"白露"谷，过时不收抱头哭。

"白露"高粱到了家，"秋分"豆子离了洼。

生杀高粱熟割谷。

铺粪麦子耩粪谷，喂粪高粱长得粗。

七遍八遍吃干饭，豆锄三遍角成串（注："干饭"，小米做的蒸饭）。

七遍谷子皮儿薄，三遍麦子吃饽饽。

麦过"芒种"谷"立秋"，豆过"天社"使镰钩。

"立夏"刮东风，八九年头空，豆子结荚少，谷子穗头轻。

旱地芝麻涝地豆。

头遍豆子，二遍谷，三遍棉花要深锄。

雨拍豆子长不好，雨拍麦子大把捞

（注：大豆出苗期间对氧气敏感，大豆播种后遇雨造成土壤板结，导致无氧呼吸，所以长不好）。

小豆夹谷种，上下收两层。

芝麻混杂豆，上下三层楼，芝麻头上飘，蔓缠半中腰。

豌豆出了九，开花不结纽。

早绿豆，迟芝麻，不如在家抱娃娃。

黑豆不害羞，五月开花结到秋。

"立夏"高粱"小满"谷，"谷雨"棉花土里出。

立夏到小满，种啥也不晚。

小满前后，种瓜种豆。

小满暖洋洋，锄麦种杂粮。

小暑不种薯，立伏不种豆。

过了小满十日种，十日不种一场空。

芒种不种，过后落空。

有钱买种，无钱买苗。

芒种麦登场，秋耕紧跟上。

处暑种高山，白露种平川，秋分种门外，寒露种河湾。

头伏萝卜二伏菜，三伏过来种荞麦。

伏里有雨多种麦，伏里无雨多种菜。

棉花

豆茬不种棉，种棉收僵瓣。

棉地喜向阳，阴湿不能长。

"清明"花，大车拉，"谷雨"花，大把抓，"小满"花，不归家。

"清明"早，"小满"迟，"谷雨""立夏"种棉花。

清明早，小满迟，谷雨种棉正适时。

枣芽发，种棉花。

棉花要水种，出苗有保证。

棉花不害羞，连连续续长到秋。

棉苗嫩小，间苗赶早。

棉花不死，管理不止。

夏天不抓桃，秋天收不牢。

要棉好，有三宝：治虫施肥多锄草。

小水浇现蕾，明水浇大桃。

麦前不锄不长苗，麦后不锄不长桃。

麦前锄完三遍地，麦后连阴沉住气。

深中耕，连三遍，骨节短，桃成串。

棉锄八遍花絮长，谷锄三遍粒满仓。

勤打杈，勤修锄，一亩棉花顶五亩。

棉花不打杈，光长荒柴禾。

棉花出滑条，长叶不长桃。

麦子黄油油，棉花要打头。

棉花不治虫，丰产一场空。

伏桃抓一半，千金也不换。

七月十五见新花。

"处暑"满地新花白，又收又摘无闲人。

早不摘花，午不收豆。

花收暖，麦收寒。

七月初一下一阵，棉花落成一根棍。

棉怕八月连阴雨。

花是秋后草，就怕霜来早。

瓜菜

不怕年成坏，就怕不种菜。

瓜茬种瓜，种了白搭。

栽蒜不出九，出九长独头。

"清明"种瓜，"立夏"开花。

头伏萝卜，二伏辣菜、三伏好种大白菜（注：辣菜，指辣疙瘩）。

头伏萝卜末伏菜（注：指播种萝卜和大白菜的时间）。

立秋种，处暑栽，小雪出白菜（注：指大白菜的播种、移栽和收获时间）。

芒种不种，过后落空。

第二节　土壤肥料谚语

冬耕生土，春耕熟土。

秋天翻地如浇水，来年无雨也保苗。

犁出生土，晒成熟土。

深耕有三好：保水灭虫又除草。

土压沙，沙压黏，干一次管多年。

庄稼一枝花，全靠肥当家。

化肥连年当了家，土壤板结收成差。

庄稼要好，耕深粪饱。

春送千车肥，秋收万担粮。

养猪大发展，肥多粮增产。

肥是庄稼宝，施足双施七巧。

施肥一大片，不如一条线。

多年粪为土，多年土为粪。

早中耕地发暖，勤中耕地不板。

种地不施粪，等于瞎胡混。

大暑到立秋，积粪到田头。

秋禾夜雨强似粪，一场夜雨一场肥。

第三节　气候谚语

云行东，车马行；云行西，雨凄凄；云行南，水涟涟；云行北，好晒谷。

云彩向南雨连连，云彩向北一片黑，云彩向东一阵风，云彩向西披蓑衣。

云自东北起，必定有风雨。

东边的雨上不来，上来就蒙锅台。

云下山顶将有雨，云上山顶好晒衣。

天上扫帚云，三五日内雨淋淋。

天上钩钩云，地上雨淋淋。

天上鲤鱼斑，明天晒谷不用翻。

乌云接日头，半夜雨不愁。

日落云接日，三日必雨。

坷垃云，晒煞人（注：云朵半透明，丛丛叠叠的，像耕过的地，俗称坷垃云。若是这样的云层出现，明天会艳阳高照）。

乌云接日，三日必雨。

早看东南，夜看西北，西北明，来日晴。

黑猪过河，大雨滂沱。

晨雾阴，晚雾晴，重雾三日必有雨。

日出胭脂红，不是风来便是雨。

太阳月亮穿外衣，不是刮风是下雨。

东虹雾露西虹雨[注："虹（jiang）"即彩虹]。

朝霞不出门，晚霞晒死人。

久雨现星光，明早雨更旺。

雷雨三下晌，不下也咣当（注："下晌"，指下午）。

大旱三年，忘不了五月十三（注：农历五月十三为雨节）。

早晨下雨一天晴，擦黑下雨到天明。

不怕初一下，就怕初二阴（注：初一下雨不要紧，初二阴天可能半月内是阴雨天）。

不怕十五下，就怕十六阴。

七月十五定旱涝，八月十五定太平（注：旱，指农田长时间缺水或较长一段时间不下雨。定太平是说决定庄稼的好坏）。

八月十五云遮月，正月十五雪打灯，雪里灯盏，雨里秋千（注：连环气象现象。八月十五云彩遮住月亮，正月十五必然有雪影响儿童打灯笼玩耍，正月十五下雪，清明节那天一定有雨，影响儿童荡秋千）。

第四节　刮风谚语

南风不过午，过午连夜吼。

日落北风死，不死刮三日。

北风不受南风欺。

流云快速，有台风。

夜晚东风起，明日好晴天。

第五节　寒暖谚语

南风发热北风冷。

一场春风一场暖，一场秋雨一场寒。

十场秋雨穿上棉。

冬暖要防春寒。

二八月乱穿衣。

冷在三九，热在三伏（注：冬天有九九，第三九最冷。热天有三伏，初伏、中伏和末伏。夏至以后的第三个庚日入伏，十天后是中伏，立秋是末伏的第一天）。

夏日的天，孩子的脸，说变就变。

十月的天，孩子的脸，说变就变。

该冷不冷不成年景。

第六节　物象谚语

燕雀高飞晴天告，低飞雨天报。

燕子低飞蛇过道，蚂蚁搬家山带帽，水缸出汗蛤蟆叫，大雨必来到。

久晴鹊噪雨，久雨鹊噪晴。

蚂蚁成群，明天勿晴。

蚂蚁迁居天将雨。

早宿鸡，天必晴，晚宿鸡，必将雨。

蜘蛛结网，久雨必晴。

灶灰湿作块，定有大雨来。

烟筒不出烟，一定是阴天。

河里鱼打花，天天有雨下。

空山回声响，天气晴又爽。

马耳山戴帽，把头觅汉困觉。

常山戴帽，社员睡觉。

雹子打岭霜打洼。

风刮一大片，雹打一条线。

蛤蟆打哇哇，还有六十天吃馉饳

（注：馉饳（gu zha），面制食品，指饺子，或面疙瘩。当春天听到青蛙叫的时候，离收割小麦还有60天左右）。

第七节　物候谚语

一年之计在于春，一日之计在于晨。

春打六九头，懒汉也不用愁。

节前立春春脖子短。

打了春的雪，狗也撵不上（注：打春即立春，指立春以后下雪融化的速度快）。

一年打俩春，碌碡慌了心〔注：碌碡（liu zhou），农具名，圆柱形，用石头做成，用来轧（ya）谷、小麦脱粒或轧平场院。有时农历一年当中有两个立春（一般是有闰月的年份），年景会很好〕。

春打六九头，吃穿都不愁；春打五九尾，穷命使煞鬼（注：六九头即六九的第一天，五九尾即五九的第九天，每年的立春都是这两天其一。穷命使煞鬼喻指年景不好）。

打春甭欢气，还有四十天冷天气。

春争日，夏争时。

春雨贵如油。

三月雨，贵似油；四月雨，好动锄。

雨打清明节，干到夏至节。

清明刮了坟头土，沥沥拉拉四十五。

寒食刮了坟头土，大旱四十五（注：清明共四天，第一天为大寒食，第二天为二寒食，第三天为三寒食，第四天清明。寒食是扫墓的节气，这两天刮大风今后可能要大旱）。

清明要晴，谷雨要淋。谷雨无雨，后来哭雨。

清明难得明，谷雨难得雨（注：是说清明容易阴雨，谷雨更容易晴天）。

清明晴，六畜兴；清明雨，损百果。

清明断雪，谷雨断霜。

清明断雪不断雪，谷雨断霜不断霜。

谷雨有雨兆雨多，谷雨无雨水来迟。

立夏东风到，麦子水里涝。

芒种刮北风，旱断青苗根。

立夏不下，桑老麦罢。

夏至无雨三伏热，处暑难得十日阴。

239

夏至无雨，囤里无米。

夏至未来莫道热，冬至未来莫道寒。

夏至有风三伏热，重阳无雨一冬晴。

夏至进入伏里天，耕田像是水浇园。

夏至刮东风，半月水来冲。

小暑风不动，霜冻来得迟。

立秋无雨，秋天少雨；白露无雨，百日无霜。

立秋处暑云打草，白露秋分正割田。

立秋有雨样样有，立秋无雨收半秋。

立了秋，哪里下雨哪里收。

立秋雨淋淋，来年好收成。

头秋旱，减一半，处暑雨，贵如金。

日晕三更雨，月晕午时风。

一九二九下了雪，头伏二伏雨不缺。

大雪不封地，过不了三二日。

瑞雪兆丰年。

小寒大寒、不久过年。

一九二九不出手，三九四九冰上走，五九与六九，河边看杨柳，七九河开，八九燕来，九九加一九，耕牛遍地走。

一九二九不出手，三九四九冰上走，五九六九顺河看柳，七九河开，八九雁来，九九八十一，家里送饭坡里吃（注：从冬至起每一个九天为一个九，冬至即交九，天气寒冷加剧；五九过后气温开始回升，到九九农民开始耕作，中午在坡里吃饭）。

第八节　其他乡间谚语

粮食冒尖棉堆山，寒露不忘把地翻。

一等二靠三落空，一想二干三成功。

十年练得好文秀才，十年练不成田秀才。

人在世上练，刀在石上磨。

人行千里路，胜读十年书。

三天不念口生，三年不做手生。

口说无凭，事实为证。

说到不如身到，耳闻不如目睹。

千学不如一看，千看不如一练。

久住坡，不嫌陡。

马看牙板，人看言行。

不经冬寒，不知春暖。

不挑担子不知重，不走长路不知远。

不在被中睡，不知被儿宽。

不摸锅底手不黑，不拿油瓶手不腻。

打铁的要自己把钳，种地的要自己下田。

发回水，积层泥；经一事，长一智。

耳听为虚，眼见为实。

老马识路数，老人通世故。

老人不讲古，后生会失谱。

老牛肉有嚼头，老人言有听头。

老姜辣味大，老人经验多。

姜还是老的辣。

百闻不如一见，百见不如一干。

吃一回亏，学一回乖。

光说不练假把式，光练不说真把式，连说带练全把式。

多锉出快锯，多做长知识。

树老根多，人老识多。

砂锅不捣不漏，木头不凿不通。

草遮不住鹰眼，水遮不住鱼眼。

是蛇一身冷，是狼一身腥。

香花不一定好看，会说不一定能干。

经一番挫折，长一番见识。

经得广，知得多。

要知山中事，乡间问老农。

要知父母恩，怀里抱儿孙。

没有大粪臭，哪来五谷香。

种瓜得瓜，种豆得豆。

宁要一斗种，不要一斗金。

八成熟，十成收；十成熟，二成丢。

寸草铡三刀，料少也长膘。

打铁看火候，庄稼赶时候。

点灯爱油，耕田爱牛。

苗多欺草，草多欺苗。

舍不得苗，抱不到瓢。

有菜半年粮，无菜半年荒。

冬吃萝卜夏吃姜，不用大夫开药方。

孩子的腚，咸菜瓮。

听着兔子叫，还不敢种豆子了。

三春不如一秋忙。

冷到寒食，热到秋（立秋）。

头辣腚骚，吃萝卜吃腰。

桃养人，杏伤人，李子树下能死人。

第九节　农谚歌谣

（一）

一月有两节，一节十五天。

立春天气暖，雨水送肥晚，

惊蛰快耙地，春分犁不闲，

清明多栽树，谷雨下春物。

立夏点瓜豆，小满不种棉，

芒种收新麦，夏至快种田，

小暑不算热，大暑是伏天。

立秋种白菜，处暑摘新棉。

白露要打早，秋分种麦田，

寒露收割罢，霜降把地翻。

立冬起菜完，小雪犁耙开，

大雪天一冷，冬至换天长，

小寒快积肥，大寒过新年。

（二）

种田无定例，全靠看节气。

立春阳气转，雨水沿河边，

惊蛰乌鸦叫，春分滴水干，

清明忙种粟，谷雨种大田。

立夏鹅毛住，小满雀来全，

芒种大家乐，夏至不着棉，

小暑不算热，大暑在伏天。

立秋忙打垫，处暑动刀镰，

白露快割地，秋分无生田，

寒露不算冷，霜降变了天。

立冬先封地，小雪河封严，

大雪交冬月，冬至数九天，

小寒忙买办，大寒要过年。

（三）

人生天地间，庄农最为先，要记日用账，先把杂字观，你若待知道，听我诌一篇。
开冻先出粪，置下镢和锨。扁担槐木解，牛筐草绳拴，抬在南场里，倒碎使车搬。
粪篓太也大，春天地又暄，只得把牛套，拉绳丈二三，肚带省背鞯，搭腰四指宽。
二人齐上祥，推了十数天，一个撒着粪，一个就扬鞭，撇绳皮爪口，笼嘴荆条编。
拖车载犁耙，铲头犁子按，耢条湿的好，索头连横杆，蓑衣防备雨，苇笠钉上圈。
驴将辔头戴，牛把缰绳拴，领埫黑罩角，先去耕河滩，耩子拾掇就，种金尖又尖。
耧斗锤拴好，耧仓板休偏，下手种蜀秫，早谷省的翻，黍子共穄稻，打砘不怕干。
棉花严搪耢，芝麻种须搀，行说立了夏，家家把苗剜，带着打桑斧，梯杌扛在肩。
梢桑把蚕喂，省把工夫耽，枝子具绳捆，叶子铵刀删，蚕盛多打箔，苇席须要宽。
老眠要做茧，簇了用密苫，盐须早驮下，入瓮把茧淹，丝还没暇拐，麦子黄了尖。
场院结实压，苫子秆草编，市上领短工，连割带着担，铡开麦个子，勤使蜡叉翻。
下晌垛了穗，早晨再另摊，明日把场打，敊料牲口餐，套上骡和马，不禁碌碡颠。
耙先起了略，刮板聚堆尖，扫帚扫净粒，伺候好上锨，迎风摔簸箕，扬的额眉弯。
若遇风不顺，再加扇车扇，布袋往家扛，傍里记着签，晒晒才入囤，省的招虫眼。
一时贪麦忙，地荒草似毡，快着寻工夫，市价百二三，晴天上崖做，阴天锄河滩。
急忙到北岭，棉花白番番，豆角正该摘，豇豆角子干，割谷耪茬子，秫秫又中砍。
黍子凿苕苗，绿豆紧用搬，黄黑豆铺子，好上尽心看，唯有荞麦晚，打来摺子圈。
苘麻才杀来，还没把头删，好麻几捆子，也得下水淹，待去摘冬瓜，月工来要烟。
来家取火纸，又到晌午天，饭锅才烧滚，鏊子支上砖，和面速赶饼，菜蔬盛几盘。
盆碗刷洗净，瓷罐将绳拴，筐里放勺子，拿过担杖担，忘了拾上筷，梃子使不堪，
看坡领着狗，黑夜省胡窜，一时贪秋忙，没到菜园边，葱蒜芥末韭，卷心白都干。

（四）

二十四节气歌
春雨惊春清谷天，夏满芒夏暑相连；
秋处露秋寒霜降，冬雪雪冬小大寒。
每月两节日期定，最多相差一两天，
上半年来六二一，下半年是八二三。

参考文献

蔡烈伟. 2014. 茶树栽培技术[M]. 北京：中国农业出版社.

崔杏春，李武高. 2016. 马铃薯良种繁育与高效栽培技术[M]. 第二版. 北京：化学工业出版社.

韩柏明，解振强，黄晨. 2018. 图解设施草莓高产栽培与病虫害防治[M]. 北京：化学工业出版社.

黄玲，曹银萍，孙好亮. 2016. 测土配方科学施肥技术[M]. 北京：中国农业科学技术出版社.

梁飞. 2017. 水肥一体化实用问答及技术模式案例分析[M]. 北京：中国农业出版社..

刘建. 2020. 优质小麦高产高效栽培技术[M]. 北京：中国农业科学技术出版社.

刘雪兰. 2010. 设施甜瓜优质高效栽培技术[M]. 北京：中国农业出版社.

寿永前，陈彦伟. 2015. 小麦玉米抗逆高产栽培技术[M]. 北京：中国农业科学技术出版社.

王迪轩，何永梅，王雅琴. 2015. 有机蔬菜栽培技术[M]. 北京：化学工业出版社.

于振文. 2015. 作物栽培学各论（北方本）[M]. 第2版. 北京：中国农业出版社.

张世明. 2012. 秸秆生物反应堆技术[M]. 北京：中国农业出版社.

张玉星. 2017. 果树栽培学各论（北方本）[M]. 第3版. 北京：中国农业出版社.

张振贤. 2003. 蔬菜栽培学[M]. 北京：中国农业大学出版社.

周成明，靳光乾，张成文，等. 2015. 80种常用中草药栽培提取营销[M]. 第3版. 北京：中国农业出版社.

精准施肥机

混凝土配肥池

压差式施肥罐

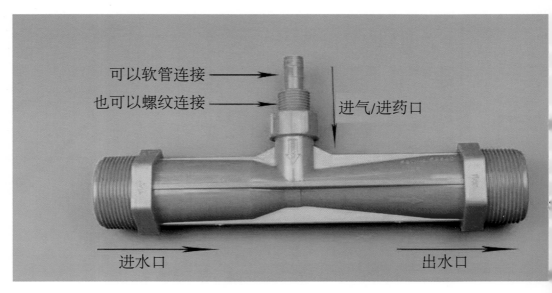

文丘里施肥器

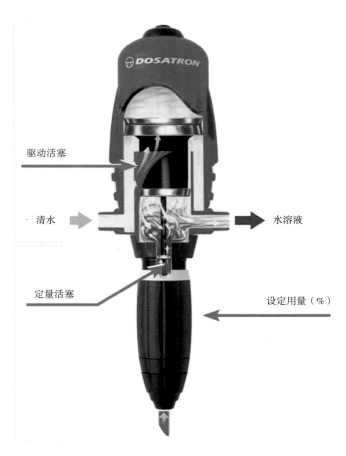

■ 液压驱动泵

驱动活塞以水压为动力运作
阀门系统则使其反向运动

计量泵又名容积泵

驱动活塞

清水 → 水溶液

定量活塞

设定用量（％）

需要按比例添加的浓缩产品

比例施肥器